全国高等职业教育机电类“十二五”规划教材

电路基础

主　编　苏咏梅
副主编　王振宇　孔慧君　孔贵廷

黄河水利出版社
·郑州·

内 容 提 要

本书依据高职高专教育的培养目标，在结构、内容安排等方面吸收了编者多年来在教学改革、教材建设等方面取得的经验，力求全面体现高等职业教育的特点，满足当前的教学需要。

本书共分为九章，包括电路的基本概念与定律、电阻电路的等效变换、直流电路的基本分析方法及定理、线性动态电路的分析、正弦交流电路分析、三相交流电路、谐振电路与频率响应、互感耦合与变压器、非正弦周期性电路。另外，本书配有精挑细选的例题、思考与练习题和数量适度的习题，以方便老师教学和学生自学。

本书内容简明、深入浅出、阐述严谨，可作为高职高专院校电路基础课程的教学用书，也可作为成人高校、本科院校下的二级学院以及电气电子技术人员的培训教材和学习参考资料。

图书在版编目(CIP)数据

电路基础/苏咏梅主编.—郑州：黄河水利出版社，2012.6

全国高等职业教育机电类“十二五”规划教材

ISBN 978-7-5509-0025-7

Ⅰ.①电… Ⅱ.①苏… Ⅲ.①电路理论-高等职业教育-教材 Ⅳ.①TM13

中国版本图书馆CIP数据核字(2012)第090469号

组稿编辑：贾会珍 电话：0371-66028027 E-mail：xiaojia619@126.com

出 版 社：黄河水利出版社

地址：河南省郑州市顺河路黄委会综合楼14层 邮政编码：450003

发行单位：黄河水利出版社

发行部电话：0371-66026940、66020550、66028024、66022620(传真)

E-mail：hhslcbs@126.com

承印单位：黄河水利委员会印刷厂

开本：787 mm×1 092 mm 1/16

印张：14.25

字数：344千字 印数：1—4 000

版次：2012年6月第1版 印次：2012年6月第1次印刷

定价：32元

前 言

为了更好地满足高职高专培养生产、建设、管理、服务一线的职业型、应用型、技能型人才的要求，我们仔细地进行了电气电子行业岗位群技能培养需求分析，"电路基础"课程任务与教学目标分析，以及高职高专学生特征分析，准确把握"电路基础"课程标准，满足高职高专教学改革的要求，注重素质教育，注重应用型人才能力的培养，课程内容删繁就简，突出主线，突出重点，做到既为后续课程服务，又能强化工程技术应用能力的培养。

本书依据高职高专教育的培养目标，在结构、内容安排等方面吸收了编者多年来在教学改革、教材建设等方面取得的经验，力求全面体现高等职业教育的特点，满足当前的教学需要。

本书共分为九章，包括电路的基本概念与定律、电阻电路的等效变换、直流电路的基本分析方法及定理、线性动态电路的分析、正弦交流电路分析、三相交流电路、谐振电路与频率响应、互感耦合与变压器、非正弦周期性电路。另外，书中配有精挑细选的例题、思考与练习题和数量适度的习题及部分习题的参考答案，以方便老师教学和学生自学。

本书的主要编写思想是：根据"电路基础"课程教学的特点，在内容选取上重视基本概念、基本定律、基本分析方法的介绍，淡化复杂的理论分析，每节之后辅以适量的思考与练习题，并精选了每章的习题。全书内容层次清晰、循序渐进，力求使学生对基本理论能系统、深入地理解，为今后的学习奠定基础，同时注重分析问题、解决问题能力的培养。

本书由郑州职业技术学院苏咏梅担任主编，郑州职业技术学院王振宇、河南机电高等专科学校孔慧君、郑州职业技术学院孔贵廷担任副主编，商丘工学院刘琳、河南工业职业技术学院杨云参编。其中，王振宇编写第一章，苏咏梅编写第二、三、六章，刘琳编写第四章，孔慧君编写第五章，杨云编写第七章，孔贵廷编写第八、九章。全书由苏咏梅统稿。

由于编者水平有限，书中难免存在疏漏和不妥之处，我们迫切期望广大读者及使用本教材的老师和学生对本书中存在的问题提出批评和建议，以便进一步修订和完善教材，编者信箱：su111yong222mei@ yahoo. com. cn。

编 者

2012 年 3 月

目 录

第一章　电路的基本概念与定律

本章首先在理论学习中建立了电路及电路模型的概念，讲述几种理想元件的特性，重点介绍直流电路的基本公式、基本定律，特别是在分析复杂直流电路时常用的基尔霍夫定律。这些基本公式和基本定律是分析、计算各种电路的重要依据。在实训实习方面，通过实训项目的学习，认识交、直流电源，掌握基本电工仪器仪表及常用电工工具的使用方法，会处理简单的实际电路问题，并为后续内容的学习及从事电工技术各个岗位的工作打下坚实的基础。

第一节　电路及电路模型

一、电路的组成与作用

用导线将基本部件连接起来，构成可供电流流通的通路称为电路，它起着输送电能和处理电信号等作用。电路主要由电源、负载和中间环节三个基本部分组成。电源是提供电能或电信号的设备，如发电机、信号发生器和蓄电池等，其作用是将其他形式的能量转换成电能；负载是取用电能的设备，如电动机、电炉和电灯等，其作用是将电能转换成其他形式的能量；中间环节主要是指连接导线、控制设备和信号处理设备，如导线、开关和熔断器等，其作用是输送、分配、控制及处理电能。

在日常生活和生产实际中，常见的是实际电路。实际电路是由实际的电气设备或器件构成的电路，它是为了完成某种特定的任务或目的而设计的。实际电路的形式和作用是多种多样的，无论电路的形式和作用怎样的多样化，都是由上述的三个基本部分组成的。

最常见的电路是供电电路，它的作用是实现电能的传输和转换。下面，我们来看一个最简单的实际电路——手电筒电路，如图 1-1(a)所示。

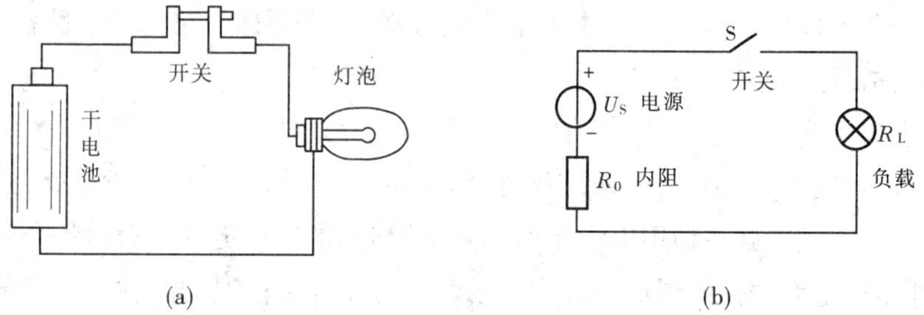

图 1-1　手电筒电路

手电筒的电路由一个电源(干电池)、一个负载(小灯泡)、一个开关和连接导线(手电筒的金属外壳)所组成。当开关闭合后,储存在干电池中的化学能转换为电能,经连接导体供给灯泡使用,灯泡则将电能转换为光能和热能。

二、电路的三种状态

电路有如下三种状态:

(1)通路(闭路)。电源与负载接通,电路中有电流通过,电气设备或元器件获得一定的电压和电功率,进行能量转换。

(2)开路(断路)。电路中没有电流通过,又称为空载状态。

(3)短路(捷路)。电源两端的导线直接相连接,输出电流过大对电源来说属于严重过载,如没有保护措施,电源或电器会被烧毁或发生火灾,所以通常要在电路或电气设备中安装熔断器、保险丝等保险装置,以避免发生短路时出现不良后果。

三、电路模型

从组成实际电路的器件来看,它们的电磁性能比较复杂。一个实际器件往往表现出几种电磁现象,如一个实际电感线圈通过高频交流电流后,电流周围产生磁场,每个线圈匝间有电场,线圈的绕线上有电阻,因此实际电感线圈可能同时存在三种电磁特性,所以直接对实际器件组成的电路进行分析、计算有一定困难。

通常采用理想电路元件代替实际器件,先把实际器件作某种近似和理想化处理,抽象出表征其主要作用的模型。这就需要把组成这一电路的各种器件,根据它们在电路中所表现的电磁性质加以简化,并突出其主要作用,用一个或几个基本物理模型来表示实际器件。

理想电路元件:只表示一种电磁现象或物理现象的元件,通常也称为电路元件。

理想电阻元件:只表示消耗电能量的元件。

理想电感元件:只表示磁场现象的元件。

理想电容元件:只表示电场现象的元件。

理想电源元件:包括理想电压源和理想电流源,也称为独立电压源和独立电流源。

理想耦合元件:包括受控源、理想变压器和耦合电感器等。

电路模型:由理想电路元件代替实际器件后构成的电路称为电路模型,它是实际电路的科学抽象,如图1-1(b)所示。今后本书中未加特殊说明,所称电路均指电路模型,而非实际电路,元件均指理想电路元件。

网络:它与电路有一定区别,但有时又是能与电路通用的名词。不过,网络的含义通常更有普遍性。特别在分析复杂的系统及讨论问题的普遍规律时,常常把电路称为网络。

在设计、安装或维修各种用电设备的实际电路时,常用特定符号表示各个元器件的连接情况。这种用规定元器件的图形符号来表示实际电路连接情况的图称为电路图。国家标准对这些特定的图形符号都有统一的规定,使用时一定要遵守。表1-1列出了几种常用元器件的标准图形符号。

表 1-1　几种常用元器件的标准图形符号

元件名称	符号	元件名称	符号
固定电阻	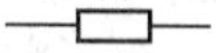	电容	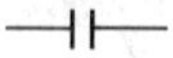
可调电阻	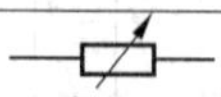	可调电容	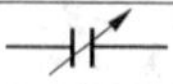
电池	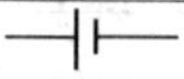	无铁芯的电感	
电流表		有铁芯的电感	
电压表		不相连接的交叉导线	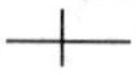
电压源		相连接的交叉导线	
电流源		接地	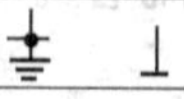
开关	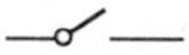	保险丝	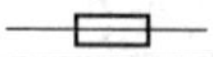

思考与练习题

1. 电路的组成及各组成部分的作用是什么？
2. 什么是理想元件？什么叫电路模型？什么叫网络？
3. 统计学过的电路元件符号，并说明各个元器件的作用。

第二节　电流和电压

一、电流

(一)电流

电荷在电场力的作用下有规则的定向运动形成电流。在金属导体中，电流是因自由电子的有规则运动形成的。在某些液体和气体中，电流则是因正离子或负离子的规则运动形成的。由于在不同的导电物质中，形成电流的运动电荷可以是正电荷，也可以是负电荷，甚至两者都有。为统一起见，规定以正电荷移动的方向为电流的方向（这是电流的实际方向）。

电流的大小用电流强度来衡量。电流强度是指单位时间内通过导体横截面的电荷量。电流强度通常简称为电流。这样，电流一词不但表示一种物理现象，还代表电路中的一个基本物理量。

大小和方向都随时间变化的电流叫变动电流，用符号 i 表示。其中，在一个周期内电流的平均值为零的变动电流称为交变电流，简称交流（常用 AC 表示），也用符号 i 表示，如图 1-2、图 1-3 所示；反之，称为非周期性交流。

对于变动电流来说，设在时间间隔 $\mathrm{d}t$ 内，通过导体横截面的电荷量为 $\mathrm{d}q$，则在该瞬间的电流为

$$i = \frac{\mathrm{d}q}{\mathrm{d}t} \tag{1-1}$$

方向不随时间发生变化的电流称为直流，其中大小和方向均不随时间变化的电流叫恒定直流，简称直流（常用 DC 表示），如图 1-4 所示，用符号 I 表示。大小随时间发生变化的电

流叫脉动直流，如图 1-5 所示。

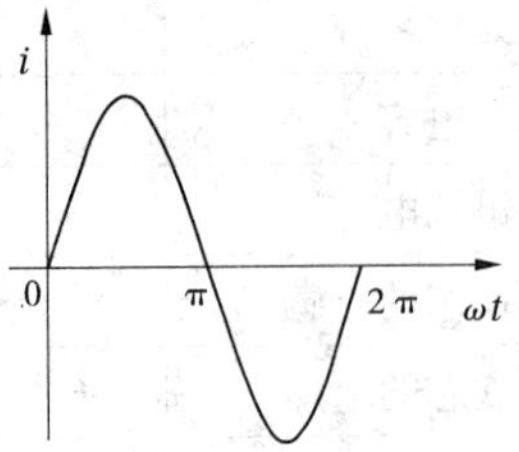

图 1-2　正弦交流

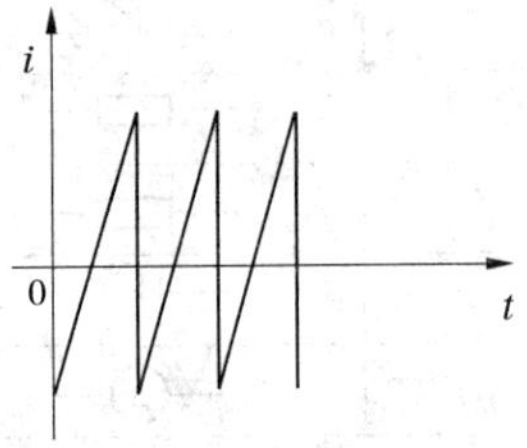

图 1-3　周期性交流

对直流电流来说，时间 t 内通过导体横截面的电荷量为 Q，则其电流为

$$I = \frac{Q}{t} \tag{1-2}$$

本书后面内容中对其他物理量一般也用大写字母代表恒定的量，用小写字母代表变动的量。

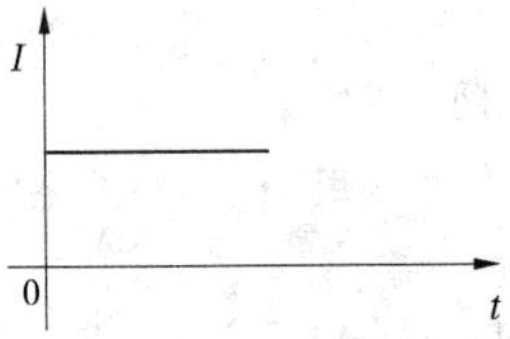

图 1-4　恒定直流

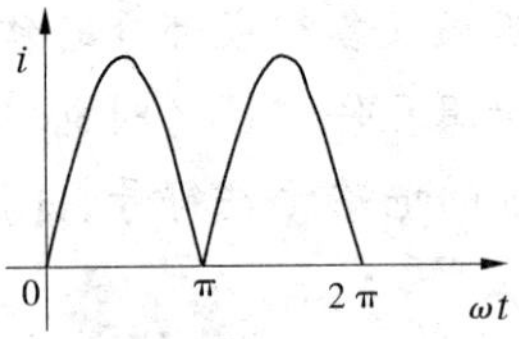

图 1-5　脉动直流

国际单位制（SI）中，电荷量的单位是库仑（C）；时间的单位是秒（s）；电流的单位为安培，简称为安（A），它相当于 1 秒（s）内通过导体横截面的电荷量为 1 库仑（C）。有时也会用到千安（kA）、毫安（mA）、微安（μA）等单位。

$$1\ \text{kA} = 10^3\ \text{A} \qquad 1\ \text{A} = 10^3\ \text{mA}$$

$$1\ \text{A} = 10^6\ \mu\text{A} \qquad 1\ \text{mA} = 10^3\ \mu\text{A}$$

（二）电流的参考方向

正电荷运动的方向被规定为电流的真实方向。实际电路中的任何一段导体，电流的真实方向都可能有两种。对于一个简单的电路分析，电流的实际方向可以由电源或电压的极性来被确定。但是，在比较复杂的电路中，如图 1-6 所示，一段电路中电流的实际方向往往很难预先确定。另外，在交流电路中，电流的大小和方向都是随时间变化而变化的。因此，确定电路中的电流实际方向是困难的，为此引入了参考方向的概念。

参考方向又称假定的正方向，简称为正方向。电流的参考方向可以任意选定，即可以任意选定电流的流动方向作为电流的参考方向。当电流流动的实际方向与选定的参考方向相同时，电流 i 是正值；当电流流动的实际方向与选定的参考方向相反时，电流 i 是负值。

电流参考方向的两种表示形式如下：

（1）用箭头表示：箭头的指向为电流的参考方向。

（2）用双下标表示：如 i_{ab}，表示电流的参考方向为由 a 点指向 b 点，并有 $i_{ab} = -i_{ba}$。

在电路图中，电流实际方向用虚线箭头表示，电流参考方向用实线箭头或双下标表示，如图 1-7 所示。

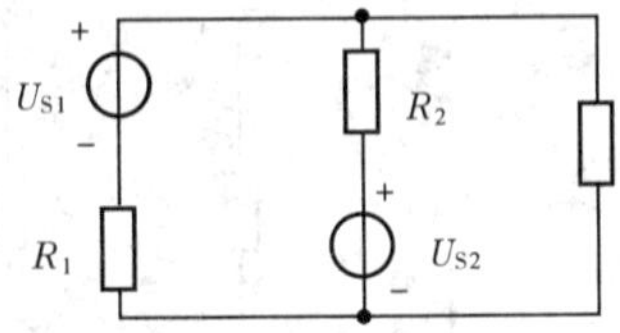

图 1-6　复杂直流电路

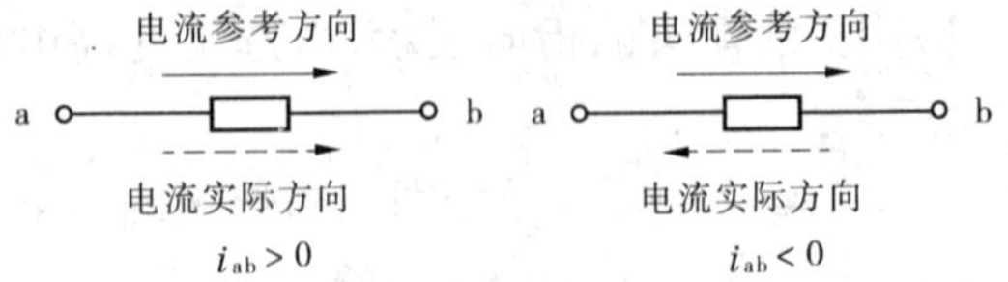

图 1-7　电流的实际方向与其参考方向关系

可见,在选定参考方向后,电流值才有正负之分。如果没有选定参考方向,电流值的正负则无任何意义。

【例 1-1】　如图 1-8 所示部分电路,已知 $I=1$ A,试判断各电路中电流的实际方向。

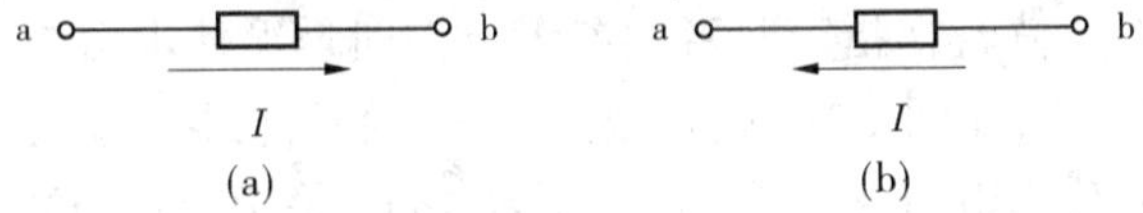

图 1-8　部分电路

解:因为 $I=1$ A,$I>0$,则电流 I 的实际方向与电路中所选定的参考方向一致。

即在(a)图中,电流 I 的实际方向从 a 指向 b;在(b)图中,电流 I 的实际方向从 b 指向 a。

二、电压

(一)电压

在电路分析中,另一个基本物理量是电压。直流电压用大写字母 U 表示,交流电压用小写字母 u 表示。

在电路中,电流的流动说明电场力对电荷做了功。这样,电路中 a、b 两点间电压的大小是单位正电荷在电场力的作用下由 a 点移动到 b 点时电场力所做的功,即

$$U_{ab} = \frac{dW}{dq} \tag{1-3}$$

式中,dq 为由 a 点移动到 b 点的电荷量,dW 为移动过程中电场力所做的功(也为电荷在这个过程中所减少的电能)。

直流电压的大小公式为

$$U_{ab} = \frac{W}{Q} \tag{1-4}$$

当正电荷在电场力作用下由 a 点移动到 b 点时,电场力做功,即 $W>0$,电压实际方向为从 a 到 b,因此电压的实际方向就是正电荷在电场中受电场力作用移动的方向。

电压的国际单位是伏特,符号为 V,即电场力将 1 C 正电荷由 a 点移动到 b 点过程中所做的功为 1 J 时,a、b 两点间电压为 1 V。常用的单位:千伏(kV)、毫伏(mV)、微伏(μV)等。

$$1\ kV = 10^3\ V \qquad 1\ V = 10^3\ mV \qquad 1\ V = 10^6\ \mu V \qquad 1\ mV = 10^3\ \mu V$$

(二)电压参考方向

与电流一样,电压的参考方向在电路中也是任意选定的。若电压的参考方向与实际方

向一致，电压值为正；若电压的参考方向与实际方向相反，电压值为负。

电压参考方向的三种表示形式如下，如图 1-9 所示：

（1）用实线箭头的指向表示，由选定的高电位点指向低电位点。

（2）用“ + ”、“ - ”符号分别表示选定的高电位点和低电位点。

（3）用双下标表示，即用 U_{ab} 表示选定的高电位 a 点指向低电位 b 点。

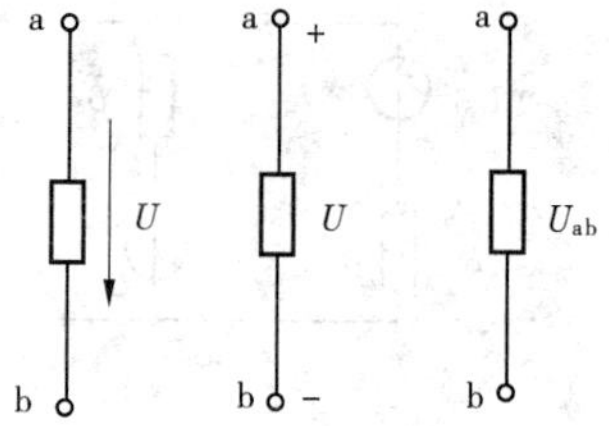

图 1-9　电压参考方向的表示方法

（三）电流和电压的关联参考方向

以上已分别讨论了一个二端元件或二端电路上电流和电压的参考方向，无论是电流还是电压，参考方向都是可以任意指定的。对于同一二端元件或二端电路，电流和电压参考方向的指定是互相独立的。倘若在指定两者的参考方向时遵循使电流参考方向的箭头由电压参考方向的“ + ”指向“ - ”，如图 1-10 所示，则一个二端元件或二端电路上电流和电压的参考方向符合这种关系的称为电流和电压的关联参考方向，简称关联方向；反之，电压、电流的参考方向选取相反，即电流从标以电压的“ - ”极性端流入，从标以“ + ”极性的一端流出，即为非关联参考方向，简称非关联方向。人们比较习惯采用关联参考方向。

图 1-10　电压、电流参考方向关系

（四）结论

由以上叙述知，在分析电路时要注意：

（1）电流、电压的真实方向是客观存在的，不能随意选择。

（2）在物理分析中实际方向是习惯上规定的，而参考方向则是我们在进行电路分析时任意选定的。

（3）参考方向一经选定，在整个分析计算中都以此为准，不允许更改。

（4）在解题过程中，一定要先选定参考方向，然后再列方程计算。缺少参考方向的物理量是无任何意义的。

（5）规定了正方向后，电压、电流才能有正、负值之分。

（6）根据计算结果确定实际方向：若计算结果为正值，表明实际方向与参考方向一致；反之，若计算结果为负值，表明实际方向与参考方向相反。

（7）为避免列方程时出错，同时减少计算工作量，习惯上把电压、电流的参考方向选为关联方向。

【例 1-2】　如图 1-11 所示部分电路中，已知直流电流 $I=2$ A、直流电压 $U=-1$ V，试判断电流或电压的实际方向。

解：根据图 1-11 中所示电流 I 以及电压 U 的参考方向，可得：

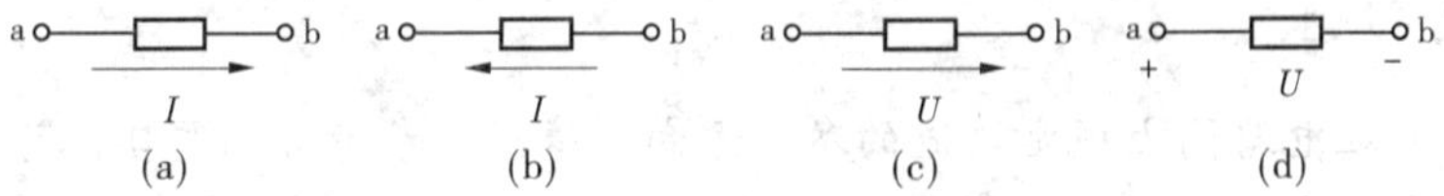

图 1-11　部分电路

(a)图中电流 I 的实际方向是由 a 指向 b;

(b)图中电流 I 的实际方向是由 b 指向 a;

(c)图中电压 U 的实际方向是由 b 指向 a;

(d)图中电压 U 的实际方向是由 b 指向 a。

(五)电动势

在闭合电路中,要维持连续不断的电流,必须要有电源。电源内有一种外力称为电源力,它能把正电荷从电源内部"-"极移到"+"极,从而使正电荷沿电路不断地循环。

在干电池中,电源力是靠电极与电解液间的化学反应而产生的;在发电机中,电源力由导体在磁场中作机械运动而产生。其实这些都是能量转换的结果,电源把其他形式的能量转变为电能。为了衡量电源把非电能转变为电能的能力,在电源内部,电源力(外力)把正电荷从负极移到正极所做的功 W 与正电荷电量 Q 的比值,称为该电源的电动势,用 E 表示,即

$$E = \frac{W}{Q} \tag{1-5}$$

电动势的单位是伏特(V)。电动势的大小只取决于电源本身的性质,而与外电路无关。例如,干电池的电动势为 1.5 V,汽车用蓄电池的电动势为 24 V 和 12 V 两种。

电动势的实际方向习惯上规定为电能增加的方向,即电位升高(从低电位点到高电位点)的方向,就是由电源的负极指向正极。

电动势的概念仅存在于电源元件,电源元件的电动势 E 与其端电压 U 的实际方向相反;电源元件开路时,电动势 E 与其端电压 U 在数值上是相等的,即 $E = U$,如图 1-12所示。

为方便分析电路,常常选择电源端电压 U 的参考方向与其实际方向一致,即由电源的高电位(正极)指向低电位(负极)。

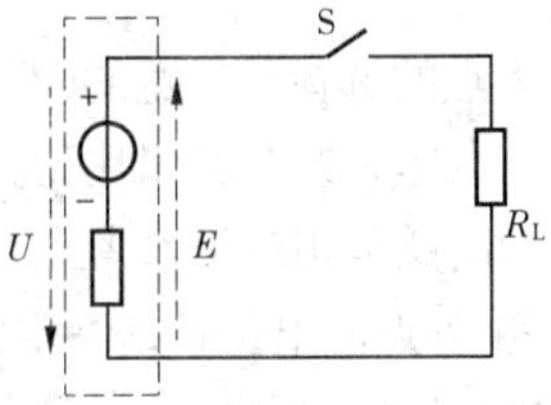

图 1-12　电源的电动势

电动势与电压的区别:

(1)电动势与电压是两个具有不同物理意义的物理量。电动势是衡量电源力(非电场力)在电源内部做功的本领,电压是衡量电场力做功的本领。

(2)电动势与电压的实际方向相反。电动势的实际方向习惯上规定为电位升高(从低电位点到高电位点)的方向,即从电源的负极指向正极;电压的实际方向习惯上规定为电位降低的方向,即从高电位点到低电位点。

(3)电动势仅存在于电源内部,而电压不仅存在于电源内部,而且存在于电源外部。电源的电动势在数值上等于电源两端的开路电压(即电源两端不接负载,或者是电源两端接负载为无穷大时的电压)。

思考与练习题

1. 为什么要在电路图上规定电流的参考方向？请说明参考方向与实际方向的关系。
2. 电压参考方向都有哪些表示方法？
3. 结合实际电路，说明电压与电动势的异同点。

第三节　电路的其他物理量

一、电位

因为电流的流动说明了电场力对电荷做了功，则电荷在电路的某一点上具有一定的电位。要确定电位的大小，必须在电路上选择一参考点作为基准点。在电路中任选一点为参考点，电路中某点到参考点的电压称为该点（相对于参考点）的电位，用符号 V 表示，如 a 点的电位，用 V_a 表示。电位的单位称为伏特，简称伏（V）。

在图 1-13 所示的电路中，若选择 o 点为参考点，a、b 两点的电位分别用 V_a、V_b 表示，则

$$V_a = U_{ao} \qquad V_b = U_{bo} \tag{1-6}$$

$$U_{ab} = U_{ao} + U_{ob} = U_{ao} - U_{bo} = V_a - V_b \tag{1-7}$$

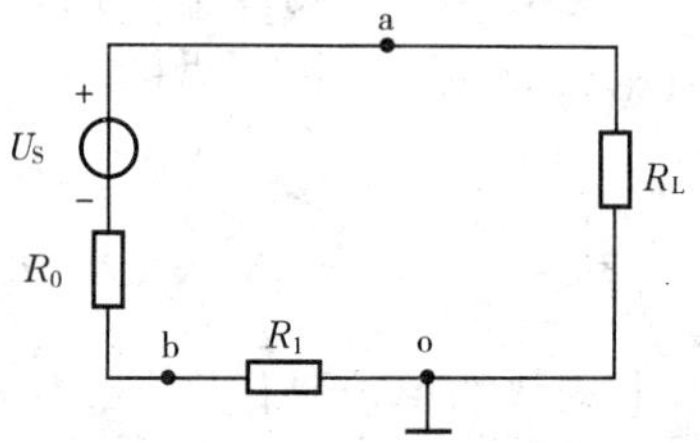

图 1-13　电位图

式(1-7)说明，电路中 a 点到 b 点的电压等于 a 点电位与 b 点电位之差。当 a 点电位高于 b 点电位时，$U_{ab} > 0$；当 a 点电位低于 b 点电位时，$U_{ab} < 0$。引入电位概念以后，两点间电压的实际方向即是由高电位点指向低电位点，所以电压也称为电位降或电压降。式(1-7)表明了电路中两点间的电压就是该两点的电位之差。

参考点的选择是任意的，参考点的电位规定为零，工程上常取大地、电气设备的外壳、电路的公共联结点作为参考点，即把机壳或大地的电位规定为零电位，零电位的符号为“⊥”。电路中某点电位的高低是相对于参考点而言的，参考点不同，则各点电位的大小也不同。参考点一经选定，电路中各点的电位就是一定值。电位高于零电位为正值，电位低于零电位为负值。

【例 1-3】　如图 1-14 所示部分电路，试分别以 a、d 点为参考点，计算：

(1) 各点的电位；

(2) a、c 点间的电压 U_{ac} 及 b、d 点间的电压 U_{bd}。

解：以 a 点为参考点，则 $V_a = 0$

$$V_d = -1\ \text{V}$$

$$V_b = V_d + 4\ \text{V} = 3\ \text{V}$$

$$V_c = V_d + 6\ \text{V} = 5\ \text{V}$$

$$U_{ac} = V_a - V_c = -5\ \text{V}$$

$$U_{bd} = V_b - V_d = 4\ \text{V}$$

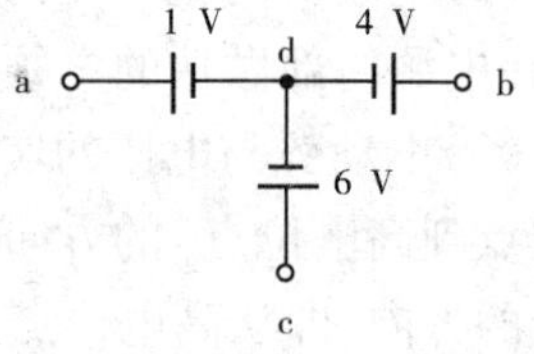

图 1-14　例 1-3 图

以 d 点为参考点，则 $V_d = 0$

$$V_a = 1\ \text{V} \qquad V_b = 4\ \text{V} \qquad V_c = 6\ \text{V}$$

$$U_{ac} = V_a - V_c = -5\ \text{V}$$

$$U_{bd} = V_b - V_d = 4\ \text{V}$$

由以上例题可以得出结论:电路中各点的电位是相对值,与参考点的选择有关;而两点间的电压是绝对值,与参考点的选择无关。

二、电功率和电能

单位时间内电流所做的功,称为电功率,简称功率,用符号 p 表示。

$$p = \frac{\mathrm{d}W}{\mathrm{d}t} \tag{1-8}$$

因为

$$u = \frac{\mathrm{d}W}{\mathrm{d}q} \qquad i = \frac{\mathrm{d}q}{\mathrm{d}t}$$

所以

$$p = ui \tag{1-9}$$

上式是在 u、i 为关联参考方向时得到的,而当 u、i 为非关联参考方向时,$p = -ui$。

在直流电路中,U、I 在关联参考方向下,$P = UI$;U、I 在非关联参考方向下,$P = -UI$。

功率的国际单位是瓦特,简称为瓦,符号为 W。常用的单位还有兆瓦(MW)、千瓦(kW)和毫瓦(mW)等。

$$1\ \text{MW} = 10^6\ \text{W} \qquad 1\ \text{kW} = 10^3\ \text{W} \qquad 1\ \text{mW} = 10^{-3}\ \text{W} \qquad 1\ \text{MW} = 10^3\ \text{kW}$$

功率的计算结果有正有负,$p < 0$ 时,表明元件处于电源元件状态,发出或释放电能;$p > 0$ 时,表明元件处于电阻元件状态,吸收或消耗电能。

在直流电路中,负载(包括所有的电阻元件)的功率不随时间发生变化,则其消耗的电能为

$$W = Pt = UIt \tag{1-10}$$

电能的国际单位是焦耳,简称为焦,符号为 J。在日常生活中,电能的常用单位是度,1 度电就是 1 kW · h,即

$$1\ \text{kW} \cdot \text{h} = 1\,000\ \text{W} \times 3\,600\ \text{s} = 3.6 \times 10^6\ \text{J}$$

三、电气设备的额定值

任何一种电气设备,为了安全可靠地工作,充分发挥设备的效能,都必须有一定的电流、电压和功率的限制及规定值,这种规定值称为额定值。电气设备的额定电压、额定电流和额定功率,分别用 U_N、I_N、P_N 表示,并标记在设备的铭牌上。电气设备只有在额定值情况下才能正常运行,才能保证它的使用寿命。

当外加电压大大高于额定电压时,电气设备的绝缘材料将被击穿,造成短路或设备被烧毁。如果通过电气设备的电流超过额定值,设备温度过高,不仅影响寿命,而且绝缘材料会因过热出现炭化,破坏其绝缘性能,导致设备和人身事故。

如果工作电压比额定值小得多,电气设备将处于不良工作状态,甚至不能工作。例如,将一只标有“220 V、40 W”的白炽灯接到 110 V 的电源上,则灯光昏暗,照明效果差,也不经济。如果电源电压过低,计算机、电视机、洗衣机、电冰箱等就不能正常工作。

电气设备应尽可能工作在额定状态,这种状态称为满载。低于额定值的工作状态称为

轻载,高于额定值的工作状态称为过载。

【例 1-4】 试求图 1-15 中各元件的功率,并说明是吸收电能还是发出电能。

解:在电路分析中,对外只有两个端钮的元件称为二端元件,通常用具有两个引出端线的方框来表示。

(a)图中:U、I 为非关联参考方向,则

$$P = -UI = -1 \times 1 = -1\ (\mathrm{W})$$

$P<0$,该元件发出电能。

(b)图中:U、I 为关联参考方向,则

$$P = UI = 1 \times 1 = 1\ (\mathrm{W})$$

$P>0$,该元件吸收电能。

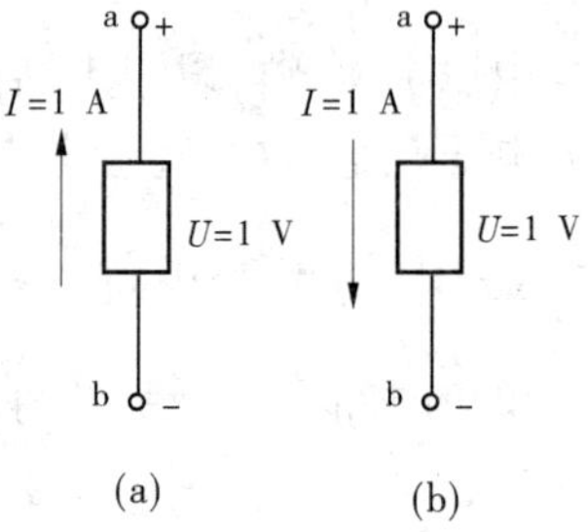

图 1-15 例 1-4 图

【例 1-5】 如图 1-16 所示,$I=1$ A,$U_1=6$ V,$U_2=10$ V,$U_3=4$ V,求各元件功率,并求电路的总功率。

解:元件 B:U、I 为关联参考方向

$P_1=U_1I=6\times1=6\ (\mathrm{W})$,$P_1>0$,元件 B 为电阻元件。

元件 A:U、I 为非关联参考方向

$P_2=-U_2I=-10\times1=-10\ (\mathrm{W})$,$P_2<0$,元件 A 为电源元件。

元件 C:U、I 为关联参考方向

$P_3=U_3I=4\times1=4\ (\mathrm{W})$,$P_3>0$,元件 C 为电阻元件。

$P_1+P_2+P_3=6-10+4=0$,功率平衡。

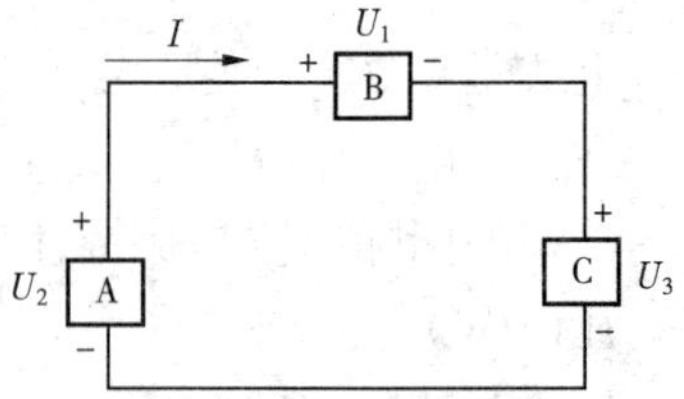

图 1-16 例 1-5 图

例 1-5 的结果表示:任一瞬间,在一个闭合电路中,吸收电能的各元件功率总和等于发出电能的各元件功率总和,这个结论称为电路的功率平衡。

思考与练习题

1. 试求图 1-17 中各元件的功率,并说明是吸收电能还是发出电能。

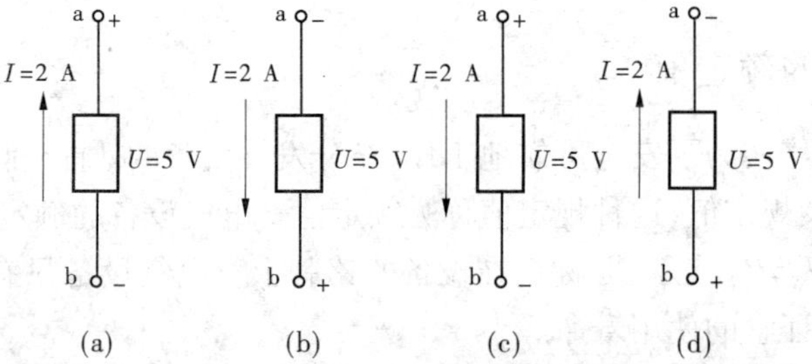

图 1-17 思考与练习题 1 图

2. 如图 1-18 部分电路,分别以 a、d 点为参考点,计算:

(1)各点的电位。

(2)a、d 点间的电压 U_{ad} 及 b、d 点间的电压 U_{bd}。

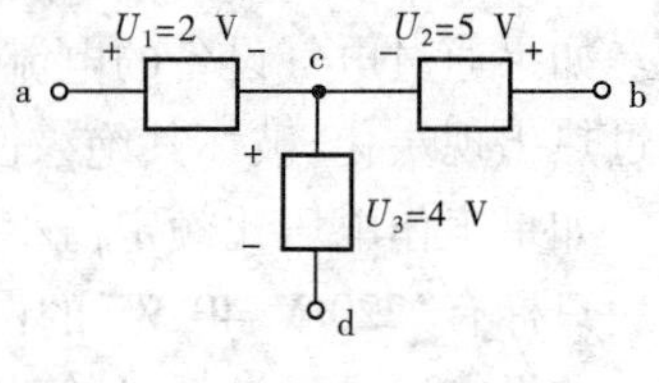

图 1-18 思考与练习题 2 图

第四节 电路的基本元件

一、电阻

(一)电阻的定义

当电流通过导体时会受到阻力,这是因为自由电子在导体中运动时,不断受到导体中原子和分子的碰撞和摩擦,使得自由电子的运动受到一定的阻碍作用。物体对电流的阻碍作用,称为该物体的电阻。电阻的单位是欧姆,简称为欧(Ω)。电阻的常用单位还有千欧(kΩ)、兆欧(MΩ),其中

$$1\ k\Omega = 10^3\ \Omega \qquad 1\ M\Omega = 10^6\ \Omega \qquad 1\ M\Omega = 10^3\ k\Omega$$

导体的电阻是客观存在的,它不随导体两端的电压变化而变化。实验证明,在一定温度下,导体的电阻大小与导体的长度 L 成正比,与导体的横截面面积 S 成反比,并与导体材料的性质有关,即

$$R = \rho \frac{L}{S} \tag{1-11}$$

式中,ρ 为导体的电阻率,单位是欧·米(Ω·m)。

在一定温度下,导体的电阻率 ρ 是由导体的材料性质所决定的,表 1-2 列出了几种常用材料的电阻率。电阻率的大小决定了导体的导电能力,根据导体的电阻率大小可以把自然界的物体分为导体、绝缘体和半导体三类。电阻率在 $10^{-8} \sim 10^{-6}$ Ω·m,电阻较小且容易导电的物体叫导体,如导线中铜、铝丝,电刷上的石墨,银等都是导体,特别是铜、铝导线,在分析电路时可以忽略其导线电阻。电阻率在 $10^{11} \sim 10^{16}$ Ω·m,电阻极大且几乎不导电的物体叫做绝缘体,如塑料、橡胶、干燥的空气等都是绝缘体。电阻率介于上述两者之间的物体叫做半导体,如硅和锗材料等。

表 1-2 几种常用材料的电阻率

材料名称	电阻率 ρ(20 ℃)(Ω·m)	电阻率的温度系数 α(1/℃)
银	1.6×10^{-8}	3.6×10^{-3}
铜	1.7×10^{-8}	4.1×10^{-3}
铝	2.9×10^{-8}	4.2×10^{-3}
钨	5.3×10^{-8}	5×10^{-3}
铁	9.78×10^{-8}	6.2×10^{-3}
镍	7.3×10^{-8}	6.2×10^{-3}
铂	1.0×10^{-7}	3.9×10^{-3}
锡	1.14×10^{-7}	4.4×10^{-5}
锰铜(锰 12%、铜 86%、镍 2%)	4×10^{-7}	2×10^{-5}
康铜(铜 54%、镍 46%)	5×10^{-7}	4×10^{-5}
镍铬(镍 80%、铬 20%)	1.1×10^{-6}	7×10^{-5}
纯净锗	0.6	
纯净硅	2 300	

（二）电阻与温度的关系

导体的电阻值还与温度有关，常用温度系数 α 来反映这种关系。温度系数 α 等于温度升高 1 ℃时，导体电阻值的变化量与原电阻值的比值，单位是 1/℃。

多数金属导体的自由电子数目几乎不随温度变化，而温度升高时碰撞次数反而增加，故电阻率随温度升高而增大，即 $\alpha>0$，阻值随温度的升高而增大，这样的电阻称为正温度系数电阻。由于导体工作时的温度很高，电阻的变化也是很显著的，这种现象在实际工作中显然是不容忽视的。

有一些导体（如碳、石墨、一些掺杂半导体材料等）在温度升高时，其阻值是减小的。比如很多的热敏电阻元件就具有这种特性，它们在用电设备中起到补偿和自动调节的作用。根据这种特性制作的热敏电阻式温度传感器，在电气设备中亦得到广泛应用，如汽油机电控系统中测量冷却水温度、进气温度与排气温度的传感器，电喷发动机中使用的空气流量计等，根据温度变化而引起电阻值变化的信号，输出电信号来控制电路。

少数合金电阻，它们的阻值几乎不受温度影响，如锰铜、康铜等材料制作的电阻，常用来制作成标准电阻、电阻箱以及精密电工仪表中的分流电阻和附加电阻。

在超低温下（绝对零度附近），一些合金和金属氧化物的电阻忽然消失为 0，处于 $\rho=0$ 的导电状态，这种现象称超导现象。具有这种特性的导体称为超导体。随着对超导材料研究的不断深入，超导体及超导技术将在日常生活中得到越来越广泛的应用。

（三）欧姆定律

欧姆定律是电路中最重要的基本定律之一，用于确定基本电路中电压与电流的关系。

欧姆定律的内容为：导体中的电流与它两端的电压成正比，与导体的电阻成反比。表达式为

$$I=\frac{U}{R}$$

或

$$U=IR \tag{1-12}$$

电阻中的电流和电压的实际方向是一致的，即电流总是从电压的高电位端（即“+”极端）流入，由电压的低电位端（即“-”极端）流出的，如图 1-19（a）所示，所以式（1-12）只有在关联参考方向下才可选用。

如果电阻两端的电流与电压是非关联参考方向时，即电流是从电压的低电位端（即“-”极端）流入，如图 1-19（b）所示，电流与电压的值总是异号的，此时欧姆定律中要加一个负号，写为

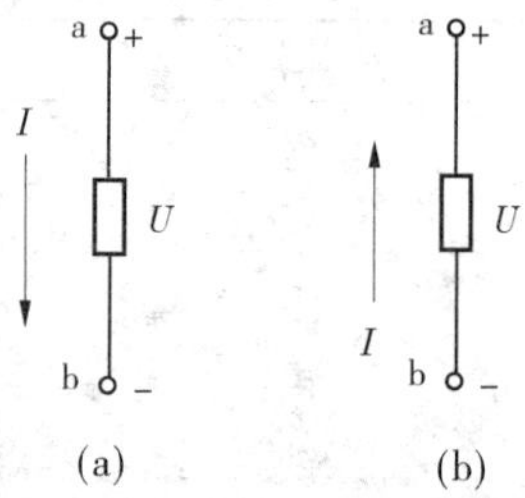

图 1-19　电流和电压的参考方向

$$I=-\frac{U}{R}$$

或

$$U=-IR \tag{1-13}$$

因此，当电流 I 与电压 U 是关联参考方向时，欧姆定律为 $I=\frac{U}{R}$；当电流 I 与电压 U 是非关联参考方向时，欧姆定律为 $I=-\frac{U}{R}$。

【例 1-6】　应用欧姆定律列出图 1-20 所示各电路的欧姆定律的式子，并求出各电阻 R。

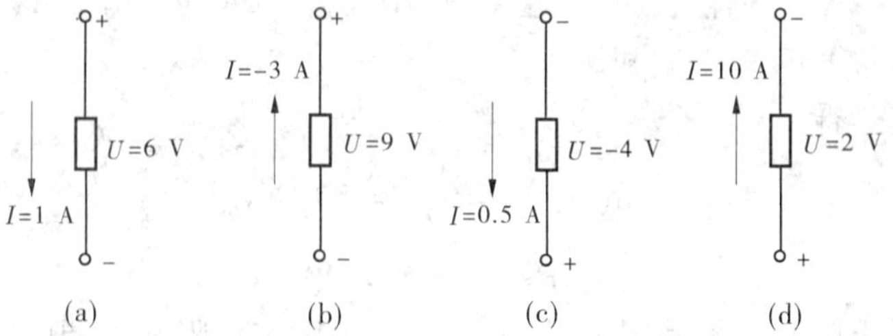

图 1-20 例 1-6 图

解:图(a)中,电流 I 与电压 U 是关联参考方向,$R=\frac{U}{I}=\frac{6}{1}=6\ (\Omega)$;

图(b)中,电流 I 与电压 U 是非关联参考方向,$R=-\frac{U}{I}=-\frac{9}{-3}=3\ (\Omega)$;

图(c)中,电流 I 与电压 U 是非关联参考方向,$R=-\frac{U}{I}=-\frac{-4}{0.5}=8\ (\Omega)$;

图(d)中,电流 I 与电压 U 是关联参考方向,$R=\frac{U}{I}=\frac{2}{10}=0.2\ (\Omega)$。

【例 1-7】 在图 1-21 中,已知 $I=2$ A,$R=4\ \Omega$,a、b 两点中哪一点的电位高?

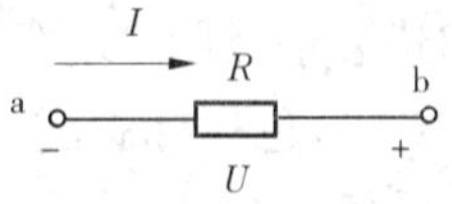

图 1-21 例 1-7 图

解:由图 1-21 知,电流 I 与电压 U 是非关联参考方向,由欧姆定律得

$$U=-IR=-2\times4=-8\ (\text{V})$$

由于 $U<0$,所以 U 的实际方向与图 1-21 中标出的参考方向相反,表明 a 点的电位高。

(四)电阻的伏安特性

电阻元件两端的电压与通过电流间的关系称伏安关系,如果以电压 u 为横坐标、电流 i 为纵坐标,就可以画出电阻元件的电压、电流关系曲线,如图 1-22 所示,这样的曲线称为电阻元件的伏安特性曲线。

由欧姆定律画出的电阻元件的伏安特性曲线,是一条过原点的直线,如图 1-22 中曲线 1 所示。阻值由直线的斜率来决定,这样的电阻元件称为线性电阻元件,线性电阻元件是线性电路元件。如果电路中都是由线性电路元件构成的,这种电路称为线性电路。除特别说明外,本书中所讨论的都是线性电路。

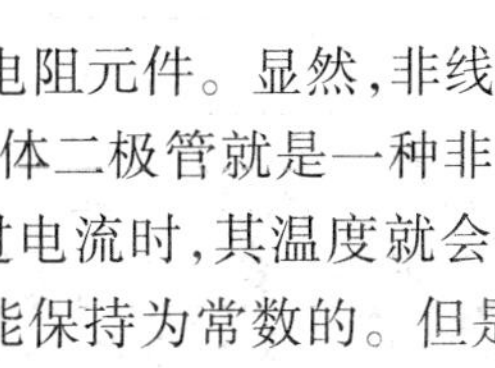

图 1-22 电阻元件的伏安特性曲线

如果某电阻元件的伏安特性曲线不是直线,而是一条曲线,如图 1-22 中曲线 2 所示,那么这个电阻元件为非线性电阻元件。显然,非线性电阻元件两端的电压与内部电流间的关系不满足欧姆定律,如半导体二极管就是一种非线性电阻元件。严格地说,线性电阻元件是不存在的。当导体中通过电流时,其温度就会发生变化,而导体的电阻又随温度发生变化,因此导体的电阻值是不能保持为常数的。但是,在一定的工作条件下,一些电阻的伏安特性曲线近似为直线,则可以把这些电阻认为是线性电阻。

【**例 1-8**】 某一线性电阻，两端电压 U 为 10 V，内部电流 I 为 2 A，当电流上升到 4 A 时，求该电阻两端的电压多大，电阻为多少？

解：由欧姆定律得

$$R = \frac{U}{I} = \frac{10}{2} = 5\ (\Omega)$$

$$U = IR = 4 \times 5 = 20\ (\mathrm{V})$$

电阻器（简称电阻），根据其阻值是否可调，分为固定电阻和可调电阻（滑线变阻器、电位器、电阻箱）。

电阻器还可根据制作材料和构造分为：

（1）线绕电阻器，由镍铬、康铜等电阻丝绕在瓷管上制成，功率大，稳定性好，阻值小。

（2）薄膜电阻器，在瓷棒上涂一层碳膜或金属膜制成，稳定性好，误差小，阻值大，功率小。

（3）实心电阻，由碳黑、石墨、黏土、石棉等按比例混合压制而成，阻值大，功率小，稳定性差。

电阻器的标志方法有两种：

（1）文字符号直标法。如某个电阻的外壳上有“RJ 0.5 W　1 kΩ ±5%”标记，其中“RJ”表示金属膜电阻，“0.5 W”表示功率，“1 kΩ”表示电阻值，“±5%”表示误差值。

（2）色环标志法：用几条不同颜色的色点或色环来表示电阻的参数。常用色环电阻的色环有 4 条和 5 条。其中最后一环表明电阻的误差，倒数第二环表示倍率，前面几环表示几位有效数字。如某个色环电阻的色环颜色分别为红、紫、橙、金，则其阻值为 27 kΩ，误差为 ±5%。表 1-3 列出了各颜色所代表的不同数值。

表 1-3　色环电阻的各颜色所代表的数值

颜色	数字环	倍率环（$\times 10^n$）	误差环（%）
棕	1	1	±1
红	2	2	±2
橙	3	3	
黄	4	4	
绿	5	5	±0.5
蓝	6	6	±0.2
紫	7	7	±0.1
灰	8	8	
白	9	9	
黑	0	0	
金		−1	±5
银		−2	±10
本色			±20

二、电感

电感元件是电感器的理想电路模型。线性电感元件是一个二端理想化元件。假设线圈是无电阻的导线绕制而成的，且周围无铁磁物质。线圈通以电流，其中便产生磁通。如果有 N 匝线圈，则线圈的磁链为

$$\Psi = N\Phi \tag{1-14}$$

如果线圈的电流与磁链的参考方向符合右手螺旋法则，则线圈的磁链 Ψ 与电流 i 的关系为

$$\Psi = Li \tag{1-15}$$

式(1-15)中，L 称为线圈的自感或电感，它是与电流、磁链无关的正实常数。电感 L 的大小与线圈的线径、长度、截面积、匝数有关，有磁芯的线圈电感 L 比没有磁芯的线圈电感 L 大。这种理想化的线圈就是线性电感元件，参数是自感或电感 L。自感的单位是亨利，单位符号为 H，还有毫亨(mH)、微亨(μH)等单位。

$$1\ \text{mH} = 10^{-3}\ \text{H} \qquad 1\ \mu\text{H} = 10^{-6}\ \text{H}$$

电感元件简称电感，所以电感一词既代表电感元件也表示电感参数。

理想的电感元件只储存磁能，既不消耗电能也不储存电能。磁场中储存着能量，用理想电感来反映储存磁能的特征，其模型符号和韦安特性如图 1-23 所示。

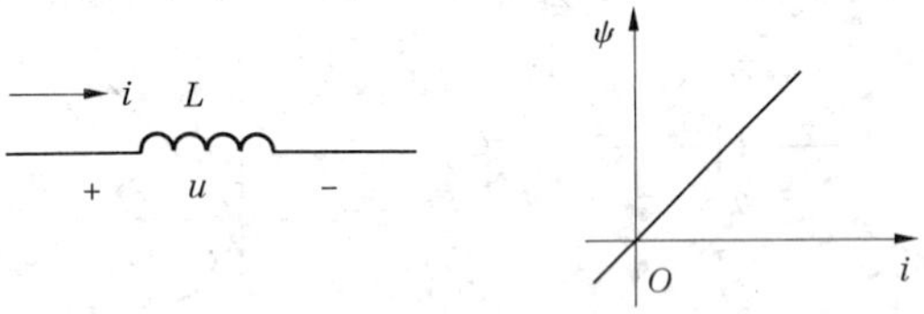

图 1-23　线性电感元件及韦安特性曲线

当通过电感的电流变化时，若电感元件两端电流与磁链的参考方向符合右手螺旋法则，电压与电流采用如图 1-23 所示的关联参考方向，则感应电压为

$$u = \frac{\mathrm{d}\Psi}{\mathrm{d}t} = L\frac{\mathrm{d}i}{\mathrm{d}t} \tag{1-16}$$

式(1-16)即为电感元件的伏安关系，由此可见，电感元件的电压与电流的大小和方向无关，只与电流的变化率有关，只有变化的电流才能产生电压。也就是说，即使电感元件上的电流不为零，若该电流为常数(直流)，感应电压也为零。这种特性表明电感是一种动态元件。在直流稳定状态电路中，电感相当于短路。

当电感元件两端电压与电流取关联参考方向时，电感元件的瞬时吸收功率为

$$p = ui = Li\frac{\mathrm{d}i}{\mathrm{d}t} \tag{1-17}$$

电感元件某一时刻的瞬时储能是瞬时吸收功率的累积，即

$$W_L = \int_{-\infty}^{t} p\mathrm{d}t = \int_{-\infty}^{t} Li\frac{\mathrm{d}i}{\mathrm{d}t}\mathrm{d}t = \frac{1}{2}L[i^2(t) - i^2(-\infty)]$$

设 $i(-\infty) = 0$，则电感元件的瞬时储能为

$$W_L = \frac{1}{2}Li^2 = \frac{1}{2}\frac{\Psi_L^2}{L} \tag{1-18}$$

这表明任意时刻电感元件的瞬时储能总是大于或等于零,电感属于无源元件。

三、电容

在实际应用中,电容器的应用很广泛,它是由绝缘介质隔开的两块金属极板构成的。电容器加上电源后,极板上分别聚集起等量异号电荷。此时,在介质中建立起电场,并储存电场能量。带正电荷的极板称为正极板,带负电荷的极板称为负极板。当电源断开后,电荷仍然能在极板上聚集一段时间。内部电场继续存在,因此电容是一种能储存电场能量的元件。

当电容元件上电压的参考方向由正极板指向负极板时,则任何时刻极板上的电荷量 Q 与极板间电压 U 的关系为

$$C = \frac{Q}{U} \tag{1-19}$$

式中,C 称为电容元件的电容,它是与电荷量 Q、电压 U 无关的正实数。电容的单位是法拉,符号为 F。在实际中往往用微法(μF)、皮法(pF)等单位。

$$1\ \text{F} = 10^6\ \mu\text{F} \qquad 1\ \text{F} = 10^{12}\ \text{pF}$$

电容元件简称电容,所以电容一词既代表电容元件,也代表电容参数。

理想的电容元件只储存电能,不消耗电能,也不储存磁能。用理想电容来反映储存电能的特征,其模型符号及库伏特性曲线如图 1-24 所示。

图 1-24 线性电容元件及库伏特性曲线

电容元件有两个重要的参数:电容量和工作电压。当电容进行充放电时,电容的电压将发生变化,极板上电荷的数量也相应地改变,这时与电容相连的电路中就会形成电流。电容两端电压与电流采用如图 1-24 所示的关联参考方向时,电容元件的伏安关系为

$$i = \frac{\mathrm{d}Q}{\mathrm{d}t} = C\frac{\mathrm{d}u}{\mathrm{d}t} \tag{1-20}$$

由此可见,电容元件的电流与其端电压的大小和方向无关,只与电压的变化率有关,只有电压发生变化才能产生电流。也就是说,即使电容元件两端的电压不为零,若该电压为常数(直流),流过电容的电流也为零。这种特性表明电容也是一种动态元件。在直流稳定状态电路中,电容相当于开路。

当电容两端电压与电流取关联参考方向时,电容元件的瞬时吸收功率为

$$p = ui = Cu\frac{\mathrm{d}u}{\mathrm{d}t} \tag{1-21}$$

与电感元件的瞬时储能类似,电容元件某一时刻的瞬时储能也是瞬时吸收功率的累积,即

$$W_C = \int_{-\infty}^{t} p\mathrm{d}t = \int_{-\infty}^{t} Cu\frac{\mathrm{d}u}{\mathrm{d}t}\mathrm{d}t = \frac{1}{2}C[u^2(t) - u^2(-\infty)]$$

设 $u(-\infty)=0$,则电容元件的瞬时储能为

$$W_C = \frac{1}{2}Cu_C^2 = \frac{1}{2}\frac{Q^2}{C} \tag{1-22}$$

式(1-22)表明,任意时刻电容元件的瞬时储能总是大于或等于零,电容属于无源元件。

四、国际单位制(SI)

电路中常用物理量的国际单位名称及符号如表 1-4 所示。

表 1-4　常用物理量的国际单位名称及符号

物理量	单位名称	符号	物理量	单位名称	符号
电流	安(培)	A	电压	伏(特)	V
电阻	欧(姆)	Ω	电位	伏(特)	V
功率	瓦(特)	W	能量	焦(耳)	J
电感	亨(利)	H	电容	法(拉)	F

思考与练习题

1. 有 220 V、100 W 灯泡一个,其灯丝电阻是多少?每天用 5 h,一个月消耗电能是多少?

2. 五只 15 Ω 的电阻应如何连接才能使总电阻分别为 75 Ω、35 Ω、30 Ω、12.5 Ω、3 Ω?

3. 有一只电铃,电阻为 100 Ω,工作电压为 3 V,现接在 12 V 电源上,问必须串联一只多大的分压电阻?

4. 有一直流电流表,其阻值为 20 Ω,允许通过的电流为 1 mA,现欲测量 5 A 的电流,问应配置多大的分流器电阻值 R_s?

5. 电容元件是储能元件,储存的能量与什么因素有关?

6. 电感元件是储能元件,储存的能量与什么因素有关?

第五节　电　源

电源有直流电源和交流电源两种。常见的直流电源有干电池、蓄电池、直流发电机等。常见的交流电源有电力系统提供的正弦交流电源和产生多种波形的各种信号发生器等。在电路分析中,这些实际的电源常用电源模型来代替。

实际电源的模型有两种形式:一种是电压源模型(简称电压源);另一种是电流源模型(简称电流源)。对外电路来说,这两种模型之间是可以等效互换的。

一、电压源

一个实际电源(如干电池、蓄电池)的端电压往往会随着输出电流的增加而下降,这是因为实际电源都有内阻。

在电路分析中,实际电源可以用一个理想电压源和一个内阻相串联的模型来表示,如图 1-25(a)所示。该模型称为电压源模型,简称电压源。

图 1-25(a)中,U_S 为理想电压源的定值电压,U_S 与电源电动势的值相等,参考方向由“+”端指向“-”端;R_0 为电压源的内阻;U_{ab} 为电压源的端电压;I 为电压源的输出电流。

则电压源的外特性方程为

$$U_{ab} = U_S - IR_0 \qquad (1\text{-}23)$$

由特性方程知，电压源的内阻 R_0 越小，电压源的特性曲线越平，可得到电压源的特性曲线如图 1-25(b)所示。

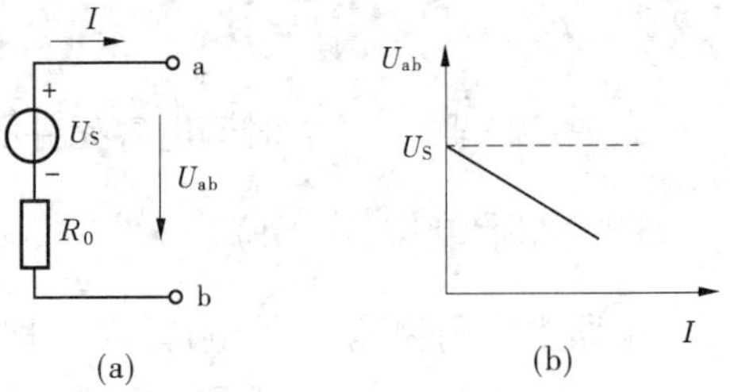

图 1-25　电压源

当 $R_0=0$ 时，$U_{ab}=U_S$。这种电压源称为理想电压源，又称为恒压源。理想电压源的特性曲线是一条平行于横轴的直线。图 1-26为理想电压源的图形符号及特性曲线。

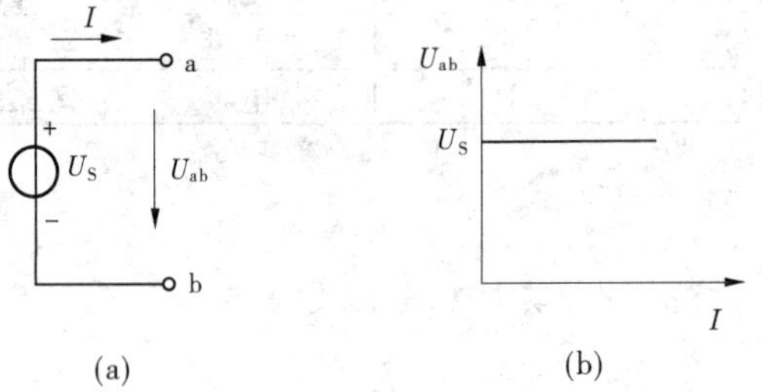

图 1-26　理想电压源的图形符号及特性曲线

理想电压源具有三个特点：①其端电压固定不变，与外接电路无关；②通过它的电流取决于它所联接的外电路，是可以改变的；③它的内阻为零。

【例 1-9】　如图 1-27 所示电路中，$U_S=10$ V。求：(1)$R=5\ \Omega$ 时，理想电压源的端电压 U_{ab} 及输出电流 I 分别是多少？(2)$R=10\ \Omega$ 时，理想电压源的端电压 U_{ab} 及输出电流 I 分别是多少？

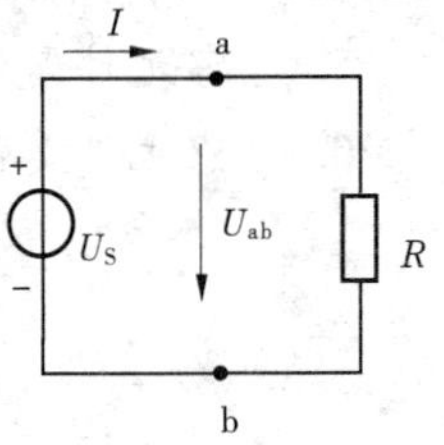

图 1-27　例 1-9 图

解：(1)$R=5\ \Omega$ 时，$U_{ab}=U_S=10$ V

$$I=\frac{U_S}{R}=\frac{10}{5}=2\ (\text{A})$$

(2)$R=10\ \Omega$ 时，$U_{ab}=U_S=10$ V

$$I=\frac{U_S}{R}=\frac{10}{10}=1\ (\text{A})$$

理想电压源是一个具有无限能量的电源，它能输出任意大小的电流而保持其端电压不变。这样的电源实际是不存在的。如果电源(如新的干电池、充电完毕的蓄电池、直流稳压电源等)的内电阻 R_0 远小于负载电阻 R_L，随着输出电流的变化，电源的端电压基本上保持不变，那么这种电源就接近于一个理想电压源。

电压源的连接分为串联和并联两种。

(1)n 个电压源的串联可以等效为一个电压源，如图 1-28 所示。

(2)电压源的并联。根据基尔霍夫电压定律，只有电压大小相等、极性一致的电压源才可以并联，其等效电源为大小相等、参考方向相同的一个电压源。

(3)一个理想电压源与某一个支路的并联。无论这个支路为一个电流源、一个电压源或者是几个电阻，该并联电路均等效为这个理想电压源，而流过的电流取决于外电路。如图 1-29所示。

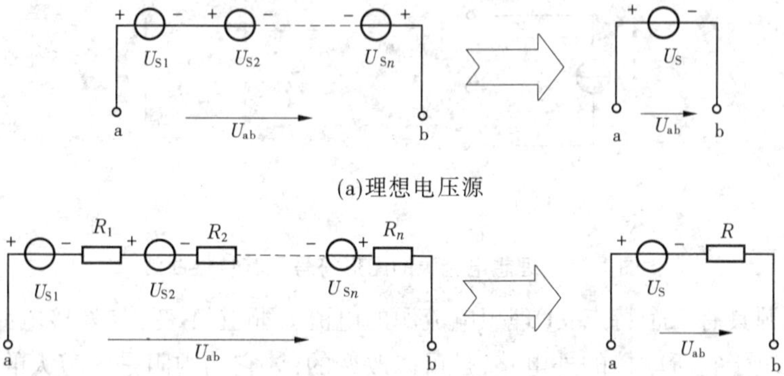

(a)理想电压源

(b)电压源模型

图 1-28　电压源的串联

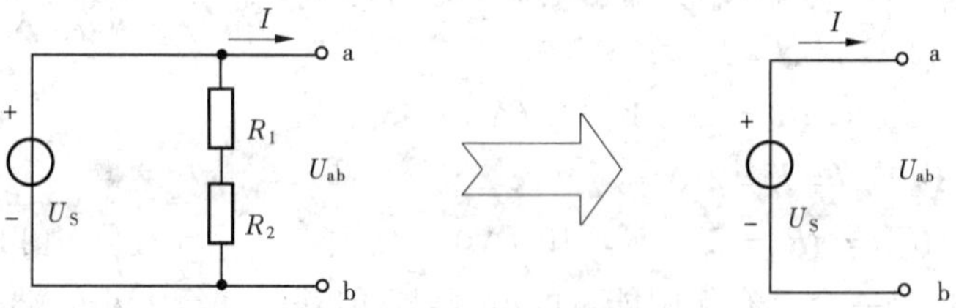

图 1-29　理想电压源与支路的并联

二、电流源

在电路分析与计算中，实际电源也可以用一个理想电流源和一个内阻相并联的模型来表示，如图 1-30(a)所示。该模型称为电流源模型，简称电流源。

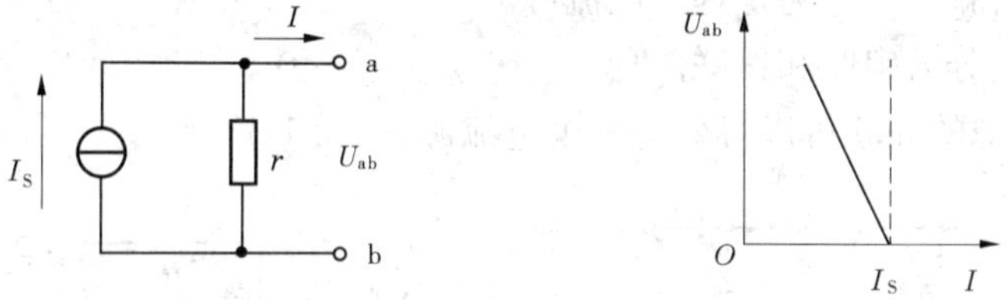

(a)　　　　(b)

图 1-30　电流源及其特性曲线

图 1-30 中 I_S 表示理想电流源的定值电流，旁边的箭头表示 I_S 的参考方向，r 表示电流源的内阻，U_{ab}表示电流源的端电压，I 为电流源的输出电流。电流源的外特性方程为

$$I = I_S - \frac{U_{ab}}{r} \tag{1-24}$$

电流源的特性曲线如图 1-30(b)所示。由电流源的外特性方程可得，电流源的输出电流随着内阻 r 的增大而增大；内阻越大，特性曲线越陡直。当 $r = \infty$ 时，$I = I_S$ 为一个恒定值。这种电流源称为理想电流源，简称恒流源。理想电流源的特性曲线是一条平行于纵轴的直线。图 1-31 为理想电流源的图形符号及其特性曲线。

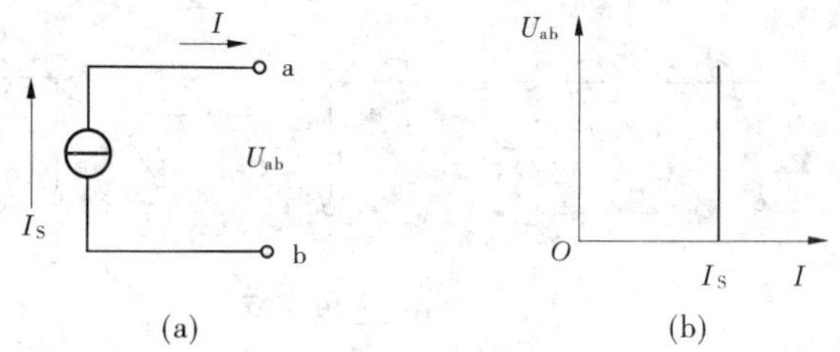

图 1-31　理想电流源的图形符号及其特性曲线

理想电流源具有三个特点:①理想电流源的电流 I_S 固定不变,与外接电路无关;②电流源的端电压取决于它所联接的外电路,是可以改变的;③它的内阻是无穷大的。

【例 1-10】 如图 1-32 所示电路中,$I_S=2$ A。求:(1)$R=1\ \Omega$ 时,理想电流源的端电压 U_{ab} 及输出电流 I 分别是多少?(2)$R=5\ \Omega$ 时,理想电流源的端电压 U_{ab} 及输出电流 I 分别是多少?

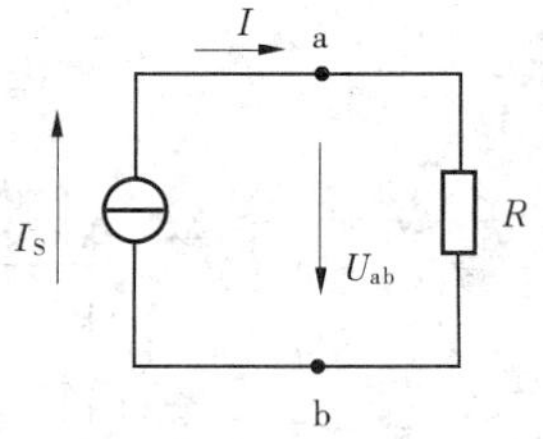

图 1-32　例 1-10 图

解:(1)当 $R=1\ \Omega$ 时,$I=I_S=2$ A

$$U_{ab}=IR=2\times 1=2\ (\text{V})$$

(2)当 $R=5\ \Omega$ 时,$I=I_S=2$ A

$$U_{ab}=IR=2\times 5=10\ (\text{V})$$

理想电流源也是一个具有无限能量的电源，它能获得任意大小的端电压而保持输出电流不变。这样的电源实际上是不存在的。如果电源(如直流稳流电源)的内电阻 r 远大于负载电阻 R_L,随着 R_L 的变化,电源输出的电流基本不变,那么这种电源就可以近似为一个理想电流源。

如晶体三极管工作在放大状态时,它的集电极电流是一定值,此电流与基极电流成正比。太阳能电池在一定的光照下,将被激发出一定量的电流,此电流与光照强度成正比。像这样的器件或设备就可以认为是理想电流源。

电流源的连接分为串联和并联两种。

(1)n 个电流源的并联可以等效为一个电流源,如图 1-33 所示。

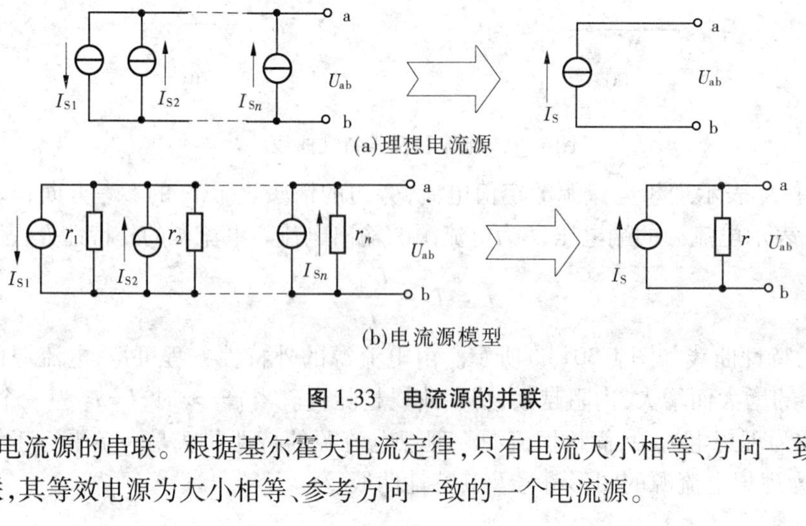

图 1-33　电流源的并联

(2)电流源的串联。根据基尔霍夫电流定律,只有电流大小相等、方向一致的电流源才可以串联,其等效电源为大小相等、参考方向一致的一个电流源。

(3)理想电流源与支路的串联。无论这个支路为几个电压源还是几个电阻,该串联电路均等效为这个理想电流源,其端电压取决于外电路,如图 1-34 所示。

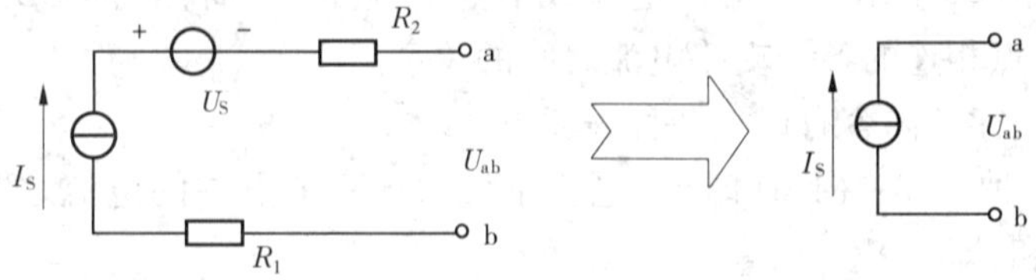

图 1-34　理想电流源与支路的串联

思考与练习题

1. 什么叫理想电压源?

2. 什么叫理想电流源?

3. 详细调查我们在日常生活中所用的电池,看哪些可以近似为理想电压源,哪些可以近似为理想电流源。

第六节　基尔霍夫定律

简单直流电路中只有一个直流电源,利用欧姆定律和电阻的串、并联特点,就可以对其进行分析和计算。然而,有的电路中含有两个或两个以上直流电源,则不能简单地利用欧姆定律和电阻的串、并联特点来分析,这样的电路称为复杂直流电路。基尔霍夫定律阐明了任意电路中各处电压和电流的内在关系,定律内容包括各节点的电流间关系,以及任意回路中各段电压间的规律。它是由德国科学家基尔霍夫在 1845 年提出的。

一、常用的电路名词

支路:电路中具有两个端钮且通过同一电流的无分支电路,该分支电路上至少有一个元器件。如图 1-35所示电路中的 acf、ab、ade 均为支路,该电路的支路数目为 3。其中含有电源的支路称为有源支路,如支路 acf 和 ab;无电源的支路称为无源支路,如支路 ade。

节点:电路中三条或三条以上支路的联接点。图 1-35所示电路的节点为 a、b 两点,该电路的节点数目为 2。

回路:电路中任一闭合的路径。图 1-35 所示电路中的 cabfc、adeba、cadebfc 路径均为回路,该电路的回路数目为 3。

网孔:内部不含有支路的回路。图 1-35 所示电路中的 cabfc、adeba 回路均为网孔,该电路的网孔数目为 2。

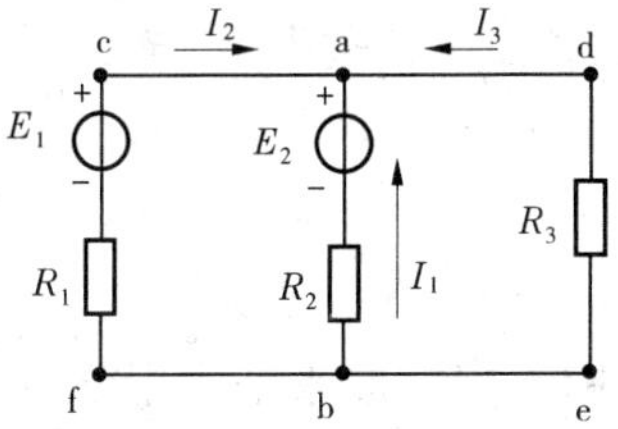

图 1-35　复杂直流电路

网络:在电路分析范围内网络是指包含较多元器件的电路。一般将较为复杂的电路都称为网络。

二、基尔霍夫电流定律

基尔霍夫电流定律（基尔霍夫第一定律或节点电流定律）简称为 KCL，反映在任一时刻，电路中与某一节点相连的各个支路电流之间的关系。

基尔霍夫电流定律的内容有以下两种表述方式。

（1）KCL 的第一种表述：在任何时刻，电路中流入任一节点中的电流之和，恒等于从该节点流出的电流之和，即

$$\sum I_{入} = \sum I_{出} \tag{1-25}$$

为分析电路的方便，通常需要在所研究的一段电路中事先选定电流的参考方向，用"→"表示。例如图 1-36 中，节点 A 的 KCL 方程为

$$I_1 + I_3 = I_2 + I_4 + I_5$$

（2）KCL 的第二种表述：在任何时刻，电路中任一节点上的各支路电流代数和恒等于零，即

$$\sum I = 0 \tag{1-26}$$

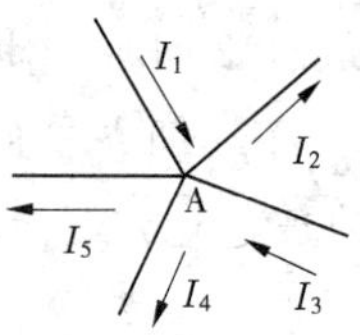

图 1-36　KCL

运用这种表述时要设定不同方向电流的正、负值，一般可选流入节点的电流前面取"+"号，在流出节点的电流前面取"-"号，反之亦可。例如图 1-36 中，节点 A 的 KCL 方程为

$$I_1 - I_2 + I_3 - I_4 - I_5 = 0$$

【例 1-11】　列出图 1-35 电路中的 KCL 方程。

解：节点 a：　$I_1 + I_2 + I_3 = 0$

节点 b：　$-I_1 - I_2 - I_3 = 0$

从解答的内容来看，图 1-35 电路中有两个节点，节点 a 和节点 b 都可以列出 KCL 方程，但是它们都可以由对方方程推导出来。可以证明，对电路中每一节点均可写出对应的 KCL 方程形式，其中必有一个可由其他方程推导出来。我们把不能由其他节点 KCL 方程导出的 KCL 方程，称为独立节点方程，对应节点为独立节点。

设一个电路中的节点数为 n 个，那么独立节点数或独立节点方程个数为$(n-1)$。

【例 1-12】　在图 1-37 所示的部分电路中，求所示电路中的电流 I。

解：在电路中凡是没有元器件的导线都可以看做是一个点，故而所有的点可看做是一个节点，列出节点的 KCL 方程，有

$$1\ \text{A} - 8\ \text{A} = 2\ \text{A} - 5\ \text{A} + I$$

$$I = -4\ \text{A}$$

$I<0$，表明其实际方向与参考方向相反。

KCL 定律原来是应用于节点的，但是也可以推广应用于电路中任一个假设的封闭面。如图 1-38 所示半导体三极管，对于封闭面 S，不管其内部结构如何，KCL 仍然成立。

$$I_b + I_c - I_e = 0$$

对于网络（电路）之间的电流关系，仍然可由电流定律判定。如图 1-39 中，流入网络（电路）B 中的电流 I_1 必等于从该网络（电路）中流出的电流 I_2。

若两个网络（或电路）之间只有一根导线相连，那么这根导线中一定没有电流通过。如

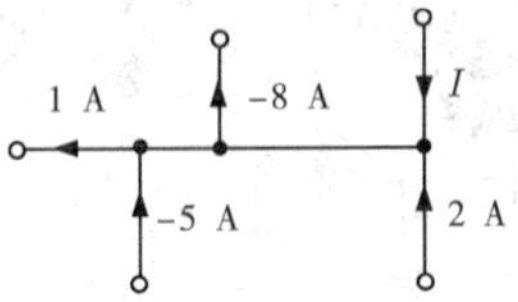

图 1-37　例 1-12 图

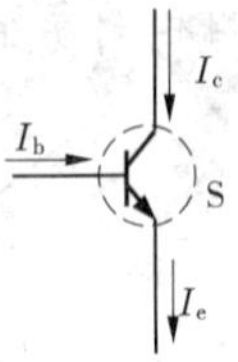

图 1-38　KCL 的推广电路

图 1-40 所示，$I=0$。

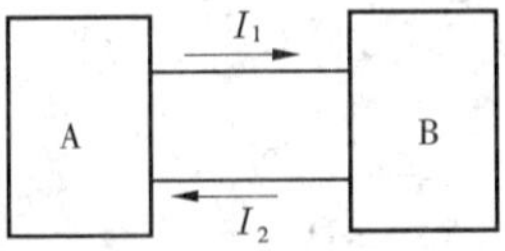

图 1-39　两个网络间的连接

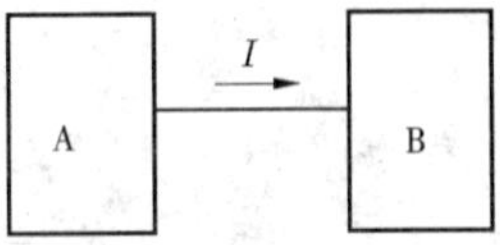

图 1-40　两个网络间的单线连接

若一个网络只有一根导线与地相连，那么这根导线中一定没有电流通过。如图 1-41 所示，$I=0$。

在使用基尔霍夫电流定律时，必须注意：

(1)列节点电流方程时，首先选定各支路电流的参考方向，列出 KCL 方程后再带入电流的数值。

(2)对于含有 n 个节点的电路，只能列出$(n-1)$个独立的电流方程。

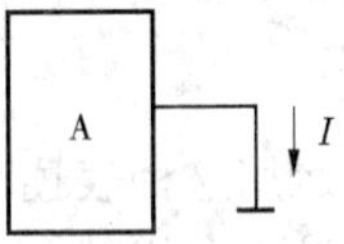

图 1-41　网络与地间的连接

(3)电流的实际方向可根据计算出的数值正、负来判断。当 $I>0$ 时，表明电流的实际方向与所标定的参考方向一致；当 $I<0$ 时，则表明电流的实际方向与所标定的参考方向相反。

三、基尔霍夫电压定律

基尔霍夫电压定律(基尔霍夫第二定律或回路电压方程)简称 KVL，它反映电路中的任一回路中各段电压之间的关系。基尔霍夫电压定律的内容有以下两种表述方式。

KVL 的第一种表述：任何时刻，沿着电路中的任一回路绕行方向，回路中各段电压的代数和恒等于零，即

$$\sum U = 0 \tag{1-27}$$

运用这种表述时要先标出各支路电流的参考方向，以及选择回路绕行方向(既可沿着顺时针方向绕行，也可沿着逆时针方向绕行)，然后设定各段电压的正、负值，一般可选择与回路绕行方向相同的电压前面取“+”号，选择与回路绕行方向相反的电压前面取“-”号。反之亦可。

需要注意的是，电阻元件的两端电压与内部电流习惯上选择为关联参考方向，当电流 I 的参考方向与回路绕行方向一致时，则该段电压前面选取“+”号；反之，该段电压前面选取“-”号。电源端电压的数值与电动势的值相等，其方向由电源的高电位端(“+”极)指向低电位端(“-”极)，与电路中的电流方向无关。当电源的端电压方向与回路绕行方向一致时，该电压前面选取“+”号，反之该电压前面应选取“-”号。

【例 1-13】　如图 1-42 所示电路，根据已标出的各支路电流 I_1、I_2、I_3 的参考方向及回路

绕行方向(习惯上选取顺时针方向绕行),列出 KVL 方程。

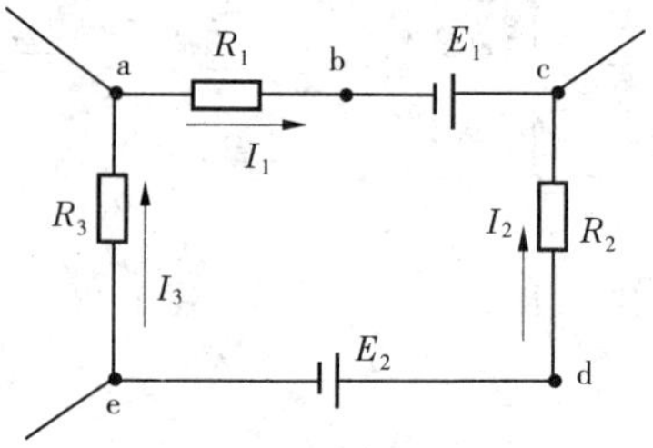

图 1-42　例 1-13 图

解:KVL 方程为

$$I_1R_1 - E_1 - I_2R_2 + E_2 + I_3R_3 = 0$$

上式也可写成

$$I_1R_1 - I_2R_2 + I_3R_3 = E_1 - E_2$$

由此可得到 KVL 的第二种表述:任何时刻,沿着电路中的任一回路绕行方向,回路中各段电压的代数和恒等于回路中所有电源电动势(或恒压源的值)的代数和,即

$$\sum IR = \sum E \tag{1-28}$$

运用这种表述时,也要先标出各支路电流的参考方向,并选择回路绕行方向(既可沿着顺时针方向绕行,也可沿着逆时针方向绕行),然后设定各段电压、电动势的正、负值。电阻元件的两端电压前面选取"+"、"-"号的规定,与 KVL 的第一种表述的规定一致。电源电动势方向由电源的低电位端("-"极)指向高电位端("+"极),与电路中的电流方向无关。当电源的电动势方向与回路绕行方向一致时,该电动势前面选取"+"号,反之,该电动势前面应选取"-"号。

【例 1-14】　如图 1-43 所示电路,试列出所有回路的 KVL 方程。

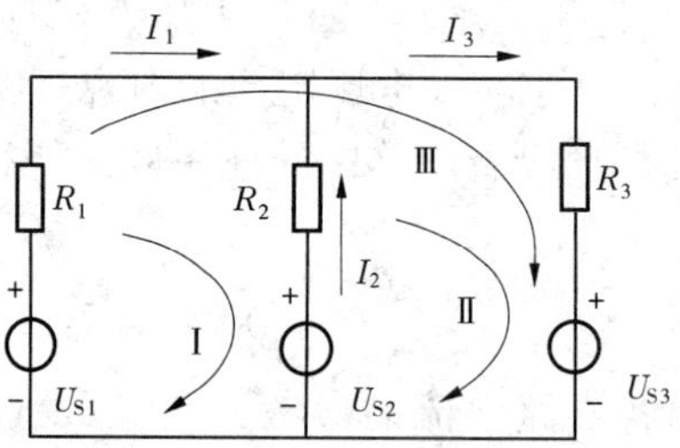

图 1-43　例 1-14 图

解:先选定各支路电流 I_1、I_2、I_3 的参考方向以及各回路的绕行方向,如图 1-43 所示。

根据 KVL 列出方程

回路Ⅰ:　$I_1R_1 - I_2R_2 + U_{S2} - U_{S1} = 0$　①

回路Ⅱ:　$I_2R_2 + I_3R_3 + U_{S3} - U_{S2} = 0$　②

回路Ⅲ:　$I_1R_1 + I_3R_3 + U_{S3} - U_{S1} = 0$　③

从解答的内容来看,图 1-43 电路中一共有 3 个回路,可以对应列出 3 个 KVL 方程。这 3 个方程中,任一个方程都可以由其他两个方程推导出来。可以证明,对电路中每一回路均可写出对应电压须遵循的 KVL 方程形式，其中必有一部分方程可由其他回路方程推导出来。在这些方程中，不能由其他回路的 KVL 方程导出的 KVL 方程，称为独立 KVL 方程，对应回路为独立回路（独立回路中至少含有一条为其他回路所没有包含的支路）。独立回路数等于网孔数（即由网孔列出的 KVL 方程都是独立方程）。

设电路有 b 条支路，m 个网孔，n 个节点，则有：$m+(n-1)=b$。即：网孔数 + 独立节点数 = 支路数

基尔霍夫电压定律不仅适用于闭合的回路，而且也适用于任何假想的回路，即任一不闭合的电路上，但要将开口处的电压列入 KVL 方程中。图 1-44 所示部分电路中，a、b 两点处没有闭合。

沿 abeca 绕行方向　$U_{ab}-I_3R_3+I_1R_1-U_{S1}=0$　①

沿 abeda 绕行方向　$U_{ab}-I_3R_3+I_2R_2+U_{S2}=0$　②

将式①、式②移项，可以得到

$$U_{ab}=I_3R_3-I_1R_1+U_{S1}$$

$$U_{ab}=I_3R_3-I_2R_2-U_{S2}$$

即电路中任意两点间的电压值与所选择的路径无关。路径一旦选择，两点间的电压等于所选择路径上各段电压的代数和，路径上某段电压与两点间电压的参考方向一致时，该电压前面选取“+”号，反之，该电压前面应选取“-”号。

【例 1-15】　如图 1-45 所示部分电路，试写出 U_{ab} 的表达式。

解： 两点间的电压 U_{ab} 表示其参考方向由 a 指向 b，由 KVL 得

$$U_{ab}=-I_1R_1-E_1+E_2-I_2R_2+I_3R_3$$

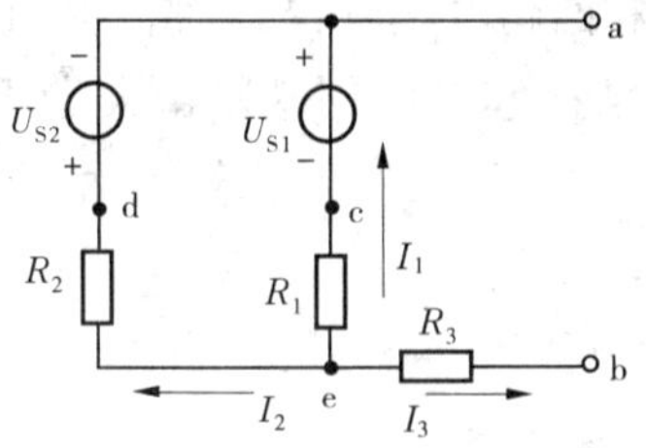

图 1-44　KVL 的推广电路

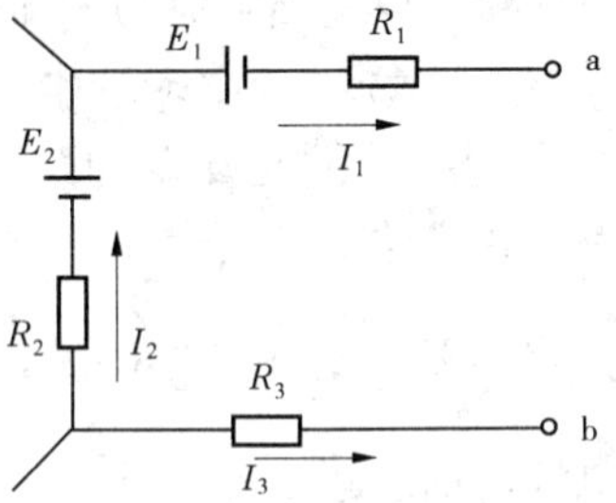

图 1-45　例 1-15 图

思考与练习题

1. 说出图 1-46 所示电路中的支路、节点、回路、网孔的数目。
2. 应用基尔霍夫定律时，要注意哪些方面？
3. 应用 KCL 两种形式分别列出图 1-47 所示电路的节点电流方程。
4. 应用 KVL 两种形式分别列出图 1-47 所示电路的电压方程。
5. 列出图 1-48 中三个网孔的电压方程。

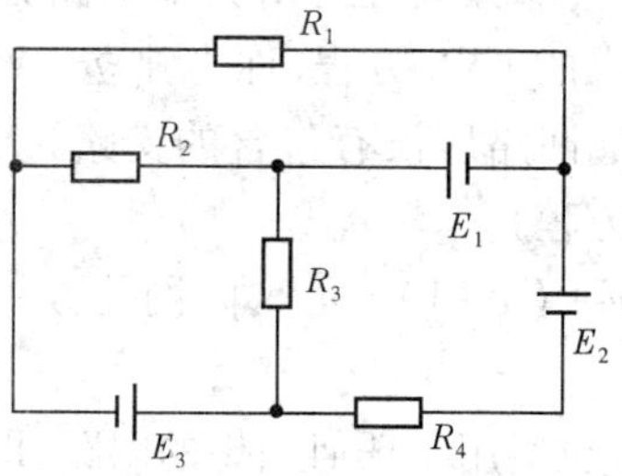

图 1-46　思考与练习题 1 图

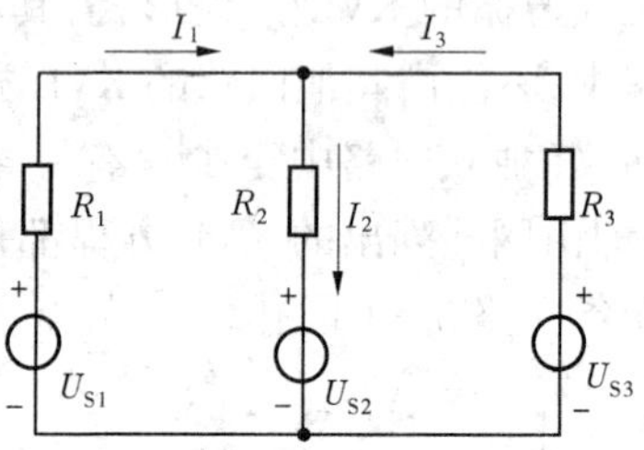

图 1-47　思考与练习题 3 图

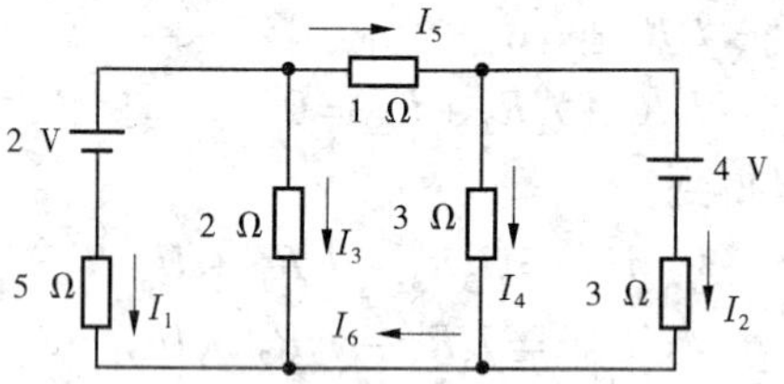

图 1-48　思考与练习题 5 图

第七节　支路电流法

一、支路电流法的概念

支路电流法是以支路电流为未知量(对于理想电流源则以其电压为未知变量),应用基尔霍夫定律(KCL、KVL)及欧姆定律列出节点电流方程和回路电压方程,组成方程组解出各支路电流,并求得各元件电压及功率等其他物理量的方法。它是应用基尔霍夫定律求解电路的最基本分析方法。

二、支路电流法的解题步骤

支路电流法的解题步骤如下:

(1)设定各支路电流的参考方向和网孔的绕行方向。

(2)由 KCL 列写$(n-1)$个独立节点方程($\sum I=0$)。

(3)由 KVL 列写$(b-n+1)$个独立回路方程($\sum U=0$ 或$\sum IR=\sum U_S$)。

(4)联立解上述 b 个独立方程,求出各支路电流及其他要求的物理量。

【例 1-16】　如图 1-43 所示电路,试列出节点的 KCL 方程,以及回路的 KVL 方程。

解:先选定各支路电流 I_1、I_2、I_3 的参考方向以及各回路的绕行方向,如图 1-43 所示。

根据 KCL 定律列出方程

$$I_1+I_2-I_3=0$$

根据 KVL 定律列出方程

网孔Ⅰ:　$I_1R_1-I_2R_2+U_{S2}-U_{S1}=0$　①

网孔Ⅱ:　$I_2R_2+I_3R_3+U_{S3}-U_{S2}=0$　②

【例 1-17】 如图 1-49 所示电路，已知 $R_1=10\ \Omega$，$R_2=5\ \Omega$，$R_3=5\ \Omega$，$U_{S1}=10\ V$，$U_{S2}=5\ V$，列出独立的 KCL 方程和 KVL 方程，并求各支路电流及各元件上的功率。

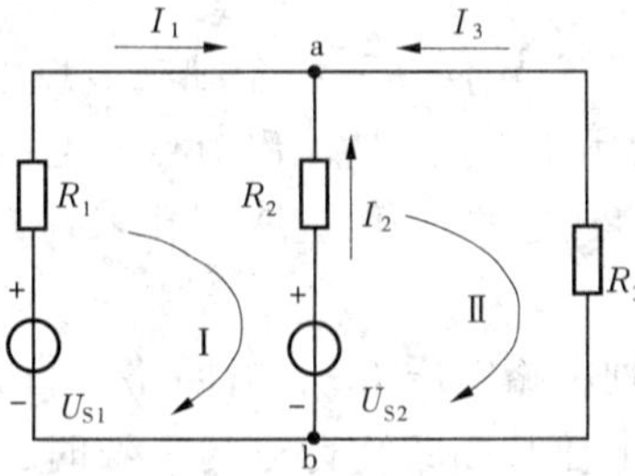

图 1-49 例 1-17 图

解： 由于电路中支路的数目等于独立的 KCL 方程与 KVL 方程的和，我们可以以支路电流为未知量，列出独立的 KCL 方程和 KVL 方程，联立方程求解，就可得出各支路电流。

选定各支路电流 I_1、I_2、I_3 的参考方向，如图 1-49 所示。

由 KCL，列出节点 a 的方程

$$I_1+I_2+I_3=0 \quad ①$$

选定两个网孔的绕行方向，如图 1-49 所示。根据 KVL 定律，列出各网孔的 KVL 方程。

网孔 Ⅰ： $-I_2R_2+U_{S2}-U_{S1}+I_1R_1=0$

代入数值得 $-5I_2+5-10+10I_1=0$

整理得 $-I_2+2I_1=1$ ②

网孔 Ⅱ： $I_2R_2-I_3R_3-U_{S2}=0$

代入数值得 $5I_2-5I_3-5=0$

整理得 $I_2-I_3-1=0$ ③

将式①、式②、式③联立求解，得

$$I_1=0.6\ A \qquad I_2=0.2\ A \qquad I_3=-0.8\ A$$

I_1、I_2 为正值，它们的实际方向与参考方向相同；I_3 为负值，其实际方向与参考方向相反。

电压源 U_{S1}、U_{S2} 的电动势与电流方向一致，则

电压源 U_{S1} 输出功率为 $P_{S1}=U_{S1}\times I_1=10\times0.6=6\ (W)$

电压源 U_{S2} 输出功率为 $P_{S2}=U_{S2}\times I_2=5\times0.2=1\ (W)$

各电阻元件消耗功率 $P_1=I_1^2\times R_1=0.6^2\times10=3.6\ (W)$

$P_2=I_2^2\times R_2=0.2^2\times5=0.2\ (W)$

$P_3=I_3^2\times R_3=(-0.8)^2\times5=3.2\ (W)$

两个电源共输出功率 $P_{S1}+P_{S2}=6+1=7\ (W)$

三个电阻元件共消耗功率 $P_1+P_2+P_3=3.6+0.2+3.2=7\ (W)$

电路中两个电源共输出功率数值与三个电阻元件共消耗功率数值相等，因此电路的功率平衡。

三、支路电流法解题要点

支路电流法解题要点如下：

(1)用支路电流法求解电路时，先要设定各支路电流的参考方向及选定回路绕行方向，然后建立足够独立的KCL方程和KVL方程。注意绕行方向指定不同，建立的KVL方程不变。

(2)如果电路有 n 个节点，那么只有 $(n-1)$ 个独立节点电流方程，以 $\sum I=0$ 形式列节点电流方程时，一般流进节点的电流取"+"号，流出节点的电流取"-"号。

(3)为保证回路电压方程的独立性，一般选取网孔来列方程，或保证每次选取的回路都包含一个新的支路。

(4)若以 $\sum IR=\sum U_S$ 形式列回路电压方程，沿回路绕行方向，方程左端以电压降为正，右端以电压升为正。即当支路电流与回路绕行方向一致时，电压前取"+"号，反之取"-"号；当电压源的参考方向与回路绕行方向一致时，电压前取"-"号，反之取"+"号。

(5)若以 $\sum U=0$ 列回路电压方程，则所有的电压源均作为电压降处理，列出回路电压方程即可。

思考与练习题

如图1-50所示电路中，已知 $U_{S1}=6$ V，$U_{S2}=8$ V，$U_{S3}=10$ V，$R_1=3$ Ω，$R_2=2$ Ω，$R_3=3$ Ω，求电路中 R_3 支路的电流。

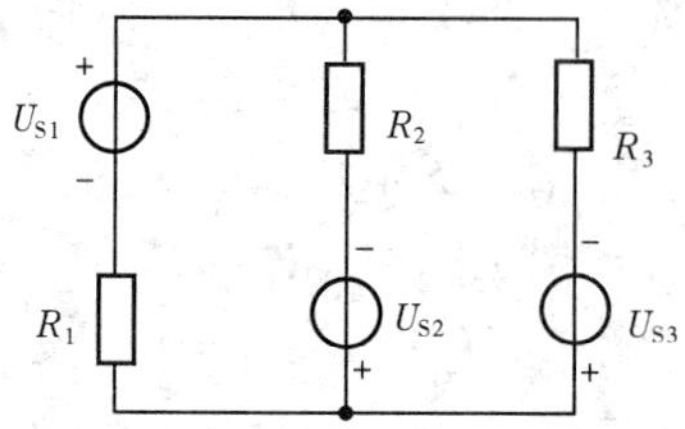

图1-50　思考与练习题图

实训一　伏安法测电阻

一、实验目的

(1)掌握直流电压表和电流表(或万用表)的使用方法。

(2)能够用直流电压表和电流表正确测定电阻阻值。

二、实验器材

(1)10 Ω的电阻一只。

(2)直流电流表一块、直流电压表一块或万用表(不限型号)两块。

(3)单刀单掷开关(不限型号)一个。

(4)实验台或接线板一块。

(5)直流稳压电源一个。

(6)连接导线若干。

三、实验原理

由部分电路欧姆定律 $R=\frac{U}{I}$，测出电阻两端电压和流过电阻的电流，即可以求出待测电阻的阻值。

四、实验步骤

（1）按照图1-51(a)所示的电路，将电源、电阻、电流表、电压表、开关用导线连接好，或在实验台上插接好电路。注意直流电流表、直流电压表的“+”、“-”极性，不能接反。

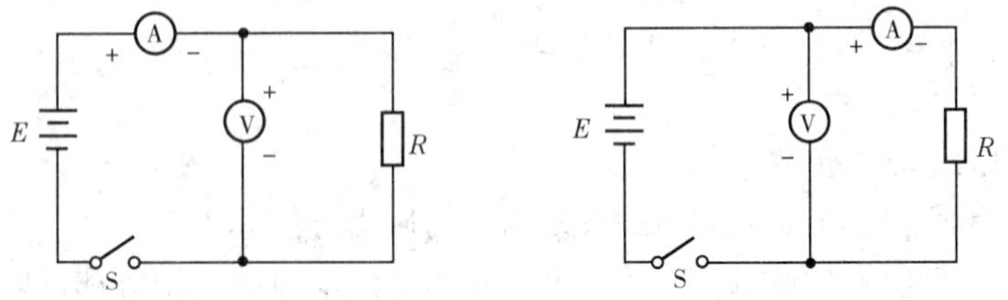

(a)电流表外接　　(b)电流表内接

图1-51　伏安法测电阻实验原理图

（2）接线后，经检查无误方可闭合开关S。将电压表、电流表的读数填入表1-5中。改变电源电压的数值，重做上述实验。用求平均值的方法，计算出电阻平均值。

表1-5　实验记录

物理量	实验次数		
	1	2	3
电压 U(V)			
电流 I(A)			
电阻 R(Ω)			

电阻平均值 $\overline{R}=$

（3）按照图1-51(b)所示的电路重新连接电路，重复第(1)、(2)步骤，并在表1-6中记录数据。

表1-6　实验记录

物理量	实验次数		
	1	2	3
电压 U(V)			
电流 I(A)			
电阻 R(Ω)			

电阻平均值 $\overline{R}=$

五、思考题

(1)上述实验是否有误差？如果有误差，误差是怎样产生的？

(2)实验原理图 1-51(a)与(b)有什么不同？如果被测电阻 R 很大，大到可以和电压表的内阻相比，要选用哪一个原理图会减少测量误差？

(3)本实验与直接用欧姆表或万用表欧姆挡测量电阻时有怎样的不同？

实训二 电源电动势及内阻的测定

一、实验目的

(1)掌握全电路欧姆定律。

(2)进一步熟悉直流电压表、电流表、万用表的使用方法。

(3)能够用直流电压表、电流表、万用表正确测量出电池的电动势和内阻。

二、实验器材

(1)滑动变阻器一只。

(2)直流电流表一块、直流电压表一块或万用表(不限型号)两块。

(3)单刀单掷开关(不限型号)一个。

(4)实验台或接线板一块。

(5)直流稳压电源一个。

(6)连接导线若干。

三、实验原理

由全电路欧姆定律，可得出电源电动势 E、端电压 U、电流 I 和内阻 R_0 有如下关系：

$$U + IR_0 = E$$

用电压表和电流表或万用表，测出滑动变阻器活动触点置于不同的适当位置时的端电压 U 及电流 I，并将 E、R_0 作为未知数，列出两个二元一次方程，联立方程组求出 E 和 R_0。

四、实验步骤

(1)按图 1-52 所示电路图将电路接好，或在实验台上插接好电路。注意直流电流表、直流电压表、万用表的"+"、"-"极性，不能接反。滑动变阻器连接到电路时，应先将其阻值置于最大值位置，然后逐渐减小。

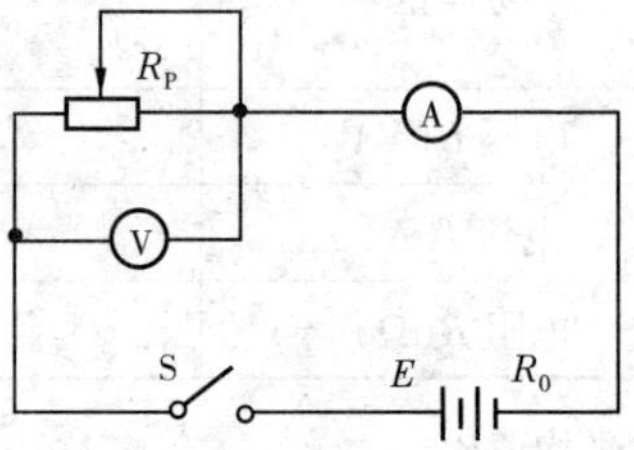

图 1-52 电源电动势及内阻的测定

(2)确认电路连接无误时，将滑动变阻器活动触点置于某一适当位置(R_P 不为零)，用电压表、电流表(或万用表)测出电压、电流的数值，连续测三至五次(保持 R_P 不变)，填入表 1-7 中。

(3)改变滑动变阻器活动触点位置，按步骤(2)的顺序重做一遍，将测得数据填入表1-7中。

表1-7 电源电动势及内阻的测定实验记录

电阻	第一次实验	第二次实验	第三次实验	平均值
R_1	$U=$ V	$U=$ V	$U=$ V	$U_1=$ V
	$I=$ A	$I=$ A	$I=$ A	$I_1=$ A
R_2	$U=$ V	$U=$ V	$U=$ V	$U_1=$ V
	$I=$ A	$I=$ A	$I=$ A	$I_1=$ A

(4)根据表1-7中电压、电流的两组平均值，列出方程组为

$$\begin{cases}U_1+I_1R_0=E\\U_2+I_2R_0=E\end{cases}$$

计算出电源的电动势 E 和内阻 R_0。

五、思考题

(1)电路中的滑动变阻器的触头能否置于 $R=0$ 的位置，为什么？

(2)按照图1-53所示电路，自己设计一个测定电源电动势和内阻的实验，注意实验报告的完整性。

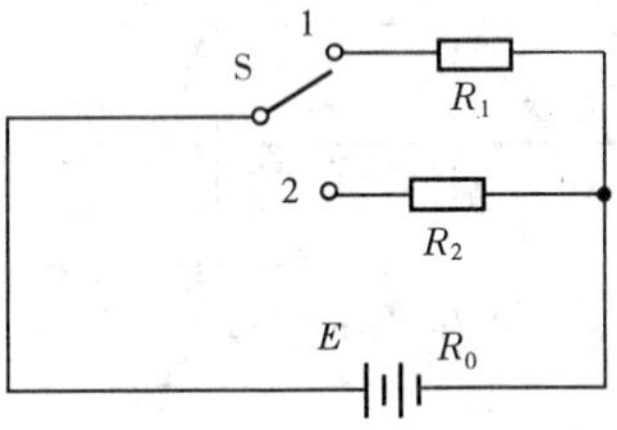

图1-53 思考题(2)图

实训三 基尔霍夫定律的验证

一、实验目的

(1)验证基尔霍夫定律。

(2)学会使用直流电流表、万用表。

(3)加深对参考方向的理解。

二、实验器材

(1)100 Ω 的电阻两个，150 Ω 的电阻一个。

(2)万用表(不限型号)一块，直流电流表两块。

(3)单刀双掷开关(不限型号)两个。

(4)实验台或接线板一块。

(5)直流电源 5 V、10 V、20 V 三种,或可调电源。

(6)连接导线若干。

三、实验原理

根据基尔霍夫第一定律$\sum I=0$,基尔霍夫第二定律$\sum U=0$,用电流表测出各支路电流,用万用表测出回路中各段电压,通过计算验证基尔霍夫定律。

四、实验步骤

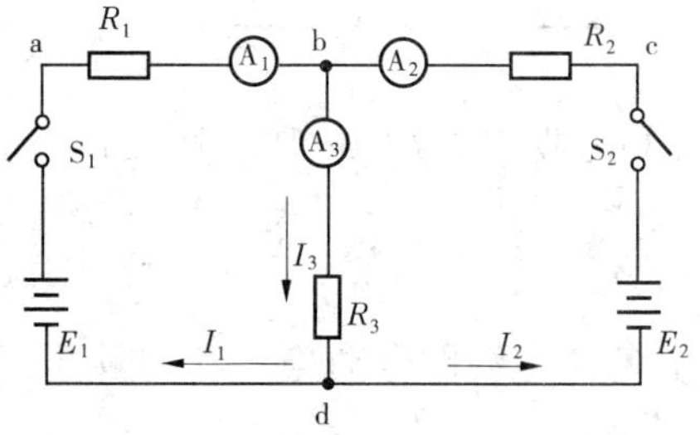

图 1-54 基尔霍夫定律实验原理

(1)按图 1-54 所示实验原理图连接好电路,将 E_1 调至 5 V,E_2 调至 10 V,检查无误后接通电源。

(2)将电流表的读数及用万用表分别测出 ab、bd、da 段的电压填入表 1-8 中。

(3)将 E_1 调至 5 V,E_2 调至 20 V,重做上述实验。

(4)将 E_1 调至 10 V,E_2 调至 20 V,重做上述实验。

(5)计算$\sum I$、$\sum U$,看是否满足基尔霍夫定律。

表 1-8 电流和电压的测定实验记录

电源电压(V)	电流(mA)			电压(V)		
$E_1=5, E_2=10$	I_1	I_2	I_3	U_{ab}	U_{bd}	U_{da}
	$\sum I=I_1+I_2+I_3=$			$\sum U=U_{ab}+U_{bd}+U_{da}=$		
$E_1=5, E_2=20$	I_1	I_2	I_3	U_{ab}	U_{bd}	U_{da}
	$\sum I=I_1+I_2+I_3=$			$\sum U=U_{ab}+U_{bd}+U_{da}=$		
$E_1=10, E_2=20$	I_1	I_2	I_3	U_{ab}	U_{bd}	U_{da}
	$\sum I=I_1+I_2+I_3=$			$\sum U=U_{ab}+U_{bd}+U_{da}=$		

五、注意事项

(1)按实验原理图连接好电路,检查无误后接通电源。

(2)用电流表及万用表在测量数据时要注意极性,如果出现表针反偏,表明参数是负值,仪表的接线柱接反了。

本章小结

一、电路的基本概念

1. 电路的作用与组成部分

(1)电路：电流的通路称为电路，连续电流的通路必须是闭合的。

(2)组成：电路由电源、负载及中间环节三部分组成。

(3)作用：实现电能的传输和转换。

2. 电路的基本物理量及电压和电流的参考方向

(1)电流 I：表示电荷移动的物理量，方向为正电荷移动的方向，单位：A，mA，μA。

恒定电流(直流)：$I=\frac{Q}{t}$，大小及方向不变。

交变电流(交流)：$i=\frac{dq}{dt}$，大小及方向均随时间变化。

(2)电压 U：电场中两点间电位之差或电场力移动单位正电荷由一点到另一点所做的功。

电压符号：U(直流)或 u(交流)。

单位：V，mV，μV，kV。

方向或极性：由高电位指向低电位，即由"+"到"−"。

(3)电动势 E：外力移动单位正电荷由低电位点移动到高电位点所做的功。方向与实际方向相反(由低电位指向高电位)。

(4)功率 P：单位时间内所做的功。

单位：J/s，mW，W，kW。

(5)正方向：电流、电压均有规定的方向，称为实际方向。当电路中电流、电压为未知数时，可选定一个方向为"正方向"。当选定的正方向与实际方向一致时，计算结果数值为正，否则为负。

3. 电路模型

由理想元件组成的电路，各元件如图 1-55 所示。

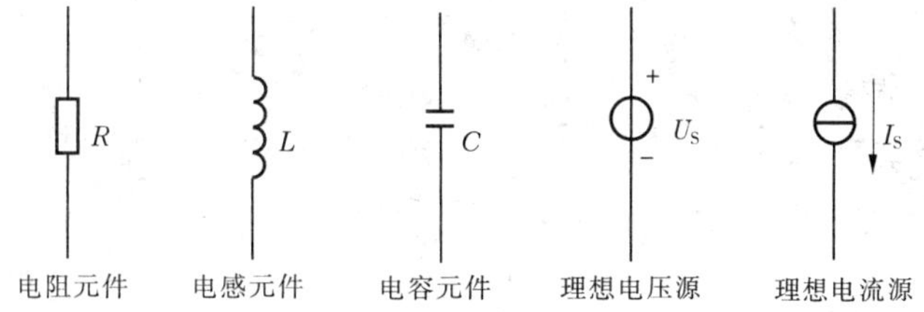

图 1-55　理想电路元件

4. 电感 L

电感 L 是表明线圈电流 i 产生磁链能力的一个参数。电感 L 的大小与线圈的线径、长度、截面面积、匝数有关，有磁芯的线圈电感 L 比没有磁芯的线圈电感 L 大。储存的磁场能

大小为 $W_L = \frac{1}{2}Li^2$。

5. 电容 C

电容是一种储存电场能量的元件，又称电容器。电容器对直流电有隔直作用。对线性电容元件来说，$C = \frac{Q}{U}$。电容元件储存电场能的大小为 $W_C = \frac{1}{2}Cu_C^2$。

6. 理想电源

(1)理想电压源的端电压是恒定值，或是某一固定的时间函数 $u_S(t)$，与通过它的电流无关，通过它的电流随外接电路的不同而改变。

(2)理想电流源的电流是恒定值或是某一固定的时间函数 $i_S(t)$，与其端电压无关，其端电压随外接电路的不同而改变。

(3)理想电压源和理想电流源不能作等效变换。

(4)与恒压源并联的电阻、恒流源或除恒压源外的任意支路，在作等效变换时不起作用，可以直接去掉。

(5)与恒流源串联的电阻、恒压源或任何部分电路，在作等效变换时不起作用，可以去掉(即导线短接)。

7. 欧姆定律

定律内容：电阻上的电流与电压成正比，即 $I = \frac{U}{R}$。

8. 电路中电位的概念及计算

(1)电位：电路中某点电位等于该点与参考点(零电位点)之间的电压。

(2)计算方法：电路中某点电位可通过求该点与参考点之间的电压来获得，须注意的是：参考点不同，电位值不同。电位高低是相对的，但两点电压值是绝对的。

二、基尔霍夫定律

1. 基尔霍夫电流定律

(1)概念：支路，节点。

(2)定律：流入节点的电流之和等于流出节点的电流之和。即

$$\sum I_{入} = \sum I_{出}$$

广义节点电流定律：对于一个封闭曲面包围的部分电路而言，流入电流之和等于流出电流之和。

2. 基尔霍夫电压定律

(1)概念：回路及其环绕方向。

(2)定律：沿闭合回路循环一周，电压降之和恒为0。即

$$\sum U = 0$$

(3)符号：参考方向与环绕方向一致的电动势取正，反之取负；参考方向与环绕方向一致的电流在电阻上产生的电压降取正，反之取负。

三、支路电流法

支路电流法是以支路电流为未知量，应用基尔霍夫定律(KCL、KVL)及欧姆定律列出节

点电流方程和回路电压方程，组成方程组解出各元件电流，并求得各元件电压及功率等其他物理量的方法。它是应用基尔霍夫定律求解电路的最基本分析方法。

习　题

1-1　如图1-56所示，按给定的电压、电流参考方向，求出元件端电压 U 的值。

1-2　如图1-57所示，按给定的电压、电流参考方向，求出电流 I 的值。

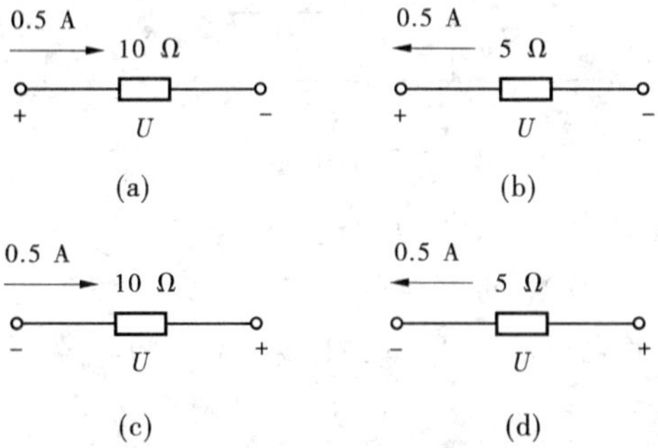

图1-56　习题1-1图

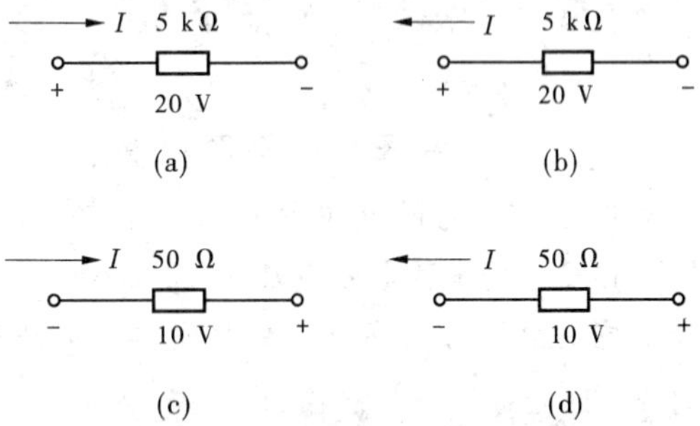

图1-57　习题1-2图

1-3　如图1-58所示，以C点为参考点，已知 $V_A=21$ V，$V_B=15$ V，$V_D=-5$ V，求 U_{BD}、U_{AC}。

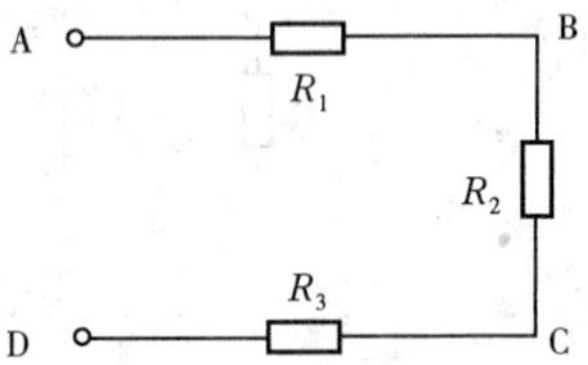

图1-58　习题1-3图

1-4　如图1-59所示，计算元件的功率，并说明元件是吸收电能还是释放电能。

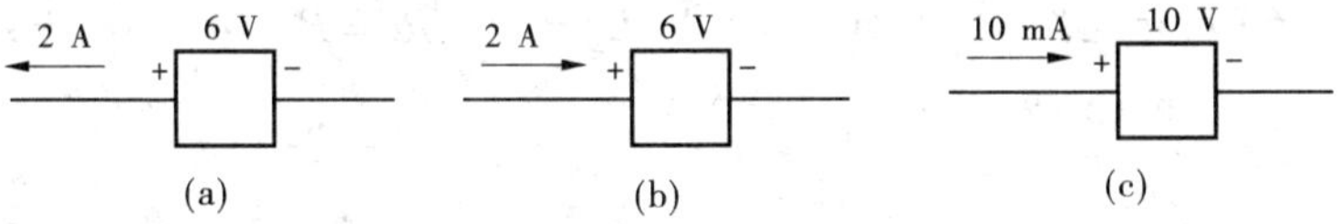

图1-59　习题1-4图

1-5　一只220 V、40 W的灯泡正常使用多少时间消耗1度电？

1-6　有一只阻值为200 Ω、额定功率为1 W的电阻，在使用时电流、电压不得超过多大的数值？

1-7　一只10 kΩ、5 W的电阻，使用时最多允许加多大的电压？一只1 kΩ、0.5 W的电阻，使用时允许通过的最大电流是多少？

1-8　一只220 V、100 W的灯泡，如果误接在380 V电源上，功率为多少？是否安全？

1-9　如图 1-60 所示，求电路的 U_{ab}。

1-10　如图 1-61 所示部分电路中，两个元件中通过相同电流 $I=1$ A，$U_1=3$ V。(1) 试求元件 A 的功率 P_1，并说明是消耗电能还是输出电能？(2) 若元件 B 吸收功率为 10 W，求 U_2。

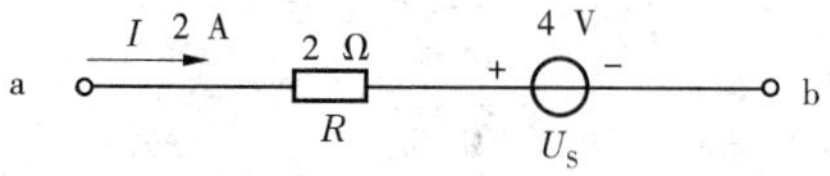

图 1-60　习题 1-9 图

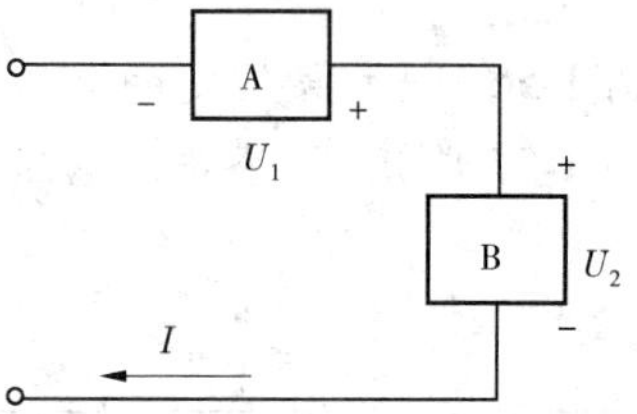

图 1-61　习题 1-10 图

1-11　1 kΩ 的电阻中流过 2 mA 的电流，则该电阻两端的电压为多少？

1-12　汽车蓄电池电压为 12 V，现接一只 12 V、60 W 的前照灯。问流过该前照灯的电流和它的电阻各为多少？若将它接到电压为 6 V 的电源上，问流过它的电流和功率各为多少？

1-13　如图 1-62 所示部分电路中，已知 $R_1=R_2=R_3=5\ \Omega$，$I_1=2$ A，$I_2=-4$ A，试求 I_3 及 U_{ab} 的值。

1-14　试计算图 1-63 所示部分电路中 a、b 两点间的电压 U_{ab}。

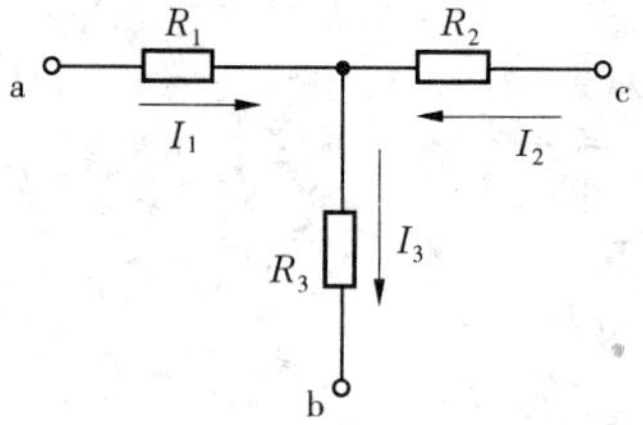

图 1-62　习题 1-13 图

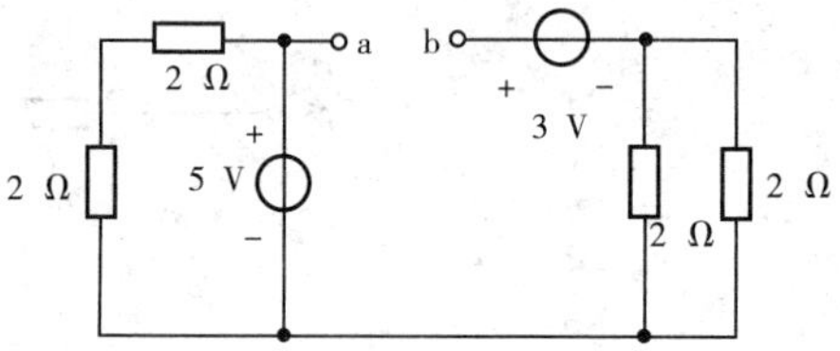

图 1-63　习题 1-14 图

1-15　如图 1-64 所示电路中，已知 $U_{ab}=6$ V，$U_{bc}=-1$ V，$U_{da}=3$ V。试求 U_{ca} 及 U_{bd} 的值。

1-16　如图 1-65 所示电路中，已知 $E_1=8$ V，$E_2=4$ V，$R_1=R_2=4\ \Omega$，$R_3=2\ \Omega$。试求流过各支路电流。

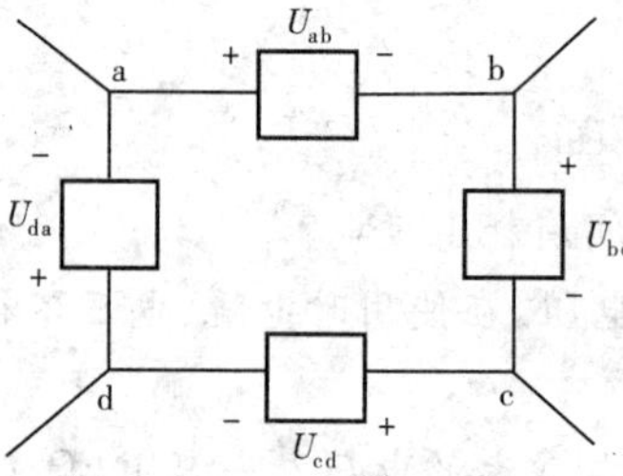

图 1-64　习题 1-15 图

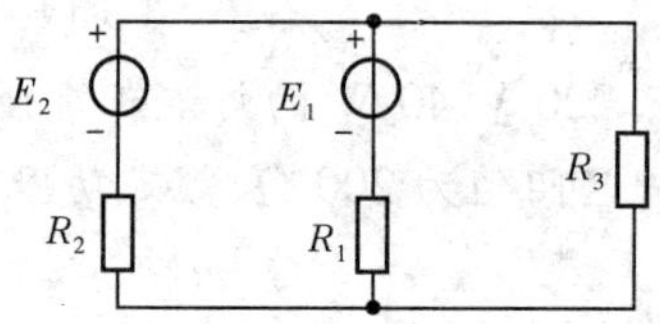

图 1-65　习题 1-16 图

第二章 电阻电路的等效变换

由电阻元件和各种电源构成的电路称为电阻电路。电阻是一种对电流呈现阻碍作用的物理量，具有阻碍电流流动的能力，电流要流过电阻就必然要消耗能量。分析电阻电路最基本的方法是应用欧姆定律及基尔霍夫定律。当电阻电路中的电源是直流时，该电路称为直流电阻电路。本章讨论的电阻元件主要是线性元件，线性电阻元件和独立电源组成的电路叫线性电阻电路，描述线性电阻电路的方程是线性代数方程或线性微分方程。当电阻电路中同时具有多个电阻元件和多个电源作用时，则需要应用电阻电路的等效变换法，如电阻串联、并联、混联等效变换，Y—△等效变换、电源的等效变换等。等效变换是电路分析中的一种基本方法。

第一节 等效电路的概念

一、等效的概念

所谓等效，是指将电路中某一部分比较复杂的结构用一比较简单的结构替代，替代之后的电路与原电路对未变换的部分（或称外部电路）保持相同的作用效果。

人们习惯上常说的等效，主要是对一个线性二端网络而言的。如果两个二端网络的伏安关系完全相同，那么这两个网络是等效的。等效的两个网络内部可以具有完全不同的结构，但对于任意一个外电路，它们具有完全相同的响应。简言之，等效是对网络外端口的等效，对网络内部不等效。在等效条件下，用一个网络替换另一个网络，端口伏安关系不变，称为等效变换。等效变换只适用于线性网络，不适用于非线性网络。

以二端电路为例说明等效的概念。如图 2-1(a)所示，虚线方框中是由几个电阻构成的电路，通过两个端子 1、2 与外部电路相连，方框内的二端电路可以用一个电阻 R 替代，电路结构得以简化，化简后电路如图 2-1(b)所示。虽然结构不同了（用 1 个电阻代替了 3 个电阻），但如果图 2-1(a)、(b)中端子 1、2 处的 $u \sim i$ 关系完全相同，则这样的变换是等效的，对端口 1、2 左边电路的所有电压和电流都无影响，这就是二端电路等效的概念。

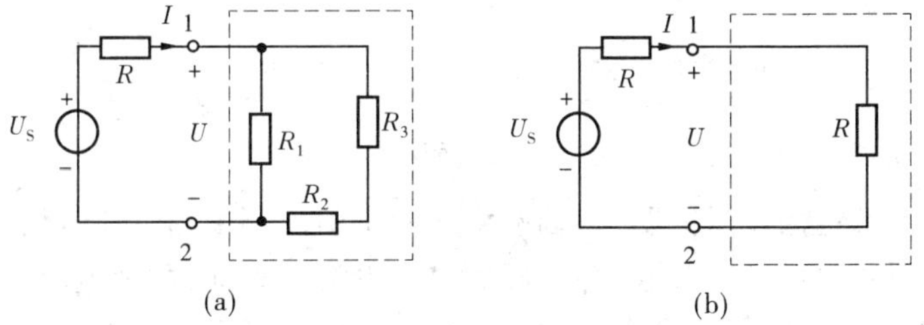

图 2-1 二端电路的等效

需要强调的是,这里的等效是对外部电路而言的。也就是说,用等效电路代替原电路求解时,电压、电流保持不变的部分仅限于变换部分以外的电路,也就是“对外等效”,对变换了的部分的电路一般是不等效的。

还应注意的是,作变换的部分在变换前后对应的端子间应有完全相同的电压—电流关系,即这一相同的电压—电流关系不应受外部电路的限制,这样变换前后的电路才是等效的。不能在某一特定情况下有相同的电压—电流关系,在另外一种情况下电压—电流关系就不相同了,那样变换前后的电路不能认为是等效电路。例如,图 2-2 所示二端电路,虽然当它们端口都处于开路状态时有相同的端口电压和电流,即 $U=6$ V,$I=0$ A,但是当端口短路或者连接同一电阻时,它们端口处的电压和电流并不分别相同,所以不能说这两个二端电路是等效的。

二、二端网络的符号

如图 2-3 所示电路,图中的虚线方框把整个电路分成 N_1 和 N_2 两部分,这两部分之间由两根导线连接。像这种由电路中任意划出来的有两个引出端的部分叫二端网络,每一个二端元件就是一个最简单的二端网络。图 2-3 中的 N_1 和 N_2 都是二端网络。网络 N_1 内部含有电源,称为含源二端网络;网络 N_2 内部不含有电源,称为无源二端网络。

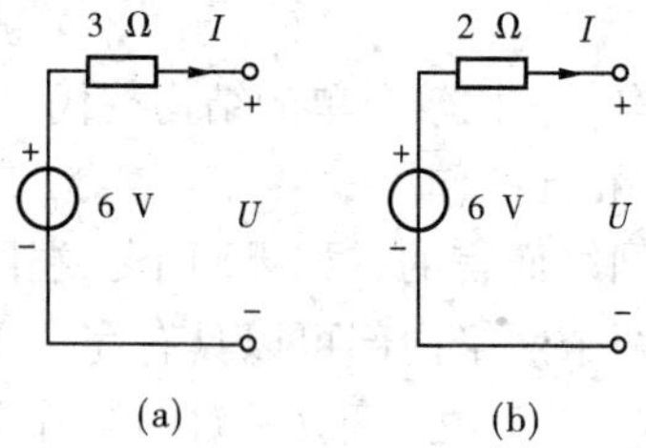

图 2-2　两个不等效的二端电路

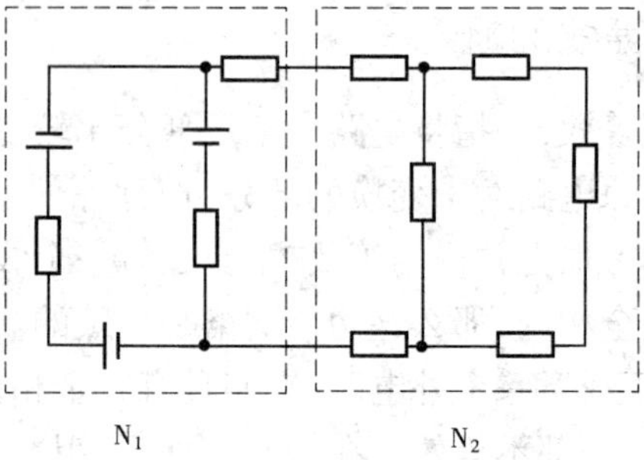

图 2-3　二端网络

二端网络的符号常用一个矩形框和两个引出端表示,框内标上字母,如图 2-4 所示,框内标上字母“N”,为含源二端网络符号;框内标上字母“P”,为无源二端网络符号。

(a)含源二端网络符号　　(b)无源二端网络符号

图 2-4　二端网络的符号

由基尔霍夫电流定律可以证明,二端网络的两个引出端中的电流数值相等,它们的方向必为一进一出。因此,每个二端网络都可以用一个电流来表征,这个电流称为二端网络的电流,如图 2-4 中的电流 I;二端网络两个引出端之间的电位差称为二端网络的电压,如图 2-4 中的电压 U。二端网络的电流 I 和电压 U 为关联参考方向。

当强调二端网络的端口特性，而不关心网络内部的情况时，二端网络也称为单口网络，简称为单口。一个二端网络的端口电压电流关系和另一个二端网络的端口电压电流关系相同时，这两个网络对外电路而言互为等效网络。等效网络的内部结构虽然不同，但对外部电路而言，它们的影响完全相同。因此，等效网络互换后，它们的外部情况不变，而对于二端网络的内部是不等效的。

对于一个仅含电阻的无源二端网络，在关联参考方向下，端口电压与端口电流的比值为一个常数，这个比值就定义为该无源二端网络的输入电阻或等效电阻。所以，无源二端网络的等效网络仍是一条无源支路，即一个电阻元件。含源二端网络的等效电路将在第三章的内容中介绍。

思考与练习题

1. 什么叫二端网络的等效网络？试举例说明。
2. 等效的含义是什么？
3. 对于一个无源二端网络总可以用什么来等效替换？其等效的具体方法有哪些？

第二节　电阻的串联、并联和混联

在实际电路中，为了满足某种需要，经常把单个电阻元件连接成不同的形状，串联、并联和混联是最常用的连接方式。我们在物理中已经学习过电阻串、并联知识，那么学习电阻混联知识之前，先复习一下这部分知识。

一、电阻串联的等效

在电路中，把几个电阻元件首尾依次连接起来，中间没有分支，在电源的作用下流过各电阻的是同一电流，这种连接方式叫做电阻的串联。图 2-5(a)为电阻 R_1、R_2、R_3 的串联电路。

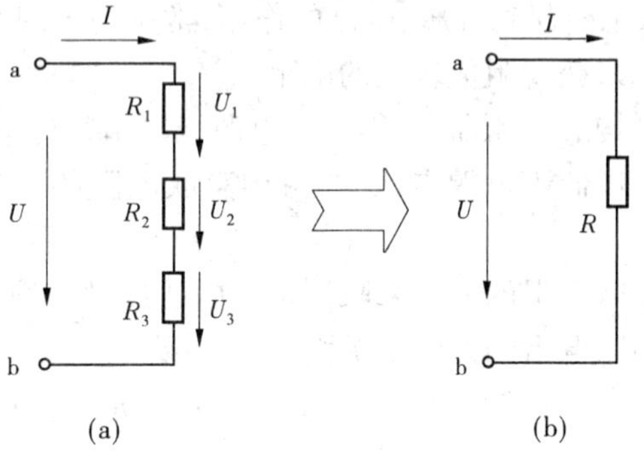

图 2-5　电阻的串联

图 2-5(a)中 a、b 两端外加电压为 U，电路内部电流为 I，电压与电流为关联参考方向。根据 KVL，可列出

$$U = U_1 + U_2 + U_3$$

$$= IR_1 + IR_2 + IR_3$$
$$= I(R_1 + R_2 + R_3)$$
$$= IR$$

因为网络两端的电压和电流关系不变，则式中 R 称为串联等效电阻，即

$$R = R_1 + R_2 + R_3 \tag{2-1}$$

又

$$\left.\begin{aligned} U_1 &= IR_1 = \frac{U}{R}R_1 = \frac{R_1}{R}U \\ U_2 &= IR_2 = \frac{U}{R}R_2 = \frac{R_2}{R}U \\ U_3 &= IR_3 = \frac{U}{R}R_3 = \frac{R_3}{R}U \end{aligned}\right\} \tag{2-2}$$

得

$$U_1 : U_2 : U_3 = R_1 : R_2 : R_3 \tag{2-3}$$

式(2-3)称为串联电阻的分压公式，说明各串联电阻上的电压是按电阻的大小进行分配的，电压与阻值成正比。

推广至 n 个电阻串联，可得串联电路的性质如下：

(1)串联电路中流过每个电阻的电流都相等，即

$$I = I_1 = I_2 = \cdots = I_n$$

(2)串联电路两端的总电压等于各电阻两端的电压之和，即

$$U = U_1 + U_2 + \cdots + U_n$$

(3)串联电路的等效电阻(即总电阻)等于各串联电阻之和，即

$$R = R_1 + R_2 + \cdots + R_n$$

(4)串联电路的总功率等于各串联电阻功率之和，并且阻值越大的电阻消耗功率越大，即

$$P_n = I^2 R_n$$
$$P = P_1 + P_2 + \cdots + P_n$$

在电路中，电阻串联主要起到分压、限流的作用，常见的应用有：

(1)用几个电阻串联来获得阻值较大的电阻。

(2)用几个电阻串联构成分压器，使得同一电源能输出几种不同的电压。

(3)当负载的额定电压低于电源电压时，可用串联电阻的办法来满足负载接入电源的需要。

(4)在电路中应用串联电阻的方法来限制负载中通过过大的电流。

(5)在测量中应用串联电阻的方法来扩大电压表的量程。

【例 2-1】 如图 2-6 所示电路，已知 $U_S = 100$ V，$R_1 = R_2 = R_3 = R_4 = 25\ \Omega$，试求 a、b、c、d 四点与点 o 间的电压。

解：电阻 R_1、R_2、R_3 与 R_4 的串联等效电阻是

$$R = 25 + 25 + 25 + 25 = 100\ (\Omega)$$

各点间电压

$$U_{ao} = \frac{R_1}{R}U_S = \frac{25}{100} \times 100 = 25\ (\text{V})$$

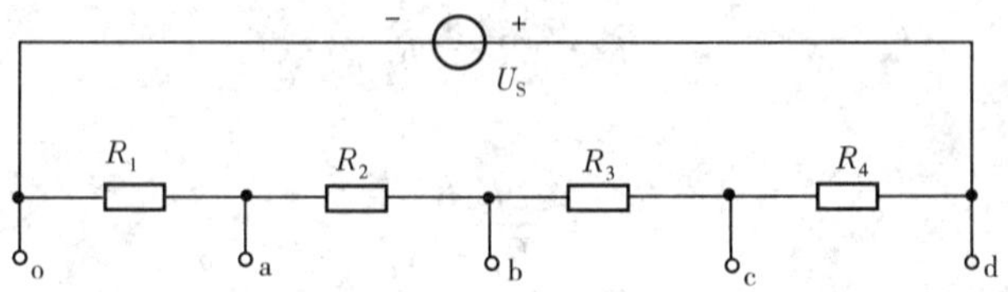

图 2-6　例 2-1 图

$$U_{bo} = \frac{R_2 + R_1}{R} U_S = 50\ \text{V}$$

$$U_{co} = \frac{R_3 + R_2 + R_1}{R} U_S = 75\ \text{V}$$

$$U_{do} = \frac{R_4 + R_3 + R_2 + R_1}{R} U_S = U_S = 100\ \text{V}$$

【例 2-2】　如图 2-7 所示电路，用一个满刻度偏转电流 I_g 为 50 μA、电阻 R_g 为 20 kΩ 的表头制成 100 V 量程的直流电压表，应串联多大的附加电阻 R_f？

解：如图 2-7 所示，表头和附加电阻 R_f 串联，通过同一电流 I_g，则满刻度时表头电压为

$$U_g = I_g R_g = 50 \times 10^{-6} \times 20 \times 10^3 = 1\ (\text{V})$$

附加电阻为

$$R_f = \frac{U - U_g}{I_g} = \frac{100 - 1}{50 \times 10^{-6}} = 1.98 \times 10^6 (\Omega)$$

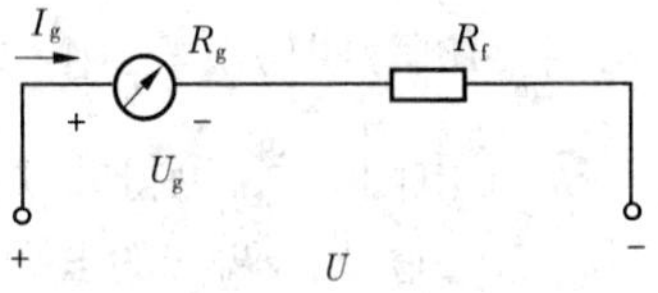

图 2-7　例 2-2 图

二、电阻并联的等效

在电路中，把两个或两个以上电阻的一端相连接在电路的同一点上，而把它们的另一端共同接在电路的另一点上，也就是将这几个电阻连接在两个公共点之间，则这种连接方式称为并联。各个并联支路（电阻）上承受同一电压。图 2-8（a）所示电路中，电阻 R_1、R_2 并联。

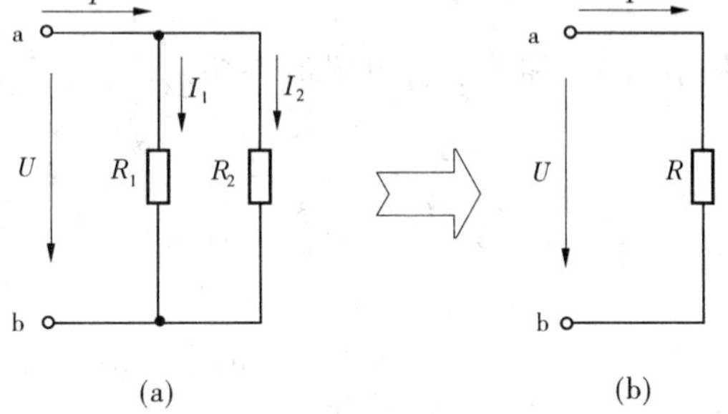

图 2-8　电阻的并联

由 KCL 方程得

$$I = I_1 + I_2 = \frac{U}{R_1} + \frac{U}{R_2} = U\left(\frac{1}{R_1} + \frac{1}{R_2}\right) = U\frac{1}{R}$$

其中
$$\frac{1}{R}=\frac{1}{R_1}+\frac{1}{R_2} \tag{2-4}$$

也可以写为

$$R=\frac{R_1R_2}{R_1+R_2} \tag{2-5}$$

电阻 R_1、R_2 上的电流分别为

$$I_1=\frac{U}{R_1}=\frac{RI}{R_1}=\frac{R_2}{R_1+R_2}I$$

$$I_2=\frac{U}{R_2}=\frac{RI}{R_2}=\frac{R_1}{R_1+R_2}I$$

$$I_1:I_2=R_2:R_1 \tag{2-6}$$

式(2-6)为两个电阻并联时的分流公式,表明电流的分配与电阻成反比。并联电阻的阻值越小,分得的电流越大;反之,阻值越大,分流越小。特别是当其中一个电阻短路时,电流全部流过这个电阻,而其他并联支路没有电流;当其中一个电阻断路时,这个电阻中则没有电流。

电阻的倒数叫做电导,用 G 表示,单位是西门子,符号 S,电阻与电导的关系为 $G=\frac{1}{R}$。推广至 n 个电阻并联,可得并联电路的性质如下:

(1)各并联支路两端的电压都相等

$$U=U_1=U_2=\cdots=U_n$$

(2)并联电路中的总电流等于各电阻中的电流之和,即

$$I=I_1+I_2+\cdots+I_n$$

(3)并联电路的等效电阻(即总电阻)的倒数等于各并联电阻的倒数之和,即

$$\frac{1}{R}=\frac{1}{R_1}+\frac{1}{R_2}+\cdots+\frac{1}{R_n}$$

$$G=G_1+G_2+\cdots+G_n$$

当 n 个相同电阻 R_n 并联时,等效电阻 $R=\frac{R_n}{n}$。

(4)并联电路消耗的功率的总和等于各电阻消耗功率之和,且电阻值大消耗的功率小,即

$$P_n=\frac{U^2}{R_n}$$

$$P=P_1+P_2+\cdots+P_n$$

电阻并联的应用也非常广泛,在实际工作中常见的主要应用有:

(1)凡是额定电压相同的负载几乎全是并联。

(2)在电路中用并联电阻来获得某一较小电阻。

(3)将电路中的某一部分与电阻并联,起到调节电流的作用,限制这部分电路中通过过大的电流。

(4)在测量中应用并联电阻的方法来扩大电流表的量程。

日常生活中,我们常会发现在用电高峰时,家中的照明灯的亮度降低,微波炉不能对食

物进行加热,电视机画面幅度减小等现象,出现这些现象的原因是家庭中的各种用电器是并联安装的,用电高峰时并入的负载过多,电网的等效负载减小。由欧姆定律可知道,输电线上的电流增大,此时输电线的电阻所分的电压增大很多,各种用电器的实际电压小于额定电压,实际功率低于额定功率,所以用电器不能正常使用。

【例 2-3】 在图 2-9 所示电路中,$R_1=10\ \text{k}\Omega$,$R_2=20\ \text{k}\Omega$,$R_3=30\ \text{k}\Omega$,$U=6\ \text{V}$。求:(1)总电阻 R;(2)各并联支路电流 I_1、I_2、I_3。

解:(1)

$$\frac{1}{R}=\frac{1}{R_1}+\frac{1}{R_2}+\frac{1}{R_3}=\frac{1}{10}+\frac{1}{20}+\frac{1}{30}=\frac{11}{60}$$

$$R=\frac{60}{11}\ \Omega$$

(2)根据分流公式得

$$I_1=\frac{U}{R_1}=\frac{6}{10\times10^3}=0.6\ (\text{mA})$$

$$I_2=\frac{U}{R_2}=\frac{6}{20\times10^3}=0.3\ (\text{mA})$$

$$I_3=\frac{U}{R_3}=\frac{6}{30\times10^3}=0.2\ (\text{mA})$$

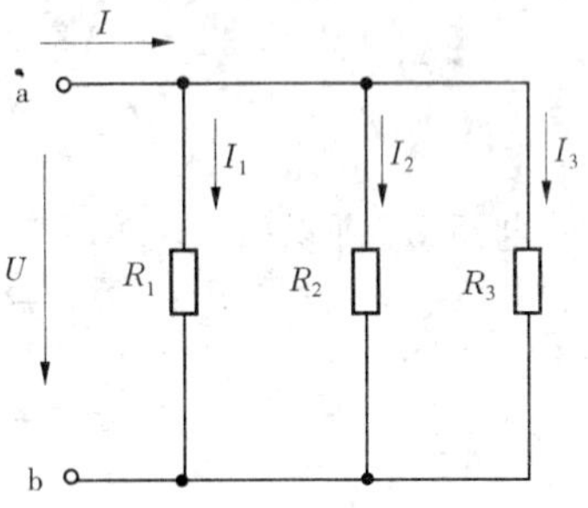

图 2-9 例 2-3 图

【例 2-4】 在图 2-10 所示电路中,用一个满刻度偏转电流 I_g 为 50 μA、电阻 R_g 为 2 kΩ 的表头制成 1 mA 量程的直流电流表,应并联多大的分流电阻 R_S? 量程扩大了多少倍?

解:分流电阻与表头构成并联电路,二者电压相等。量程为 1 mA 时,并联的分流电阻分得的电流 $I_R=I-I_g$。

分流电阻为

$$R_S=\frac{I_g}{I_R}R_g=\frac{I_g}{I-I_g}R_g$$

$$=\frac{50\times10^{-6}\times2\times10^3}{1\times10^{-3}-50\times10^{-6}}=105(\Omega)$$

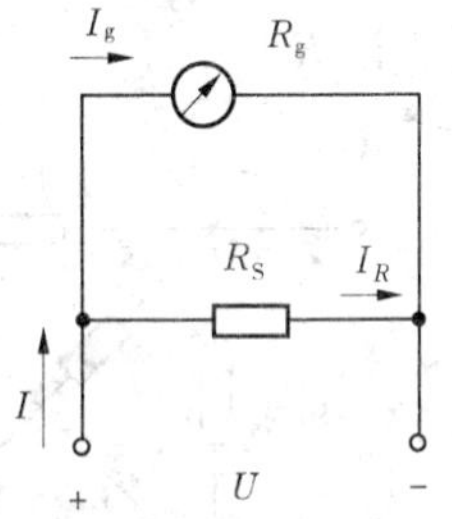

图 2-10 例 2-4 图

量程扩大 $n=\dfrac{1\times10^{-3}}{50\times10^{-6}}=20$ 倍

在表头上配置该分流电阻后,当该表的指针在原刻度盘上显示 50 μA 时,线路电流为 1 mA,量程扩大了 20 倍。

三、电阻混联的等效

既有电阻的串联又有并联的电路叫电阻的混联。电阻的混联在实际应用中十分广泛。分析混联电路,首先要分清各个电阻之间的串联、并联关系,然后应用电阻串、并联的性质,逐步求出等效电阻。

【例 2-5】 在图 2-11 所示电路中,已知 $R_1=3\ \Omega$,$R_2=6\ \Omega$,$R_3=2\ \Omega$,$R_4=R_5=4\ \Omega$,求 a、b 间的等效电阻 R_{ab}。

解:从图 2-11 所示电路结构看,R_1 与 R_2 并联,R_4 与 R_5 并联,然后与 R_3 串联,所以 a、b

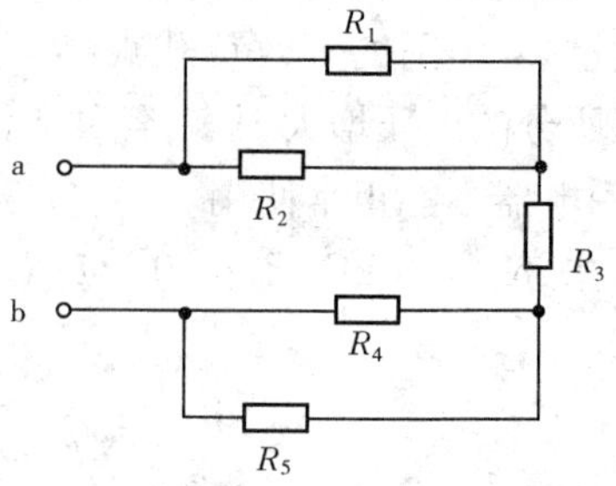

图 2-11　例 2-5 图

间的等效电阻 R_{ab} 可以写成

$$\begin{aligned} R_{ab} &= R_1 \mathbin{/\!/} R_2 + R_4 \mathbin{/\!/} R_5 + R_3 \\ &= \frac{R_1R_2}{R_1+R_2} + \frac{R_4R_5}{R_4+R_5} + R_3 \\ &= \frac{3\times 6}{3+6} + \frac{4\times 4}{4+4} + 2 \\ &= 6(\Omega) \end{aligned}$$

上式中,符号“//”表示并联关系。

【例 2-6】　在图 2-12(a)所示的电路中,已知 $R_1=R_2=R_3=R_4=R_5=4\ \Omega$,求 a、b 间的等效电阻 R_{ab}。

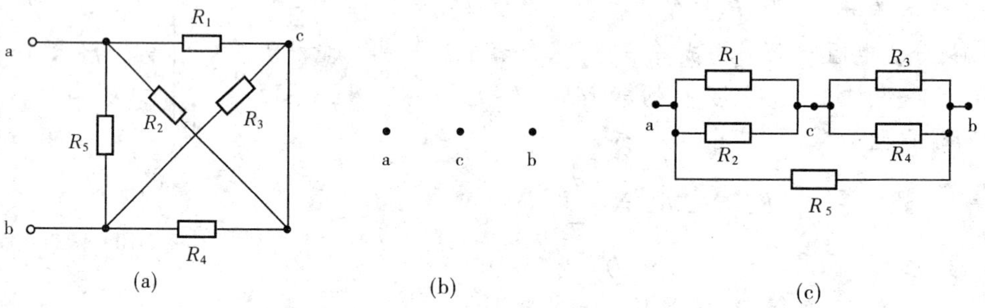

图 2-12　例 2-6 图

解:从图 2-12(a)所示电路结构中,不能看出各电阻之间的串联、并联关系。对于这样的电路,首先要把原电路整理成容易看清串联或并联关系的等效电路,然后根据整理后的电路计算其等效电阻。

画等效电路的步骤如下:

(1)在原电路图中,给每一个连接点标注上一个字母(同一导线相连的各连接点只能用同一个字母),如图 2-12(a)所示。

(2)按顺序将各个字母沿水平方向排列,待求两端的字母置于两端,如图 2-12(b)所示。

(3)按原电路图,将各个电阻依次填入相应的字母之间,如图 2-12(c)所示。

从图 2-12(c)电路结构看,R_1 与 R_2 并联,R_3 与 R_4 并联,然后串联,最后再与 R_5 并联,所以 a、b 间的等效电阻 R_{ab} 可以写成

$$R_{ab} = (R_1 \mathbin{/\!/} R_2 + R_3 \mathbin{/\!/} R_4) \mathbin{/\!/} R_5$$

$$=\frac{(2+2)\times4}{(2+2)+4}=2(\Omega)$$

【例2-7】 在图2-13(a)所示的电路中,已知 $R_1=R_2=R_5=6\ \Omega$,$R_3=R_4=2\ \Omega$,求a、b间的等效电阻 R_{ab}。

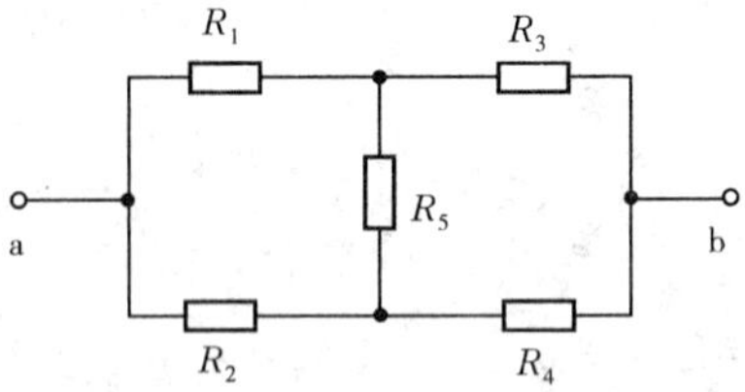

(a)

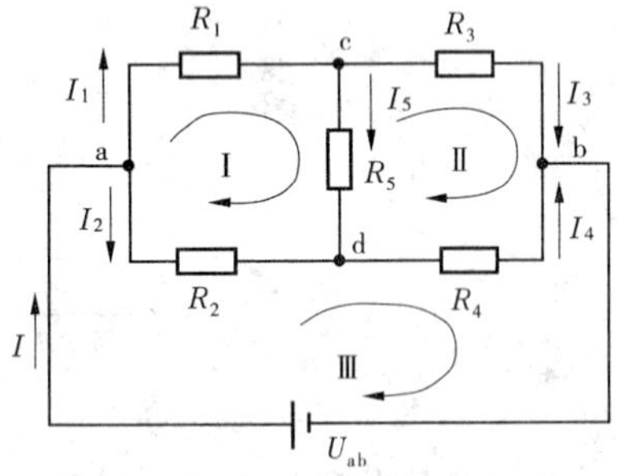

(b)

图2-13 例2-7图

解:从图2-13(a)所示电路结构中,不能看出各电阻之间的串联、并联关系。采用例2-6题的分析方法,也不能得到各电阻之间的串联、并联关系。可以试着采用基尔霍夫定律来分析。

假设在a、b之间串入一个没有内阻的电源 U_{ab},则可以得到如图2-13(b)所示的完整电路。标出各支路电流的参考方向及网孔的绕行方向,如图2-13(b)所示。采用基尔霍夫定律,求出电源 U_{ab} 输出的电流 I,则 $R_{ab}=\frac{U_{ab}}{I}$,即为a、b之间的等效电阻。

列出KCL方程

$$\begin{aligned}
\text{a:}\quad & I-I_1-I_2=0\\
\text{b:}\quad & I_3+I_4-I=0\\
\text{c:}\quad & I_1-I_3-I_5=0
\end{aligned}$$

列出KVL方程:

$$\begin{aligned}
\text{I}:\quad & I_1R_1+I_5R_5-I_2R_2=0\\
\text{II}:\quad & I_3R_3-I_4R_4-I_5R_5=0\\
\text{III}:\quad & I_2R_2+I_4R_4-U_{ab}=0
\end{aligned}$$

联立以上方程组,可得

$$I=\frac{U_{ab}}{4}$$

则a、b之间的等效电阻为

$$R_{ab}=\frac{U_{ab}}{I}=4\ \Omega$$

思考与练习题

1. 根据串联和并联电路的特点解释为什么电灯在深夜比在晚上七八点钟时要亮一些。

2. 找到一个电压表和一个电流表，观察内部电阻串、并联的情况。

3. 在图 2-14 中，已知 $U_1=20\ \text{V}$，$R_1=R_2=150\ \Omega$，$R_P=270\ \Omega$，试求 U_2 的变化范围。

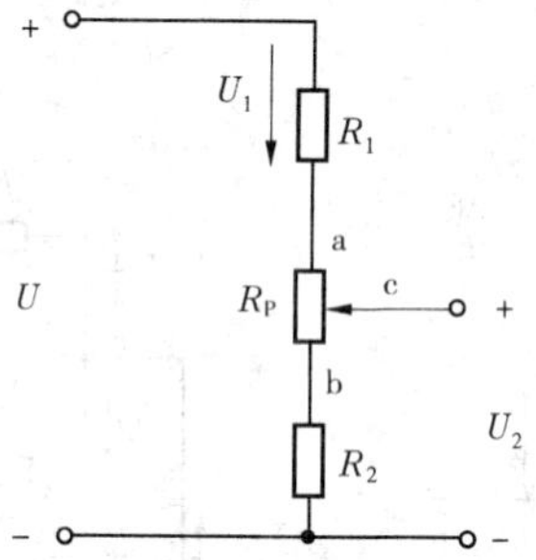

图 2-14 思考与练习题 3 图

4. 已知电流表的量程为 1 mA，内阻为 150 Ω，如果将量程扩大至 10 mA，求分流器的电阻值；如果将它改装为 50 V 的电压表，求附加电阻的值。

5. 用一个满刻度偏转电流为 50 μA、电阻 R_g 为 2 kΩ 的表头制成量程为 50 mA 的直流电流表，应并联多大的分流电阻 R_s？

6. 求图 2-15 所示电路中 a、b 两点间的等效电阻 R_{ab}。

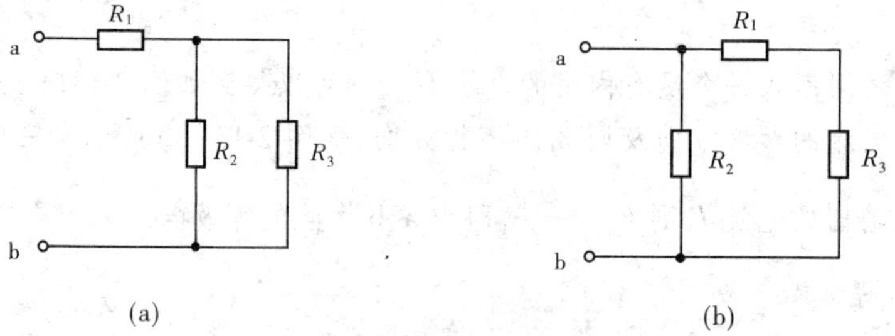

图 2-15 思考与练习题 6 图

第三节 星形电阻网络和三角形电阻网络的等效互换

在实际电路中，如图 2-16 所示的电桥电路，它既不是串联电路也不是并联电路，而且不具备参数对称条件，用串、并联简化的方法无法求得端口 ab 处的等效电阻，需要应用到 Y—△变换法才能求得 ab 端口的等效电阻。利用 Y—△变换常可将复杂网络变换为简单的串、并联网络。

一、星形、三角形连接的概念

(一) 星形连接

将三个电阻的一端连接在一个节点上，另一端分别连接到电路的三个节点上的连接方式，称为星形连接。如图 2-16(a) 中的电阻 R_{12}、R_{23}、R_{24} 的连接或电阻 R_{13}、R_{23}、R_{34} 的连接。星形连接又称为 Y 形连接。

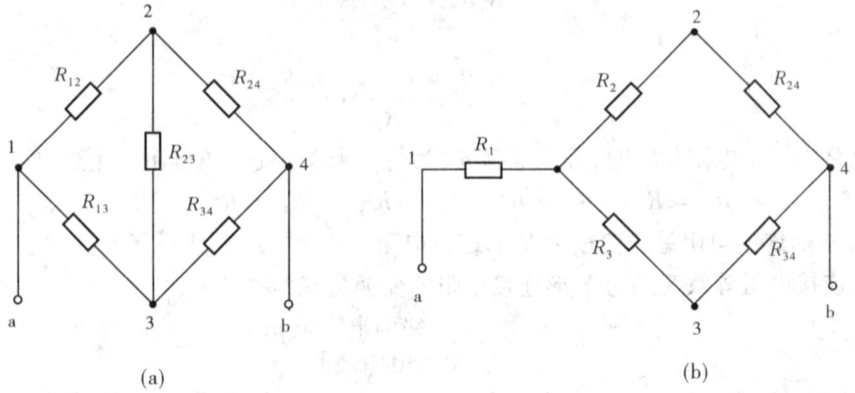

图 2-16　电桥电路

(二)三角形连接

将三个电阻元件首尾相接,连接成一个闭合回路,称为三角形连接或△形连接。如图 2-16(a)中的电阻 R_{12}、R_{13}、R_{23} 的连接或电阻 R_{34}、R_{23}、R_{24} 的连接。△形连接和 Y 形连接都是通过三个节点与外部相连。

二、星形、三角形连接电阻的等效变换

接在复杂网络中的△形和 Y 形连接部分,在一定的条件下可以等效互换,并不影响网络未经变换部分的电压和电流。这种等效变换可以简化电路的计算。如图 2-16(a)所示电路中的电阻 R_{12}、R_{13}、R_{23} 变换为如图 2-16(b)所示电路中的电阻 R_1、R_2、R_3,便可应用电阻串、并联的方法求出 ab 端口的等效电阻。

(一)Y 形连接电阻等效变换为△形连接电阻

Y 形连接电阻等效变换为△形连接电阻的变换公式为

$$R_{\triangle}=\frac{\text{Y 形电阻两两乘积之和}}{\text{Y 形中不相邻的电阻}} \tag{2-7}$$

如将图 2-17 所示电路中 Y 形连接电阻 R_1、R_2、R_3 等效变换为△形连接电阻 R_{12}、R_{13}、R_{23},则

$$R_{12}=\frac{R_1R_2+R_2R_3+R_1R_3}{R_3}$$

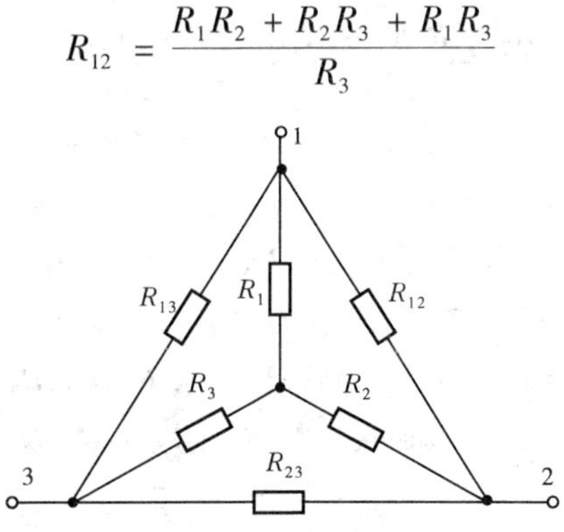

图 2-17　Y—△变换电路

$$R_{23} = \frac{R_1R_2 + R_2R_3 + R_1R_3}{R_1}$$

$$R_{13} = \frac{R_1R_2 + R_2R_3 + R_1R_3}{R_2}$$

当电路中三个电阻相等时,等效电阻 $R_\triangle$ 为每一个 Y 形连接电阻的 3 倍。即

$$R_1 = R_2 = R_3 = R_Y \quad R_{12} = R_{23} = R_{13} = R_\triangle = 3R_Y$$

(二)△形连接电阻等效变换为 Y 形连接电阻

△形连接电阻等效变换为 Y 形连接电阻的变换公式为

$$R_Y = \frac{\triangle\text{ 形相邻两电阻乘积}}{\triangle\text{ 形电阻之和}} \tag{2-8}$$

如将图 2-17 所示电路中△形连接电阻 R_{12}、R_{13}、R_{23} 等效变换为 Y 形连接电阻 R_1、R_2、R_3,则

$$R_1 = \frac{R_{12}R_{13}}{R_{12} + R_{23} + R_{13}}$$

$$R_2 = \frac{R_{12}R_{23}}{R_{12} + R_{23} + R_{13}}$$

$$R_3 = \frac{R_{23}R_{13}}{R_{12} + R_{23} + R_{13}}$$

当电路中三个△形连接电阻相等时,即

$$R_{12} = R_{23} = R_{13} = R_\triangle, \quad R_1 = R_2 = R_3 = R_Y = \frac{R_\triangle}{3}$$

【例 2-8】 在图 2-17 所示电路中,若已知电阻 $R_1 = 100\ \Omega$,$R_2 = 200\ \Omega$,$R_3 = 300\ \Omega$。(1)求 R_{12}、R_{13}、R_{23};(2)若 $R_1 = R_2 = R_3 = 100\ \Omega$,再求 R_{12}、R_{13}、R_{23}。

解:(1)利用 Y—△变换,将星形连接电阻 R_1、R_2、R_3 等效变换为△形连接电阻 R_{12}、R_{13}、R_{23},即

$$R_{12} = \frac{R_1R_2 + R_2R_3 + R_1R_3}{R_3} = \frac{110\ 000}{300} = 366.67\ (\Omega)$$

$$R_{23} = \frac{R_1R_2 + R_2R_3 + R_1R_3}{R_1} = \frac{110\ 000}{100} = 1\ 100\ (\Omega)$$

$$R_{13} = \frac{R_1R_2 + R_2R_3 + R_1R_3}{R_2} = \frac{110\ 000}{200} = 550\ (\Omega)$$

(2)由于 Y 形连接中的三个电阻相同,等效为△形连接的三个电阻,其大小是 Y 形连接电阻的 3 倍,所以

$$R_{12} = R_{23} = R_{13} = R_\triangle = 3R_Y = 3 \times 100 = 300\ (\Omega)$$

【例 2-9】 在图 2-17 所示电路中,若已知电阻 $R_{13} = 100\ \Omega$,$R_{12} = 200\ \Omega$,$R_{23} = 300\ \Omega$。(1)求 R_1、R_2、R_3;(2)若 $R_{12} = R_{23} = R_{13} = 300\ \Omega$,再求 R_1、R_2、R_3。

解:(1)利用 Y—△变换,将△形连接电阻 R_{12}、R_{13}、R_{23} 等效变换为 Y 形连接电阻 R_1、R_2、R_3,即

$$R_1 = \frac{R_{12}R_{13}}{R_{12} + R_{23} + R_{13}} = \frac{20\ 000}{600} = 33.33\ (\Omega)$$

$$R_2 = \frac{R_{12}R_{23}}{R_{12} + R_{23} + R_{13}} = \frac{60\ 000}{600} = 100\ (\Omega)$$

$$R_3 = \frac{R_{23}R_{13}}{R_{12} + R_{23} + R_{13}} = \frac{30\ 000}{600} = 50\ (\Omega)$$

(2)由于△形连接中的三个电阻相同,等效为 Y 形连接的三个电阻,其大小是△形连接电阻的 1/3,所以

$$R_1 = R_2 = R_3 = R_Y = \frac{R_\triangle}{3} = \frac{300}{3} = 100\ (\Omega)$$

三、Y—△变换解题要点

利用 Y—△变换解题时要注意以下要点:

(1)Y—△变换是一种等效互换网络。变换前首先要看清是 Y 形连接或是△形连接,标明 Y 形连接或△形连接的三个电阻所在的节点位置;变换时既可以将 Y 形连接的三个电阻等效变换为△形连接的三个等效电阻,也可以将三个△形连接的电阻等效变换为三个 Y 形连接电阻,具体视电路能否化简为简单的串、并联关系来确定电阻的变换方式。

(2)△形连接电阻变为 Y 形连接电阻。电路增加一个节点,减少一个网孔,变换后电阻值减小。若△形连接三个电阻相等,则 $R_Y = \frac{R_\triangle}{3}$。

(3)Y 形连接电阻变为△形连接电阻。电路减少一个节点,增加一个网孔,变换后电阻值增大。若 Y 形连接三个电阻相等,则 $R_\triangle = 3R_Y$。

思考与练习题

1. 如图 2-18 所示各电路,把图中的 Y 形连接变换为△形连接。

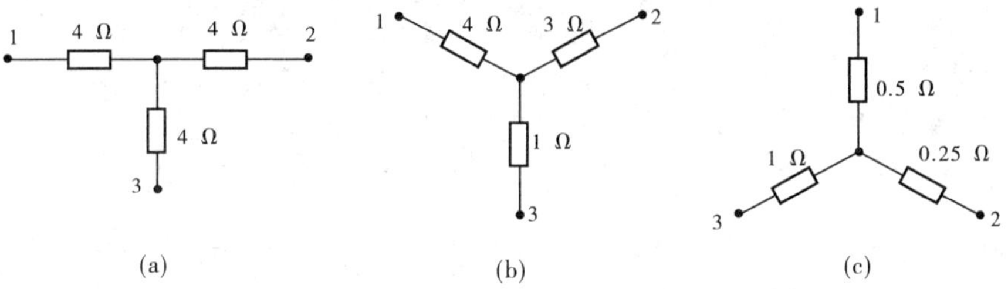

图 2-18　思考与练习题 1 图

2. 如图 2-19 所示各电路,把图中的△形连接变换为 Y 形连接。

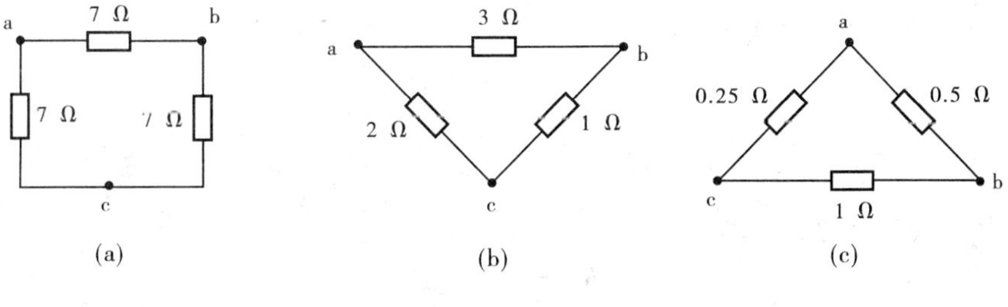

图 2-19　思考与练习题 2 图

第四节　两种电源模型的等效变换

一个实际的电源既可用电压源表示，也可用电流源表示。这表明，对外电路来说，电压源和电流源之间可以等效变换，如图 2-20 所示。

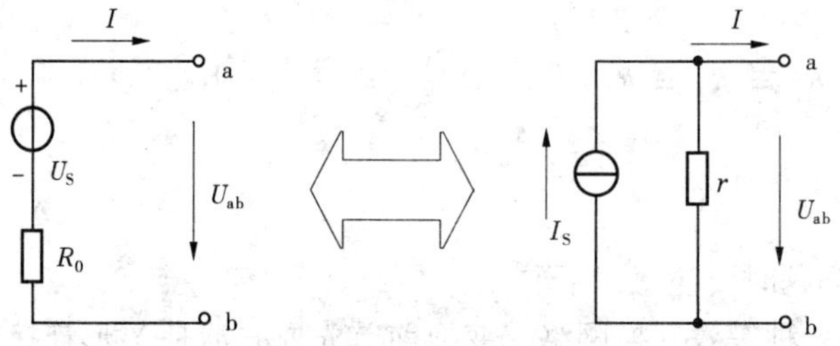

图 2-20　电压源与电流源等效变换

电压源的特性方程是

$$U_{ab} = U_S - IR_0$$

将等式两边同除以 R_0，得

$$\frac{U_{ab}}{R_0} = \frac{U_S}{R_0} - \frac{IR_0}{R_0}$$

化简并整理得

$$I = \frac{U_S}{R_0} - \frac{U_{ab}}{R_0} \tag{2-9}$$

将式(2-9)与电流源的特性方程

$$I = I_S - \frac{U_{ab}}{r}$$

对比，则可得

$$R_0 = r$$

$$I_S = \frac{U_S}{R_0} \tag{2-10}$$

这就是电压源与电流源等效变换的条件。变换前后，电源的内阻保持不变，仅是电源的结构不同，电压源是串联的，而电流源是并联的。

【例 2-10】　如图 2-21 所示电路中，已知 $U_S = 4$ V，$R_0 = 1\ \Omega$，$I_S = 2$ A，$r = 2\ \Omega$，将图(a)中电压源等效变换为电流源，将图(b)中电流源等效变换为电压源。

解：电压源等效变换为电流源

$$r = R_0 = 1\ \Omega$$

$$I_S = \frac{U_S}{R_0} = \frac{4}{1} = 4\ (\text{A})$$

电流源等效变换为电压源

$$R_0 = r = 2\ \Omega$$

$$U_S = I_S r = 2 \times 2 = 4\ (\text{V})$$

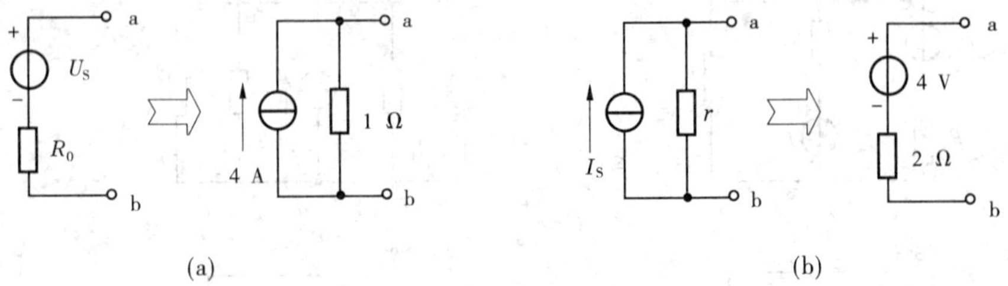

图 2-21　例 2-10 图

在进行电源的等效变换时，应注意以下几点：

(1)电压源和电流源的等效变换是对外电路等效，是指对外电路的端电压和输出电流等效，对电源内部并不等效。例如，当外电路开路时电压源中无电流，而电流源内部仍有电流。

(2)等效变换时，对外电路的电压和电流的大小和方向都不变。因此，电流源的电流流出端应与电压源的正极性端相一致。

(3)理想电压源和理想电流源之间不能进行等效变换。因为理想电压源的内阻为零，而理想电流源的内阻为∞。理想电压源的端电压是恒定的，输出电流随外电路的变化而变化；理想电流源的端电压随外电路的变化而变化，输出电流是恒定的。即两种理想电源之间没有等效的条件。

(4)等效变换时，不一定仅限于电源的内阻。只要是与电压源串联的电阻，或电流源两端并联有电阻，则两者均可进行等效变换。

(5)等效变换时，与理想电压源并联的理想电流源(或其他电路元件)对外电路不起作用，与理想电流源串联的理想电压源(或其他电路元件)对外电路不起作用。

(6)用电源等效变换法求解电路时，应至少保留一条支路始终不参与变换，作为外电路存在。可以在求出该支路电流后，再放回原电路中求其他支路的电流。

【例 2-11】　如图 2-22(a)所示电路中，已知 $U_{S1}=10\ \text{V}$，$U_{S2}=6\ \text{V}$，$R_1=R_2=2\ \Omega$，$R_3=3\ \Omega$，求电路中 R_3 支路的电流。

解：图 2-22(a)所示电路中有两个电压源并联，先把每个电压源等效变换为电流源，如图 2-22(b)所示。注意电流源的电流流出端应与电压源的正极性端相一致。

其中

$$I_{S1}=\frac{U_{S1}}{R_1}=\frac{10}{2}=5\ (\text{A})$$

$$I_{S2}=\frac{U_{S2}}{R_2}=\frac{6}{2}=3\ (\text{A})$$

图 2-22(b)所示电路中两个电流源合并为一个电流源，如图 2-22(c)所示，其中

$$R_{12}=\frac{R_1R_2}{R_1+R_2}=1\ \Omega$$

$$I_S=I_{S1}+I_{S2}=8\ \text{A}$$

利用电阻并联时的分流公式，可得

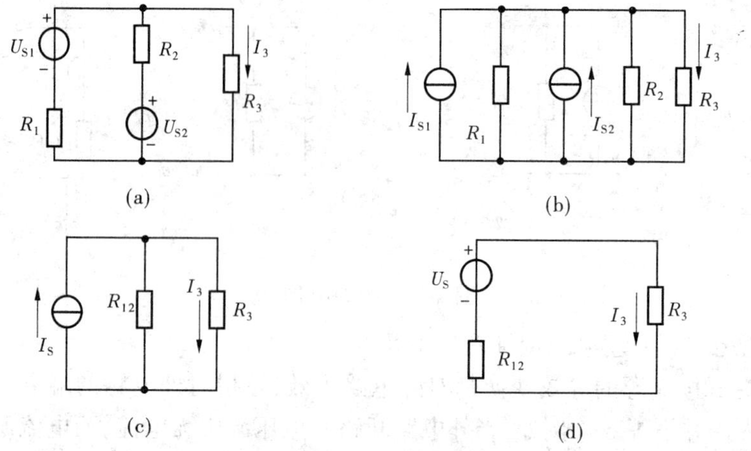

图 2-22　例 2-11 图

$$I_3 = \frac{R_{12}}{R_{12} + R_3} I_S = 2\ \text{A}$$

也可以将图 2-22(c)中的电流源等效变换为电压源,如图 2-22(d)所示,其中

$$U_S = I_S R_{12} = 8\ \text{V}$$

由全电路的欧姆定律得

$$I_3 = \frac{U_S}{R_{12} + R_3} = \frac{8}{1 + 3} = 2\ (\text{A})$$

电源等效变换的步骤如下:

(1)画出将要等效变换的电源图形符号。

(2)因为电源等效变换时内阻不变,所以直接在第一步画出的图形符号中标出内阻值。

(3)等效变换时,电流源的电流流出端应与电压源的正极性端相一致。对应原电源,在第一步画出的图形符号中标出电源的参考方向。

(4)根据等效变换条件,求出电流源 I_S 或电压源 U_S 的数值。

思考与练习题

1. 把图 2-23 所示各个电路等效变换为电压源。

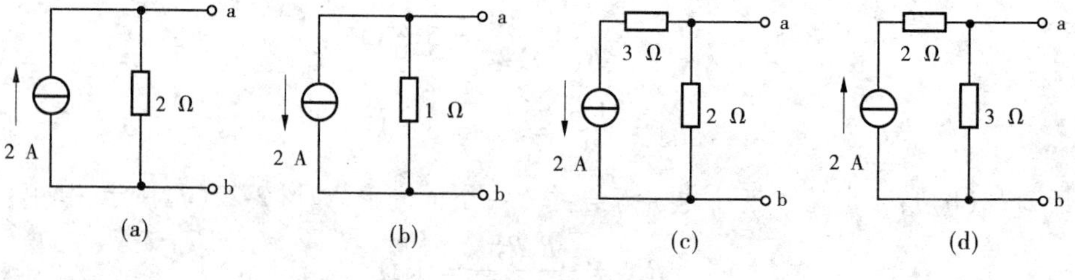

图 2-23　思考与练习题 1 图

2. 把图 2-24 所示各个电路等效变换为电流源。

3. 如图 2-25 所示电路中,已知 $U_{S1} = 6\ \text{V}$,$U_{S2} = 8\ \text{V}$,$R_1 = 3\ \Omega$,$R_2 = 2\ \Omega$,$R_3 = 3\ \Omega$,求电路

中 R_3 支路的电流。

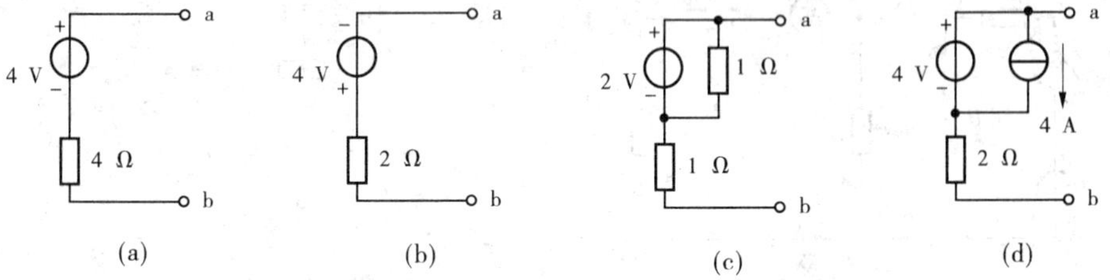

图 2-24 思考与练习题 2 图

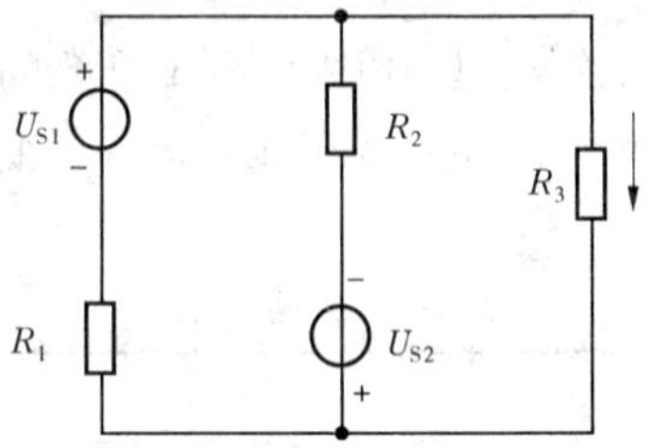

图 2-25 思考与练习题 3 图

实训四 电阻星形和三角形网络的等效变换

一、实验目的

(1)验证电阻 Y 形连接和△形连接网络的等效变换。

(2)进一步加深对无源电阻网络等效概念的理解。

二、实验仪器、设备

(1)电工综合实验装置(或分立元件)1 套。

(2)直流稳压电源 2 台。

(3)直流电压表(或万用表)(0 ~ 100 V)1 只。

(4)直流电流表(0 ~ 200 mA,0 ~ 5 A)1 只。

(5)电阻箱(0 ~ 999 990 Ω)4 只。

(6)单刀开关两个,导线若干。

三、实验内容及步骤

(一)Y—△连接等效变换的验证(一端电源的情况)

(1)验证 Y—△连接等效变换的电路如图 2-26 所示,其中 R_a、R_b、R_c 构成 Y 形连接,且 $R_a = 30\ \Omega$,$R_b = 50\ \Omega$,$R_c = 75\ \Omega$,$U_S = 12\ V$,$R_L = 100\ \Omega$。

(2)合上开关 S,测量电源和负载电阻 R_L 两端的电压 U_1 和 U_2、电流 I_1 和 I_2,记入表 2-1 中。

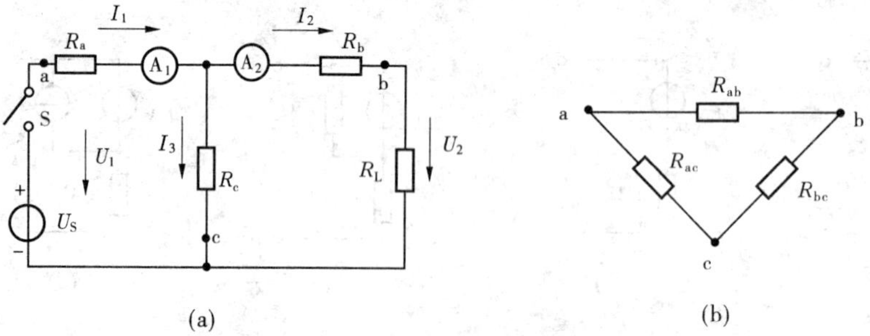

图 2-26 Y—△变换实验电路(一端电源)

(3)将图 2-26(a)所示 的 Y 形连接电阻用图 2-26(b)所示的△形连接电阻替换(由计算得出 $R_{ab}=?$,$R_{bc}=?$,$R_{ac}=?$),重复上述测量,并记入表 2-1 中。验证变换前后对电源和负载均不产生影响。

表 2-1 实验记录

连接方式	电源		负载	
	U_1(V)	I_1(A)	U_2(V)	I_2(A)
Y				
△				

(二)Y—△连接等效变换的验证(二端电源的情况)

(1)将图 2-26(a)所示电路中的负载电阻 R_L 用直流电源 U_{S2} 代替,如图 2-27 所示,取 $U_{S1}=12$ V,$U_{S2}=15$ V。

(2)合上开关 S_1 和 S_2,测量 Y 连接电阻的三个端钮的电流和端钮间的电压,记入表 2-2 中。

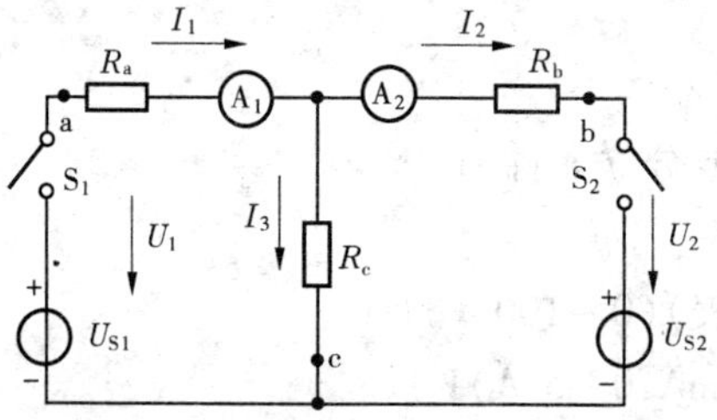

图 2-27 Y—△变换实验电路(两端电源)

(3)用△形连接的三个电阻替换 Y 形连接的三个电阻,重复对应端钮间的电压和对应端间的电流的测量,并记入表 2-2 中。验证变换前后对上述电压和电流都没有影响。

表 2-2 实验记录

连接方式	电源 U_{S1}		电源 U_{S2}	
	U_1(V)	I_1(A)	U_2(V)	I_2(A)
Y				
△				

四、实验结果分析和讨论

能否用测量对应任意两端间的等效电阻的办法来验证 Y—△连接的等效变换，试说明实验方法。

五、实验报告

实验后写实验报告。

本章小结

1. 对于一个无源二端网络总可以用一个等效电阻来替换。等效的方法：①运用电阻串、并联公式及 Y—△变换公式对网络进行化简；②用外施电压法计算电流 I，或用外施电流法计算电压 U，则 $R=\frac{U}{I}$。

2. 电阻的串联、并联与混联

(1)电阻元件串联时，流过所有元件的电流相等。

(2)电阻元件并联时，所有元件的端电压相等。

(3)电阻元件串联后的端电压为各元件端电压的总和，各元件电压的大小与它的电阻值成正比，电阻大的所分配到的电压也大。

(4)电阻元件并联后的总电流为各元件电流的总和，各元件电流的大小与它的电阻值成反比，与电导值成正比，电导大的所分配到的电流也大。

(5)n 个电阻串联，其等效电阻为 n 个电阻的总和。

3. 串联、并联的性质。

4. 利用 Y—△变换，常可将复杂网络变换为简单的串、并联网络。Y—△连接电阻的等效变换只对网络外端口等效，对网络内部不等效。Y 形连接电阻等效为△形连接电阻，电阻值增大；反之，电阻值减小。

若 Y 形连接三个电阻相等，则 $R_{\triangle}=3R_{Y}$；

若△形连接三个电阻相等，则 $R_{Y}=\frac{R_{\triangle}}{3}$。

5. n 个理想电压源串联时，可用一个等效的理想电压源替代；n 个理想电流源并联时，可用一个等效的理想电流源替代。

一个实际电压源可以用电压源与电阻相串联的模型或用电流源与电阻相并联的模型来表征。两种模型等效互换的条件为

$$R_0=r$$

$$I_S=\frac{U_S}{R_0}$$

习　题

2-1　求图 2-28 所示电路中 a、b 两点间的等效电阻 R_{ab}。

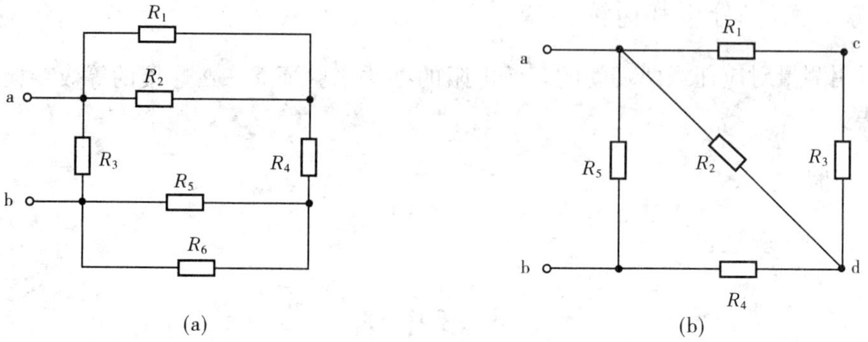

图 2-28　习题 2-1 图

2-2　在图 2-29 所示电路中，U_S 不变，当 R_3 增大时，电压表和电流表的读数将如何变化？说明其原因。

2-3　用 Y—△等效变换的方法，求图 2-30 所示电路中的电流 I_2，并作出变换过程中的等效电路图。

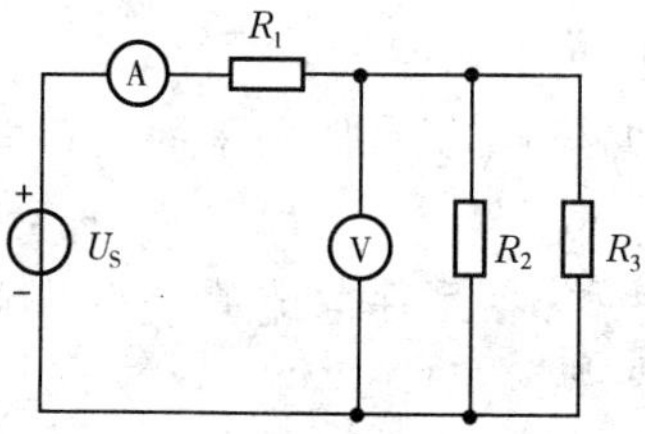

图 2-29　习题 2-2 图

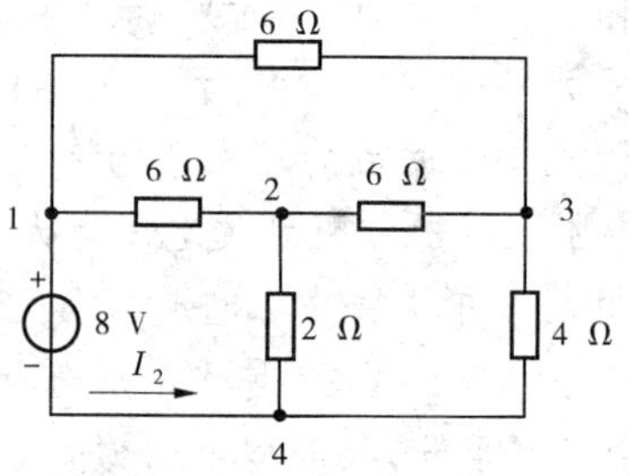

图 2-30　习题 2-3 图

2-4　对图 2-31 中的电压源和电流源作相应的等效变换。

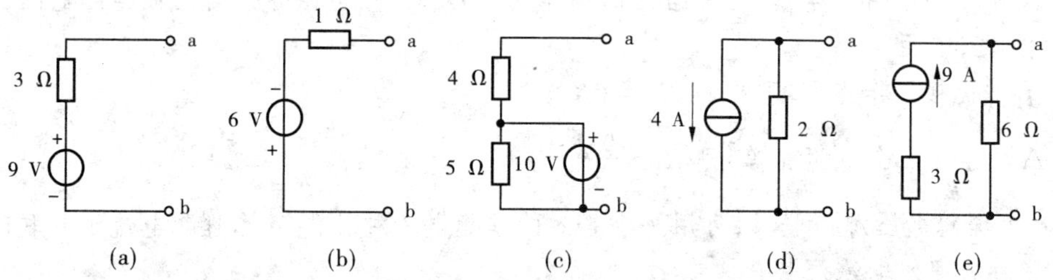

图 2-31　习题 2-4 图

2-5　电路如图 2-32 所示，试用电源等效变换法求电路中的电流 I_3。

2-6　如图 2-33 所示电路中，已知 $U_S=6\ \text{V}$，$I_S=2\ \text{A}$，$R_1=3\ \Omega$，$R_2=2\ \Omega$，$R_3=1\ \Omega$，试用电源等效变换法求电路中 R_3 支路的电流 I_3。

2-7　试用电源等效变换法求图 2-34 电路中 4 Ω 支路的电流，并求各元件的功率。

2-8　如图 2-35 所示电路中，已知 $U_S=8\ \text{V}$，$R_1=R_2=4\ \Omega$，$R_3=3\ \Omega$，$R_4=6\ \Omega$，$R_5=10\ \Omega$。试用电源等效变换法求电阻 R_3 中的电流 I。

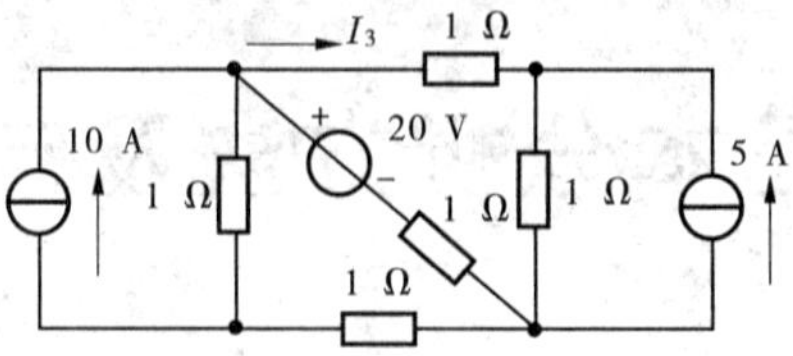

图 2-32　习题 2-5 图

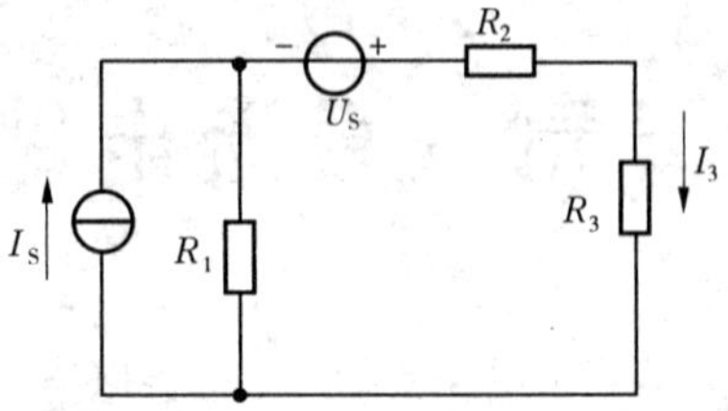

图 2-33　习题 2-6 图

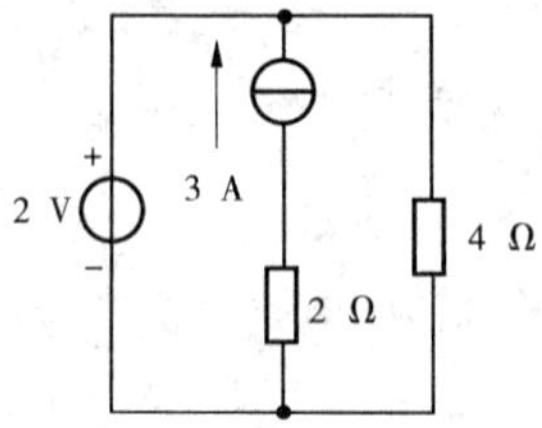

图 2-34　习题 2-7 图

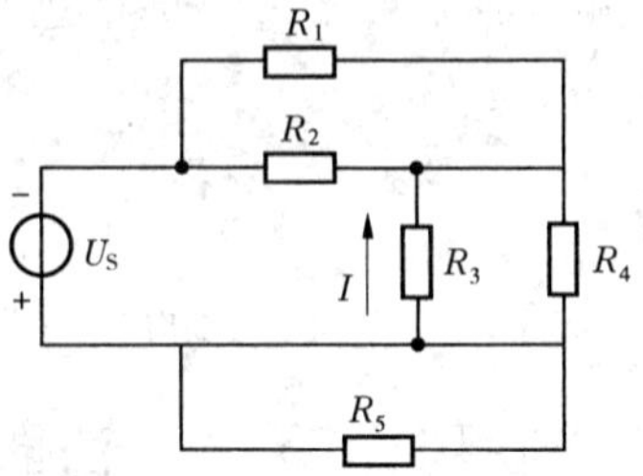

图 2-35　习题 2-8 图

第三章　直流电路的基本分析方法及定理

本章是全书的重点之一，主要以直流电路为例，介绍几种常用的电路分析方法.它们不仅适用于直流电路，也适用于交流电路及其他电路，是电学课程学习的基础。

本章主要掌握节点电压法、叠加定理和戴维宁定理。叠加定理作为线性电路的一种特性，应深刻理解。本章难点在于分析题型、选择合适的方法。

第一节　节点电压法

节点电压法是求解复杂电路的一种常用方法，它在计算机辅助电路分析中应用较为普遍。

一、弥尔曼定理及节点电压法推导

（一）弥尔曼定理

通常，一个具有 n 个节点的电路有 $(n-1)$ 个节点电压。在电路的 n 个节点中，任选一个作为参考节点，把其余 $(n-1)$ 个节点对参考点的电压称为该节点的节点电压（实际上是该节点的电位）。节点电压法就是以节点电压为未知量，将各支路电流用节点电压表示，应用 KCL 列出独立节点的电流方程，联立方程求得各节点电压，再根据节点电压与各支路电流关系式，求得各支路电流及其他电量。

当电路中只含有两个节点时，节点电压法又称为弥尔曼定理。其一般表达式为

$$U_{10} = \frac{I_{S11}}{G_{11}} \tag{3-1}$$

式中，U_{10} 为节点 1 对节点 0 的节点电压，0 为参考节点，单位为 V；I_{S11} 为流入节点 1 的各支路电流代数和，单位为 A；G_{11} 为与节点 1 相关联的各支路电导之和，单位为 S。

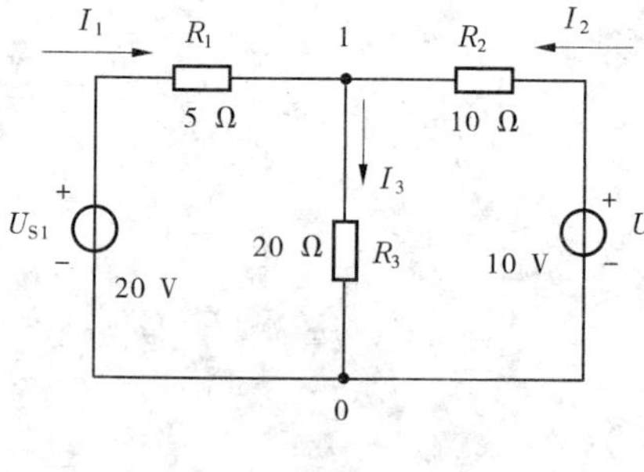

图 3-1　例 3-1 图

【例 3-1】 用弥尔曼定理求如图 3-1 所示电路的各支路电流。

解： 此题只有两个节点，用弥尔曼定理求解。

根据 $U_{10} = \dfrac{I_{S11}}{G_{11}}$

因

$$I_{S11} = \frac{U_{S1}}{R_1} + \frac{U_{S2}}{R_2} = \frac{20}{5} + \frac{10}{10} = 5\ (\text{A})$$

$$G_{11} = \frac{1}{R_1} + \frac{1}{R_2} + \frac{1}{R_3} = \frac{1}{5} + \frac{1}{10} + \frac{1}{20} = 0.35\ (\text{S})$$

所以 $$U_{10} = \frac{I_{S11}}{G_{11}} = \frac{5}{0.35} = 14.3\ (\text{V})$$

下面验证一下本题结果。

假设电流参考方向如图 3-1 所示，则

$$I_1 = \frac{U_{S1} - U_{10}}{R_1} = \frac{20 - 14.3}{5} = \frac{5.7}{5} = 1.14\ (\text{A})$$

$$I_2 = \frac{U_{S2} - U_{10}}{R_2} = \frac{10 - 14.3}{10} = -0.43\ (\text{A})$$

$$I_3 = \frac{U_{10}}{R_3} = \frac{14.3}{20} = 0.715\ (\text{A})$$

所以 $$I_1 + I_2 = 1.14 + (-0.43) = 0.71\ (\text{A}) \approx I_3$$

(二)节点电压法推导

自导 G_{kk}：与电路中第 k 个节点直接相连接的各支路电导之和，称为该节点的自电导，简称自导，用 G_{kk} 表示，其值为正。

互导 $G_{kj}=G_{jk}$：电路中第 k 个节点与第 j 个节点之间各公共支路的电导之和，称为两相邻节点的互电导，简称互导，用 G_{kj} 或 G_{jk} 表示，即 $G_{kj}=G_{jk}$，其值为负。

如图 3-2 所示，对于含有三个节点的电路，应用节点电压法的一般表达式为

$$\left.\begin{aligned} G_{11}U_1 + G_{12}U_2 &= I_{S11} \\ G_{21}U_1 + G_{22}U_2 &= I_{S22} \end{aligned}\right\} \tag{3-2}$$

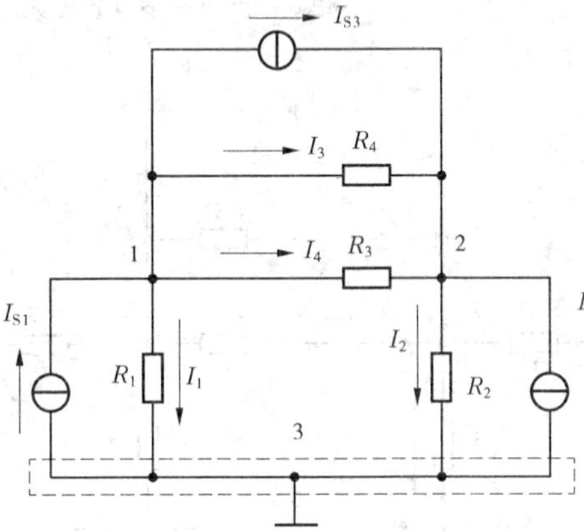

图 3-2　3 节点电路

式(3-2)中，各参数的物理意义如下：

(1)选择节点 3 为参考节点，U_1 是节点 1 对节点 3 的节点电压，U_2 是节点 2 对节点 3 的节点电压。

(2)G_{11} 和 G_{22} 分别是连接到节点 1 和节点 2 的各支路电导之和，称为各节点的自电导，简称自导，其值为正。在图 3-2 所示电路中，$G_{11}=G_1+G_3+G_4$，$G_{22}=G_2+G_3+G_4$。

(3)$G_{21}=G_{12}$ 是连接到节点 1 和节点 2 的各公共支路电导之和，称为两相邻节点的互电导，简称互导，其值为负。在图 3-2 所示电路中，$G_{21}=G_{12}=-(G_3+G_4)$。

(4)I_{S11} 和 I_{S22} 分别是流入节点 1 和节点 2 的各自电流源电流的代数和，称为节点电源电

流，可以将电压源与电阻相串联的支路看成是已变换了的电流源与电阻相并联的支路。当电流源的电流流进相应节点时取正号；反之，取负号。在图 3-2 所示电路中，$I_{S11}=I_{S1}-I_{S3}$，$I_{S22}=I_{S2}+I_{S3}$。

推广到具有 $N+1$ 个节点的电路，其节点电位方程具有的形式为

$$\left.\begin{aligned} G_{11}U_1+G_{12}U_2+\cdots+G_{1N}U_N&=I_{S11}\\ G_{21}U_1+G_{22}U_2+\cdots+G_{2N}U_N&=I_{S22}\\ &\vdots\\ G_{N1}U_1+G_{N2}U_2+\cdots+G_{NN}U_N&=I_{SNN}\end{aligned}\right\}\tag{3-3}$$

式(3-3)中有相同下标的电导 G_{11}、G_{22}、G_{33} 等为各节点的自导，它们总是正的；标有不同下标的电导 G_{12}、G_{13}、G_{23} 等为两节点间的互导，它们总是负的；式(3-3)中右边分别为流入各节点各电流源电流的代数和。

二、节点电压法的求解步骤

节点电压法的求解步骤如下：

(1)确定节点数 n，选取一个参考节点，在电路中用"⊥"符号表示。

(2)以其余($n-1$)个节点的节点电压为电路变量，依据式(3-1)或式(3-2)列出节点电压方程。

(3)联立并求解方程组，求出各节点电压。

(4)根据节点电压与支路电流的关系式，求得各支路电流或其他电量。

【例 3-2】 用节点电压法求图 3-3 所示电路中的各支路电流。

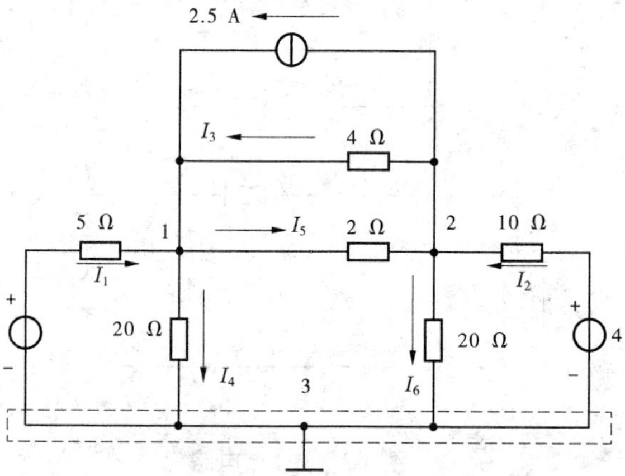

图 3-3 例 3-2 图

解：(1)电路中共有 3 个节点，可选 3 为参考节点，各支路电流参考方向如图 3-3 所示。

(2)列节点电压方程

$$G_{11}=\frac{1}{5}+\frac{1}{20}+\frac{1}{2}+\frac{1}{4}=1(\mathrm{S})$$

$$G_{22}=\frac{1}{10}+\frac{1}{20}+\frac{1}{2}+\frac{1}{4}=0.9(\mathrm{S})$$

$$G_{12}=G_{21}=-(\frac{1}{2}+\frac{1}{4})=-0.75(\mathrm{S})$$

$$I_{S11} = \frac{15}{5} + 2.5 = 3 + 2.5 = 5.5(\text{A})$$

$$I_{S22} = \frac{4}{10} - 2.5 = 0.4 - 2.5 = -2.1(\text{A})$$

所以节点方程为

$$U_1 + (-0.75)U_2 = 5.5$$
$$(-0.75)U_1 + 0.9U_2 = -2.1$$

经整理后的节点方程为

$$U_1 - 0.75U_2 = 5.5$$
$$0.75U_1 - 0.9U_2 = 2.1$$

(3)求解节点方程,解得节点电压。

可求得

$$U_1 = 10\ \text{V}$$
$$U_2 = 6\ \text{V}$$

(4)求各支路电流

$$U_1 = -5I_1 + 15 \Rightarrow I_1 = 1\ \text{A}$$
$$U_2 = -10I_2 + 4 \Rightarrow I_2 = -0.2\ \text{A}$$
$$U_2 - U_1 = 4I_3 \Rightarrow I_3 = -1\ \text{A}$$
$$U_1 = 20I_4 \Rightarrow I_4 = 0.5\ \text{A}$$
$$U_1 - U_2 = 2I_5 \Rightarrow I_5 = 2\ \text{A}$$
$$U_2 = 20I_6 \Rightarrow I_6 = 0.3\ \text{A}$$

要点:

如果电路中存在电压源与电阻的串联组合,应先把它们等效变换为电流源与电阻并联的组合,然后再列写方程。但如果电路中存在理想电压源(与电压源串联电阻为零)支路,要按式(3-3)列节点方程要做特殊处理。即当有理想电压源支路,且一端在参考节点时,另一端所连节点的电压成为已知量,等于该电压源的电压,因而不必再列写该节点的节点方程。

思考与练习题

1. 在图3-4所示电路中,已知$E_1=6$ V,$E_2=3$ V,$R_1=1\ \Omega$,$R_2=2\ \Omega$,$R_3=3\ \Omega$,用节点电压法求U。

2. 电路如图3-5所示,试用弥尔曼定理求电路中点A的电位。

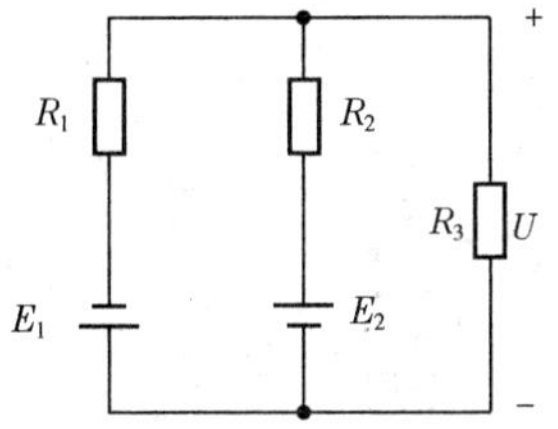

图3-4　思考与练习题1图

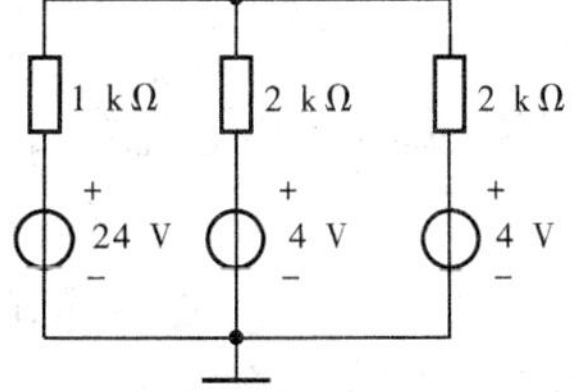

图3-5　思考与练习题2图

3. 电路如图3-6所示,试用节点电压法求各支路电流。

4. 电路如图 3-7 所示，试用节点电压法求各支路电流。

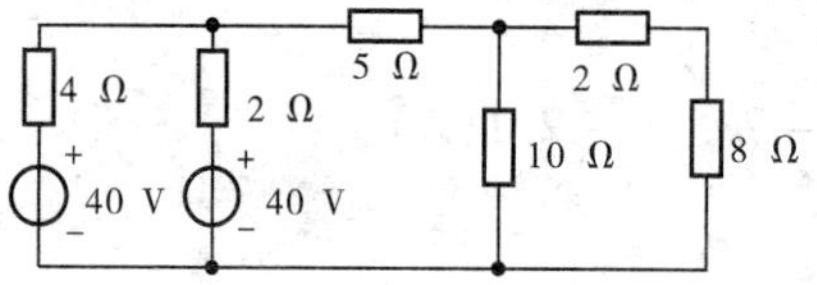

图 3-6　思考与练习题 3 图

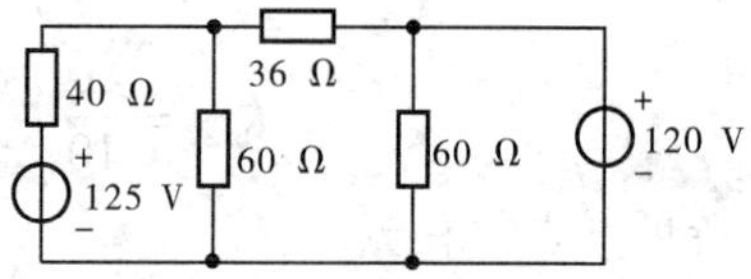

图 3-7　思考与练习题 4 图

第二节　网孔电流法

一、网孔电流法的概念

在分析复杂直流电路时，可以以支路电流为未知量，列出独立的 KCL 方程和 KVL 方程，联立方程求解，就可得出各支路电流。当电路的支路数目较多时，需要联立的方程数目也就相应的增多，求解过程越加烦琐。为解决这个问题，我们提出网孔电流法，简称网孔法。

网孔电流法是以假想的沿网孔边界流动的电流（即网孔电流）为待求量，由基尔霍夫定律列出各个网孔的 KVL 方程，联立方程求解，得到各个网孔电流，再根据各支路电流与网孔电流之间的关系，求出各个支路电流。

二、网孔方程的推导

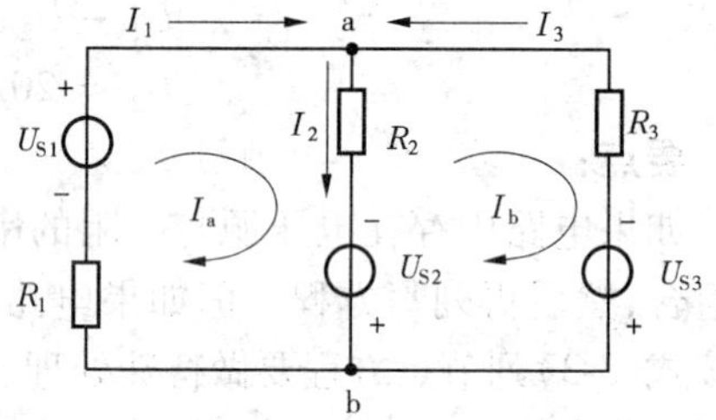

图 3-8　网孔电流法

图 3-8 所示电路中，假想两个网孔各有一个沿网孔边界流动的电流 I_a 和 I_b，方向如图所示，并将此方向作为对应网孔的绕行方向。根据电路的结构形式和各个支路电流的参考方向，可得支路电流与网孔电流之间的关系式

$$\left.\begin{aligned} I_1 &= I_a \\ I_2 &= I_a - I_b \\ I_3 &= -I_b \end{aligned}\right\} \tag{3-4}$$

根据基尔霍夫定律，列出独立的 KCL、KVL 方程为

$$I_1 - I_2 + I_3 = 0$$

$$I_2R_2 - U_{S2} + I_1R_1 - U_{S1} = 0$$

$$-I_3R_3 - U_{S3} + U_{S2} - I_2R_2 = 0$$

把支路电流与网孔电流之间的关系式，即将式(3-4)代入以上各个方程中，并整理得

$$\left.\begin{aligned} (R_1 + R_2)I_a - I_bR_2 &= U_{S1} + U_{S2} \\ -R_2I_a + (R_2 + R_3)I_b &= U_{S3} - U_{S2} \end{aligned}\right\} \tag{3-5}$$

将式(3-5)写为一般形式

$$\left.\begin{aligned} R_{11}I_a + R_{12}I_b &= U_{S11} \\ R_{21}I_a + R_{22}I_b &= U_{S22} \end{aligned}\right\} \tag{3-6}$$

式(3-6)是两个网孔的方程，左端项中 R_{11} 与 R_{22} 是具有相同下标的电阻，称为第一个与

第二个网孔的自电阻，它们分别等于各网孔中所有电阻之和，$R_{11}=R_1+R_2$，$R_{22}=R_2+R_3$，自电阻恒为正值。R_{12}、R_{21}是具有不同下标的电阻，称为互电阻，等于两个相关网孔间公共电阻，通过公共电阻的两个网孔电流参考方向相同时，互电阻取正值，否则取负值，如本例中$R_{12}=R_{21}=-R_2$。如果两个网孔之间没有公共电阻，则相应的互电阻为零。一般情况下有$R_{mn}=R_{nm}$。

式(3-6)中右端项，U_{S11}与U_{S22}分别为第一个和第二个网孔中所有电压源电压的代数和。各电压源电压顺着绕行方向由负极到正极取“+”号；相反则取“-”号。即：各电压源电压参考方向与绕行方向相反时，该电压前面取“+”号；反之，该电压前面取“-”号。

将式(3-6)推广到具有n个网孔的电路，则有

$$\left.\begin{array}{c} R_{11}I_a+R_{12}I_b+\cdots+R_{1m}I_m=U_{S11} \\ R_{21}I_a+R_{22}I_b+\cdots+R_{2m}I_m=U_{S22} \\ \vdots \\ R_{m1}I_a+R_{m2}I_b+\cdots+R_{mm}I_m=U_{Smm} \end{array}\right\} \tag{3-7}$$

由式(3-7)可得出网孔法直接列写规则：

自电阻×本网孔的网孔电流+Σ互电阻×相邻网孔的网孔电流=本网孔中所含电压源电压的代数和。

【例3-3】 如图3-9所示电路中，已知$U_{S1}=6\ \mathrm{V}$，$U_{S3}=8\ \mathrm{V}$，$R_1=1\ \Omega$，$R_2=R_3=2\ \Omega$，用网孔电流法求各支路电流。

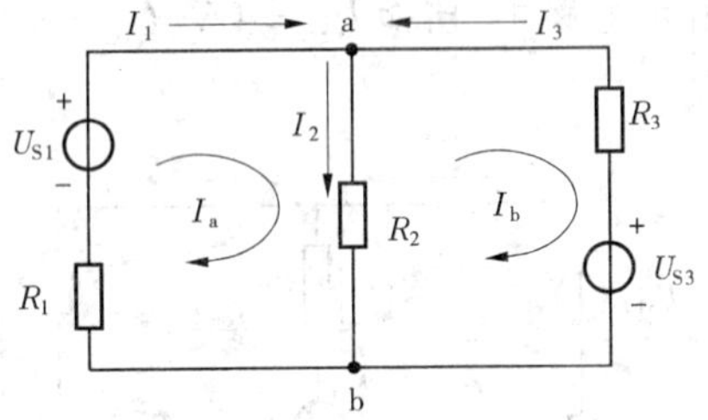

图3-9 例3-3图

解：如图3-9所示，设定网孔电流I_a、I_b的方向同为顺时针方向，列出网孔方程。

左网孔：自电阻(R_1+R_2)，互电阻$-R_2$，本网孔中所含电压源电压的代数和为U_{S1}，方程为

$$(R_1+R_2)I_a-R_2I_b=U_{S1} \qquad ①$$

右网孔：自电阻(R_2+R_3)，互电阻$-R_2$，本网孔中所含电压源电压的代数和为$-U_{S3}$，方程为

$$(R_2+R_3)I_b-R_2I_a=-U_{S3} \qquad ②$$

将已知条件代入式①、式②，得

$$\left.\begin{array}{l} (1+2)I_a-2I_b=6 \\ (2+2)I_b-2I_a=-8 \end{array}\right\}$$

整理并求解得

$$I_a=1\ \mathrm{A}$$

$$I_b = -\frac{3}{2}\ \text{A}$$

选择各支路电流 I_1、I_2、I_3 的参考方向如图 3-9 所示

$$I_1 = I_a = 1\ \text{A}$$

$$I_2 = I_a - I_b = \frac{5}{2}\ \text{A}$$

$$I_3 = -I_b = \frac{3}{2}\ \text{A}$$

三、网孔分析法解题步骤

网孔分析法解题步骤如下：

(1)选定各网孔电流的参考方向，它们同时也是对应网孔的绕行方向。

(2)应用 KVL 列出与网孔数相等的独立网孔方程。

(3)求解网孔方程，解得网孔电流。

(4)选定各支路电流的参考方向，根据各支路电流与网孔电流之间的关系式，求出各个支路电流及其他物理量。

在网孔分析法中，省略了 KCL 方程，与采用基尔霍夫定律的方法比较，联立方程的数目由等于支路数减少到网孔数，因而计算有所简化。应当注意的是，网孔电流自动满足 KCL 方程。

【例 3-4】 如图 3-10 所示电路中，已知 $U_{S1}=4$ V，$U_{S3}=8$ V，$R_1=R_2=R_3=2\ \Omega$，$I_S=2$ A，用网孔电流法求各支路电流。

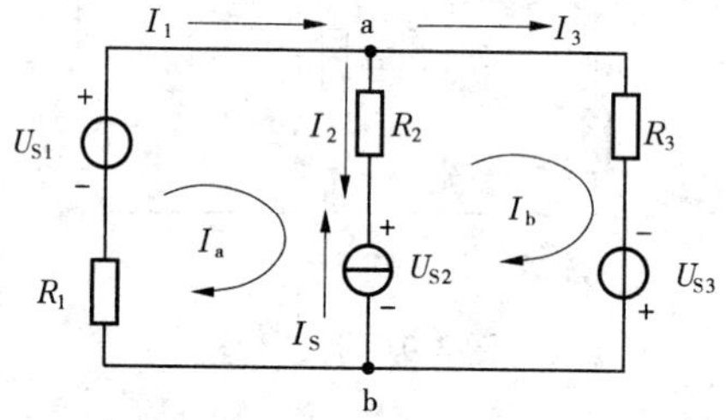

图 3-10　例 3-4 图

解：理想电流源 I_S 在公共支路上，设定理想电流源的端电压 U_S 参考方向如图所示。同时设定网孔电流 I_a、I_b 的方向同为顺时针方向，列出网孔方程。

左网孔：自电阻 (R_1+R_2)，互电阻 $-R_2$，本网孔中所含电压源电压的代数和为 $(U_{S1}-U_S)$，方程为

$$(R_1+R_2)I_a - R_2I_b = U_{S1} - U_S \qquad ①$$

右网孔：自电阻 (R_2+R_3)，互电阻 $-R_2$，本网孔中所含电压源电压的代数和为 (U_S+U_{S3})，方程为

$$(R_2+R_3)I_b - R_2I_a = U_S + U_{S3} \qquad ②$$

又

$$I_S = I_b - I_a = 2 \qquad ③$$

将数值代入式①、式②、式③，得

$$\left.\begin{aligned}(2+2)I_a-2I_b&=4-U_S\\(2+2)I_b-2I_a&=U_S+8\\I_b-I_a&=2\end{aligned}\right\}$$

整理并求解得

$$I_a=2\ \text{A}$$

$$I_b=4\ \text{A}$$

选择各支路电流 I_1、I_2、I_3 的参考方向如图 3-10 所示

$$I_1=I_a=2\ \text{A}$$

$$I_2=I_a-I_b=-2\ \text{A}\quad 或\quad I_2=-I_S=-2\ \text{A}$$

$$I_3=I_b=4\ \text{A}$$

当电路中存在电流源时，应先把电流源等效变换为电压源，然后再列出方程。如果电路中存在理想电流源（与电流源并联电阻为无穷大）支路，在按式（3-7）列网孔方程时，要注意：

（1）当理想电流源在边界支路（理想电流源仅属于一个网孔）时，所在网孔的电流等于该理想电流源的电流，为已知量，因而不必再列写该网孔的网孔方程。

（2）当理想电流源在公共支路时，应把电流源电压设定为新的未知量列入网孔方程，并将理想电流源电流与相邻两个网孔电流的关系作为补充方程，联立求解。总之，当有电流源存在时，不要忘记电流源两端有电压。

（3）对含受控源的电路列写网孔方程，先把受控源作为独立源看待，列出方程后，再把受控源的控制量用网孔电流表示，并且不要忘掉受控电流源有电压。

四、总结

以上介绍了分析线性电路的支路电流法、网孔电流法和节点电压法，下面对这几种分析方法进行比较。

（1）就方程数目来说，支路电流法为支路数 b，网孔电流法为网孔数 $b-(n-1)$，节点电压法为独立节点数 $n-1$。

（2）因为网孔电流法不存在选取独立回路问题，节点电压法的节点电压也容易选取，所以手算时通常采用网孔电流法或节点电压法。

（3）如果电路的独立节点数少于网孔数，与网孔电流法比较，节点电压法所需求解联立方程数较少，较易求解，宜采用节点电压法；如果电路的网孔数少于独立节点数，则宜采用网孔电流法。但是还要考虑其他的一些因素，例如电路中电源的种类，如果已知的电源是电流源，则节点电压法更为方便，方程式往往由观察可直接写出；如果电源为电压源，则网孔电流法较为方便。

（4）还可根据所求解的电路变量，来选择合适的分析方法，如求解某个或某几个支路电压，选择节点电压法可直接求出解答，无须从网孔电流法求出网孔电流后，求支路电流，再根据支路求电压；如求解某个或某几个支路电流，选择网孔电流法求出网孔电流后，求支路电流较为简便。

（5）网孔电流法只适用于平面电路，节点电压法则无此限制，因此节点电压法更具有普

遍意义。此外，节点电压法的一个显著优点是便于编制程序，目前电路的计算机辅助分析广泛采用节点电压法。

(6)支路电流法与节点电压法相比较，支路电流法直接应用基尔霍夫定律列方程求解，方法简单，但对于多支路情况所需方程的个数较多，求解麻烦；节点电压法应用基尔霍夫电流定律列节点电流方程，适合节点数少的电路。

思考与练习题

1. 式(3-7)中各个参量的意义分别是什么？请列出三个网孔电路的网孔方程。

2. 如图3-11所示电路中，已知 $U_{S1}=10\ \text{V}$，$U_{S2}=20\ \text{V}$，$U_{S3}=40\ \text{V}$，$R_1=2\ \Omega$，$R_2=R_3=4\ \Omega$，用网孔电流法求各支路电流。

3. 如图3-12所示电路中，已知 $U_{S2}=10\ \text{V}$，$U_{S3}=20\ \text{V}$，$R_1=1\ \Omega$，$R_2=R_3=2\ \Omega$，$I_S=2\ \text{A}$，用网孔电流法求各支路电流。

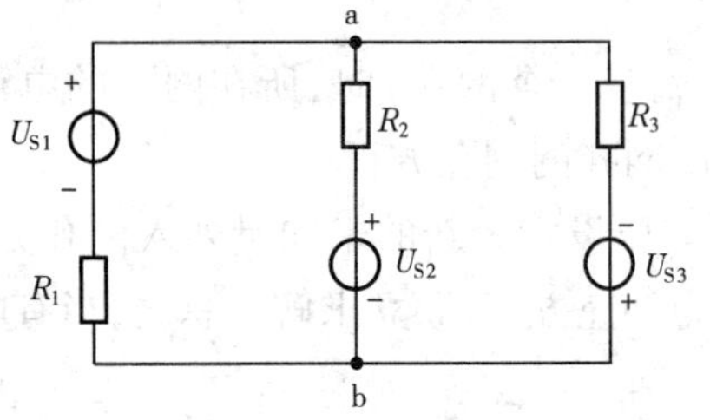

图3-11　思考与练习题2图

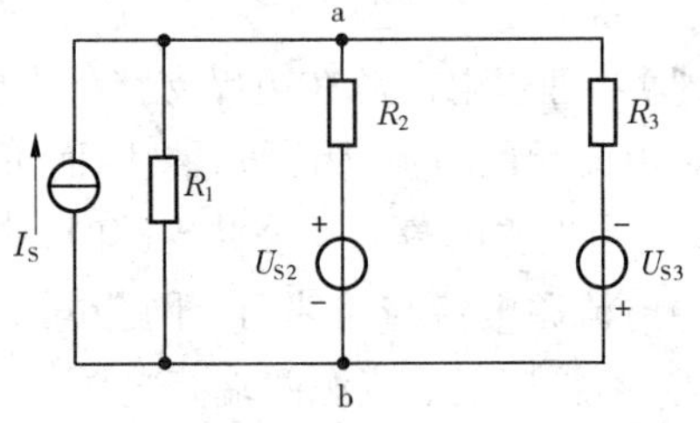

图3-12　思考与练习题3图

4. 如图3-13所示电路中，已知 $U_{S2}=2\ \text{V}$，$U_{S3}=4\ \text{V}$，$R_2=R_3=2\ \Omega$，$I_S=1\ \text{A}$，用网孔电流法求各支路电流。

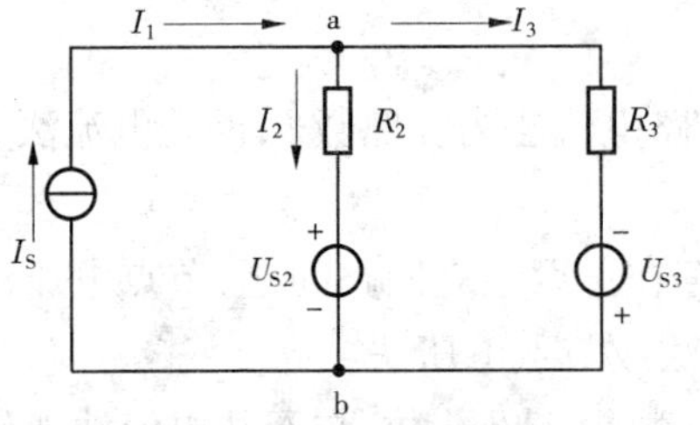

图3-13　思考与练习题4图

第三节　叠加定理

一、叠加定理的内容

在线性电路中，当有两个或两个以上的独立电源作用时，则任意支路的电流或电压，都可以认为是电路中各个电源单独作用而其他电源不作用时，在该支路中产生的各电流分量或电压分量的代数和。叠加定理是线性电路的一个基本定理。

电路的叠加定理以图 3-14 来说明。

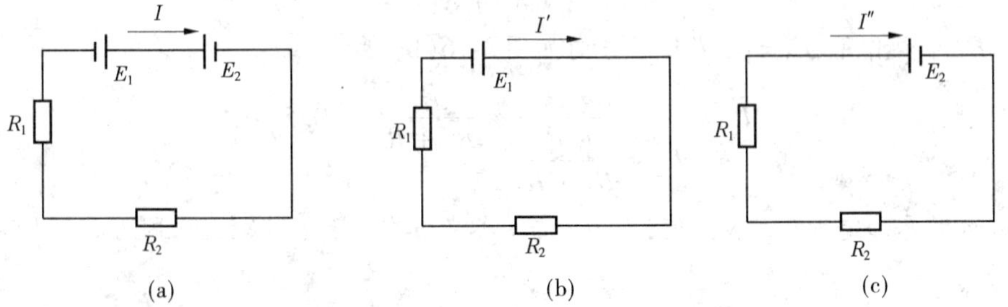

图 3-14　叠加定理

在图 3-14(a)中,由全电路欧姆定律

$$I=\frac{E_1-E_2}{R_1+R_2}=\frac{E_1}{R_1+R_2}+\frac{-E_2}{R_1+R_2} \tag{3-8}$$

式(3-8)中

$$\frac{E_1}{R_1+R_2}=I'$$

$$\frac{-E_2}{R_1+R_2}=I''.$$

由式(3-8)可以看出,电流 I 可分为 I' 和 I'' 两部分。I' 及 I'' 分别为 E_1 及 E_2 单独作用时在电路中所产生的电流,而图 3-14(a)中的电流 I 等于图 3-14(b)中电流 I' 和图 3-14(c)中电流 I'' 的叠加。I' 取正值,因为 I' 的实际方向与参考方向一致;I'' 取负值,因为 I'' 的实际方向与参考方向相反。

【例 3-5】 如图 3-15 所示电路中,已知 $E_1=8$ V,$E_2=12$ V,$R_1=R_2=6\ \Omega$,$R_3=3\ \Omega$,试求 R_1 支路电流。

解: 设 R_1 支路的电流为 I,其参考方向如图 3-15 所示。画出电源 E_1、E_2 单独作用时的电路图,如图 3-16(a)、(b)所示。

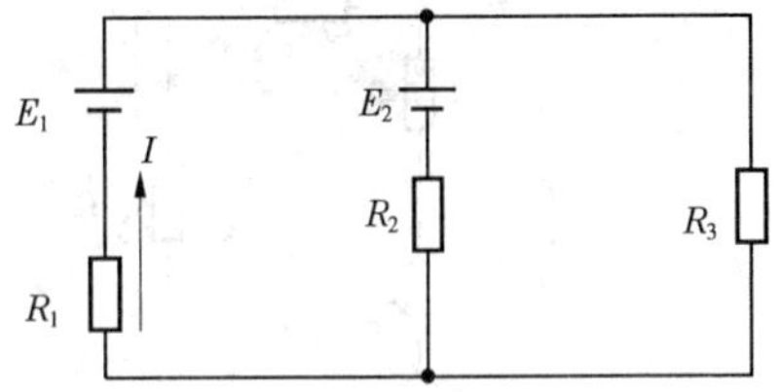

图 3-15　例 3-5 图

(1)E_1 单独作用,E_2 不作用,即 $E_2=0$。此时电路中只有一个电源,电流的实际方向容易判定出来。为了减少运用欧姆定律时"-"号的出现,习惯上选定电流或电压的参考方向与实际方向一致,如图 3-16(a)所示。

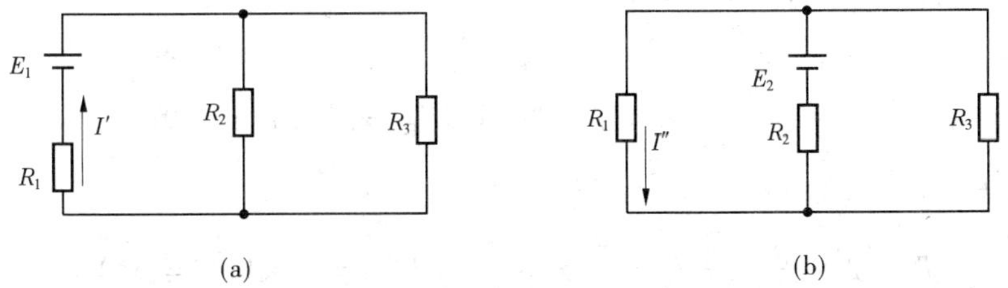

图 3-16　例 3-5 电源 E_1、E_2 单独作用

$$I' = \frac{E_1}{R_1 + \frac{R_2 R_3}{R_2 + R_3}} = 1\ \text{A}$$

(2) E_2 单独作用，$E_1 = 0$，I''参考方向如图 3-16(b)所示。

$$I'' = \frac{E_2}{R_2 + \frac{R_1 R_3}{R_1 + R_3}} \times \frac{R_3}{R_1 + R_3} = 0.5\ \text{A}$$

(3)运用叠加定理。I'取正值，因为I'与I参考方向一致；I''取负值，因为I''与I参考方向相反。则

$$I = I' - I'' = 0.5\ \text{A}$$

$I > 0$，表明I的实际方向与参考方向相同。

【例 3-6】 应用叠加定理求图 3-17 所示电路中的U_{ab}及支路电流I。

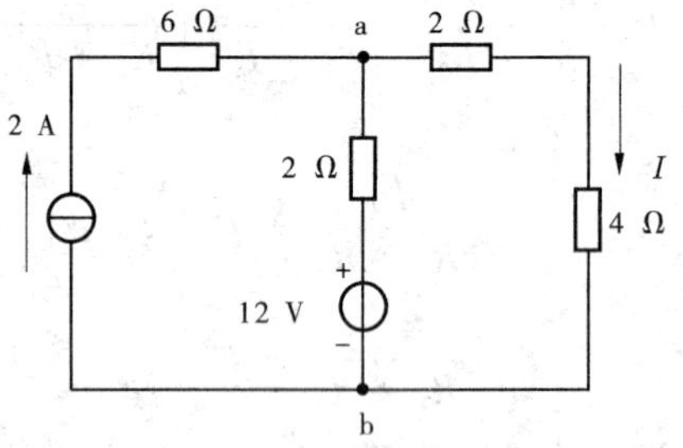

图 3-17 例 3-6 图

解：(1)将电路分解为各电源单独作用的电路，标出电流参考方向，如图 3-18 所示。

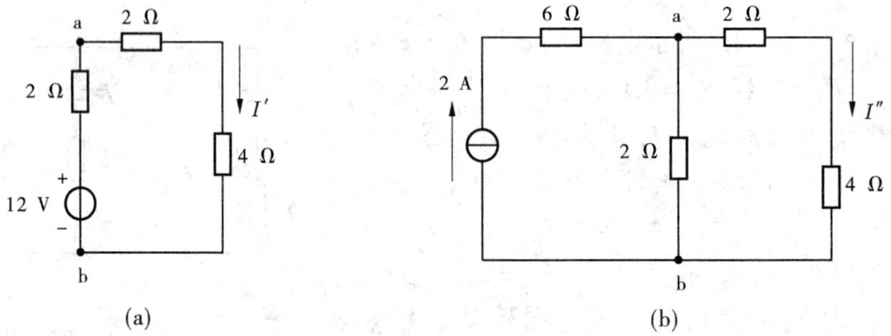

图 3-18 例 3-6 各电源单独作用

(2)求各电源单独作用的电压和电流。

电压源作用：

$$I' = \frac{12}{2+2+4} = 1.5(\text{A}) \qquad U'_{ab} = 6 \times 1.5 = 9(\text{V})$$

电流源作用：

$$I'' = 2 \times \frac{2}{2+2+4} = 0.5(\text{A}) \qquad U''_{ab} = 6 \times 0.5 = 3(\text{V})$$

(3)叠加合成：

$$I = I' + I'' = 1.5 + 0.5 = 2(\text{A})$$

$$U_{ab} = U'_{ab} + U''_{ab} = 9 + 3 = 12(\text{V})$$

二、叠加定理的注意事项

使用叠加定理时，应注意以下几点：

(1)只能用来计算线性电路的电流和电压，对非线性电路，叠加定理不适用。

(2)叠加时要注意电流和电压的参考方向。

(3)所谓电压源不作用，就是在该电压源处用短路代替；电流源不作用，就是在该电流源处用开路代替。如果电源有内阻，其内阻要在原位置留下来。

(4)不能直接用叠加定理来计算功率，因为功率与电流不是线性关系，即

$$(I_1 + I_2)^2 R \neq I_1^2 R + I_2^2 R$$

(5)叠加定理不但能用来计算直流电流和电压，还可以用来计算交流电流和电压。

以三极管电路为例，三极管电路接通直流电源后，在输入端加入小信号交流电压，如图3-19所示，三极管各极电压、电流将在直流值的基础上随输入信号的变化而变化。

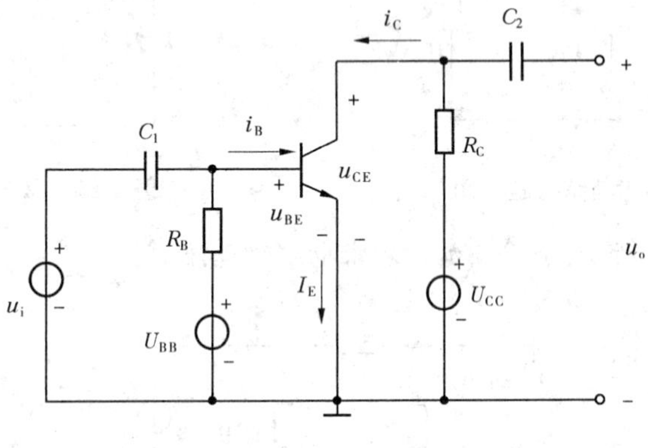

图3-19　三极管电路中输入交流信号

当输入小信号正弦交流信号 u_i 时，三极管电路中交流电压、电流也均为正弦信号，可以认为电路工作在线性状态。三极管各极电压、电流均由直流和交流两部分构成，比如发射极电压为

$$u_{BE} = U_{BEQ} + u_{be} \tag{3-9}$$

式(3-9)中直流部分 U_{BEQ} 可由直流电源 U_{BB}、U_{CC} 作用时(此时，电容相当于开路)求得，交流部分 u_{be} 可由交流电源 u_i 单独作用(直流电源 U_{BB}、U_{CC} 用短路线代替)时得出，运用叠加定理就可得到三极管基极、发射极间电压 u_{BE} 的值。

与晶体三极管一样，场效应管也是非线性器件，工作在交流小信号放大状态时也可以把它等效为一个线性电路，运用叠加定理对电路进行分析。

思考与练习题

1. 当图3-20所示电路中两个电源的值同时增大 n 倍时，R_1 支路中的电流变为原来的多少？

2. 如图3-21所示电路，试用叠加定理求 I。

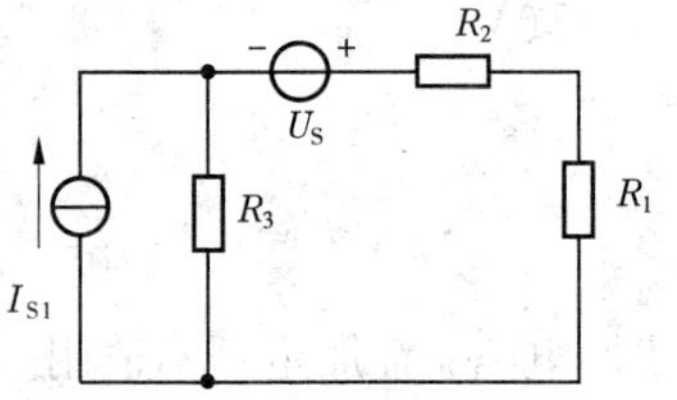

图 3-20　思考与练习题 1 图

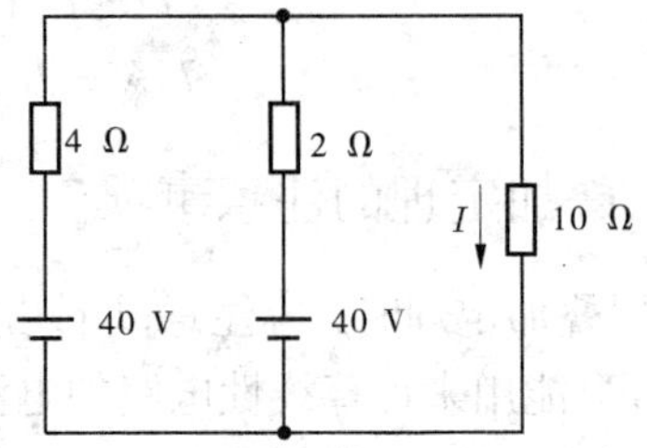

图 3-21　思考与练习题 2 图

3. 试用叠加定理求图 3-22 所示电路中 2 Ω 电阻支路的电流，并求 2 Ω 电阻两端电压及其功率。

4. 电路如图 3-23 所示，试用叠加定理求电路中电流 I_2。

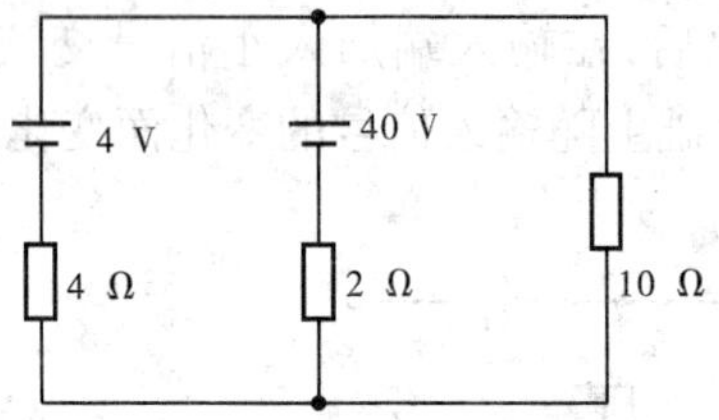

图 3-22　思考与练习题 3 图

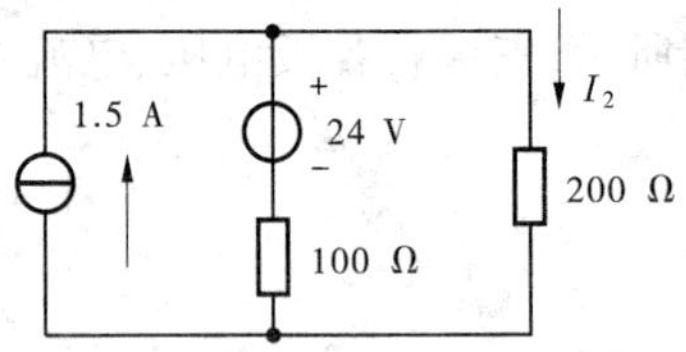

图 3-23　思考与练习题 4 图

5. 电路如图 3-24 所示，试用叠加定理求电路中电流 I。

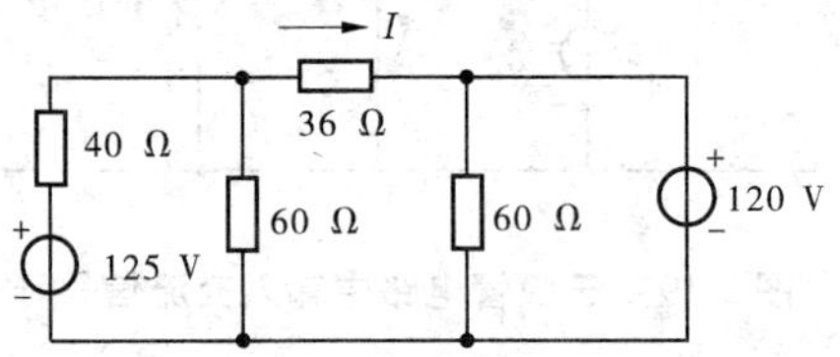

图 3-24　思考与练习题 5 图

第四节　替代定理

替代定理（Substitution Theorem）具有广泛的应用，不仅适用于线性电路，也适用于非线性电路。

一、引例

在图 3-25 中，已知 $R_1=6\ \Omega$，$R_2=8\ \Omega$，$R_3=4\ \Omega$，$U_{S1}=20\ V$，$U_{S3}=4\ V$，下面对此电路进行分析。

应用前面所讲的支路电流法、节点电压法、网孔电流法等任何一种方法，都可以求出图 3-25 所示电路中各支路电流和电压 U_2 的值，结果如下：

$$I_1=2\ A\qquad I_2=1\ A\qquad I_3=1\ A\qquad U_2=8\ V$$

（1）如果将 R_2 所在支路用电压等于该支路电压（此处为 8 V）的电压源替代，如图 3-26（a）所示，则由 KVL、KCL 很容易求得各支路电流。结果如下：

$$I_1 = 2\ \text{A} \qquad I_2 = 1\ \text{A} \qquad I_3 = 1\ \text{A}$$

（2）如果将 R_2 所在支路用电流等于该支路电流（此处为 1 A）的电流源替代，如图 3-26（b）所示，则由节点电压法可求出 U_2 及各支路电流值。结果如下：

$$I_1 = 2\ \text{A} \qquad I_3 = 1\ \text{A} \qquad U_2 = 8\ \text{V}$$

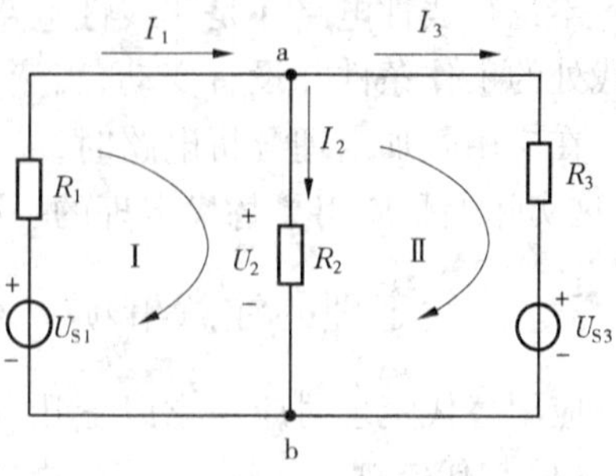

图 3-25　引例图

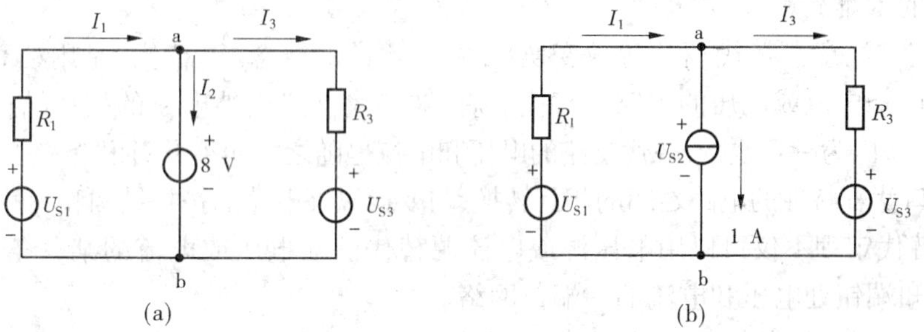

图 3-26　替代定理

由此可见，将 R_2 电阻（两端电压 $U_2 = 8$ V）用电压源替代，或将 R_2 电阻（电流 $I_2 = 1$ A）用电流源替代后，原电路中各支路电流、电压并未发生改变。

二、替代定理的内容

替代定理的内容如下：对于任一集中参数电路中的第 k 条支路，设该支路电压为 U、电流为 I，则这条支路可以用一个电压等于 U 的独立电压源来替代，或用一个电流等于 I 的独立电流源来替代。替代后电路中全部电压和电流均保持原值不变。

替代定理可以用图 3-27 直观地表示。图 3-27（a）所示电路中支路 k 仅通过其电流 I，两端电压 U 与电路其他部分 N 相联系，整个电路具有唯一解。先将支路 k 用电压为 U 的电压源替代，如图 3-27（b）所示；或用电流为 I 的电流源替代，如图 3-27（c）所示。若替代后电路仍具有唯一解，则图 3-27（b）、（c）中各支路电流、电压的值均保持与图 3-27（a）中相应支路电流、电压的值相同。

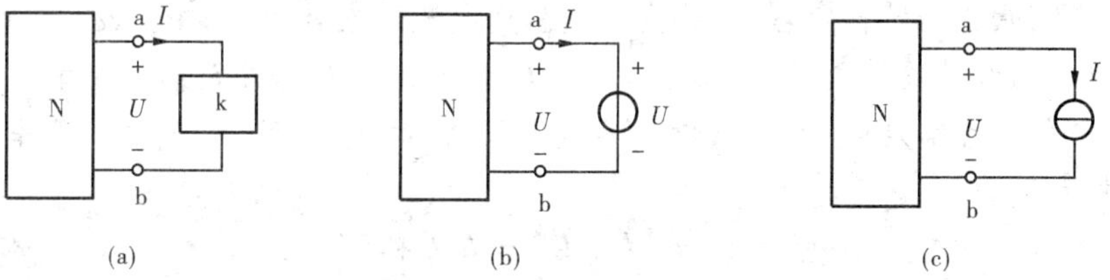

图 3-27　替代定理图示

不论是线性电路还是非线性电路,替代定理都成立,这是因为在作这种替代的前后,被替代处的工作条件并没有变动,当然不会影响电路中其他部分的工作。

在应用叠加定理分析电路时,电流源置零相当于开路处理,而电压源置零相当于短路处理,这实际上是应用了替代定理的一种特殊情况。

三、替代定理的注意事项

应用替代定理时应注意以下几点:

(1)替代定理对线性、非线性电路,时变、时不变电路均适用。

(2)当电路中含有受控源、耦合电感之类的耦合元件时,耦合元件所在支路与其控制量所在的支路,一般不能应用替代定理。因为在替代后该支路的控制量可能不复存在,将造成电路分析的困难。

(3)应该注意:“替代”和“等效变换”是两个不同的概念。“替代”是用独立电流源或电压源替代已知电流或电压的支路。替代前后,被替代支路之外电路的拓扑结构和元件参数都不能改变,因为一旦改变,替代支路的电压和电流也随之发生变化;而“等效变换”是两个具有相同端口伏安特性的电路之间的相互转换,与变换以外电路的拓扑结构和元件参数无关。

(4)替代定理不仅可以用电压源或电流源替代已知电压或电流的某一条支路,而且可以替代已知端钮处电压和电流的一端口网络。

(5)如果某支路的电压 U 和电流 I(设为关联参考方向)均已知,则该支路也可用电阻值 $R=U/I$ 的电阻替代。

【例 3-7】 电路如图 3-28(a)所示,当改变电阻 R 的值时,电路中各处电压和电流都将随之改变。已知 $I=1$ A 时,$U=20$ V;$I=2$ A 时,$U=30$ V。求当 $I=3$ A 时,$U=$?

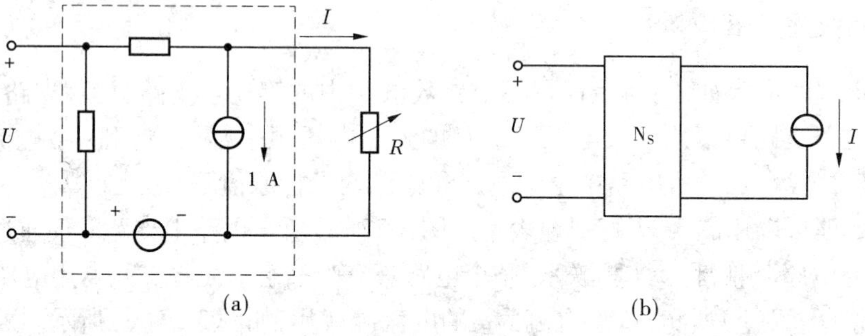

图 3-28 例 3-7 图

解:首先把虚线框内的电路作为含有独立电源的线件电阻电路 N_S,因流经支路电阻 R 中的电流值已知,根据替代定理,可将支路电阻用电流源来替代,如图 3-28(b)所示。

根据电路的线性关系,电流源单独作用时的响应设为 $U'=R_oI$,因为当电流源单独作用时,除电流源外全部都是电阻元件,设其等效电阻为 R_o,电路 N_S 中独立电源作用时的响应设为 U'',于是有

$$U = U' + U'' = R_oI + U''$$

代入已知条件,有

$$20 \text{ V} = R_o \times 1 \text{ A} + U''$$

$$30\ \text{V} = R_o \times 2\ \text{A} + U''$$

解得

$$R_o = 10\ \Omega \qquad U'' = 10\ \text{V}$$

于是有

$$U = 10I + 10$$

所以,当 $I = 3$ A 时,有

$$U = 10 \times 3 + 10 = 40\ (\text{V})$$

思考与练习题

1. 电路如图 3-29 所示,其中 N_S 可能是一个比较复杂的含源电路,试求电压 U。

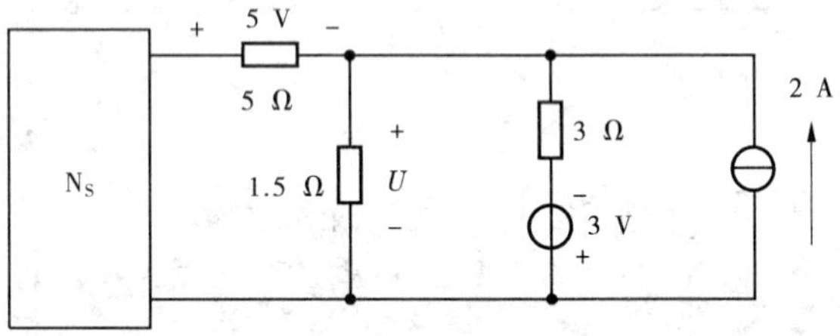

图 3-29　思考与练习题 1 图

2. 电路如图 3-30 所示,试求电流 I。

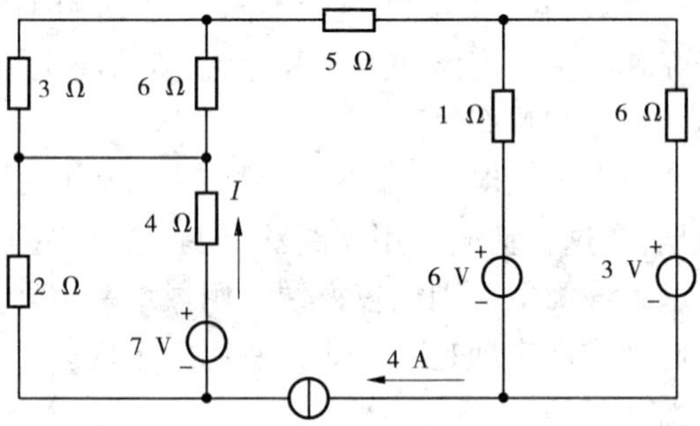

图 3-30　思考与练习题 2 图

第五节　戴维南定理与诺顿定理

在一个电路中,在有些情况下只要求计算某一个支路的电流、电压和功率,这时可以将这个支路画出,而电路的其余部分则成为一个含有电源(不论含有几个电源)的、具有两个输出端的网络,即含源二端网络。于是一个复杂电路就由含源二端网络和待求支路组成,如图 3-31 所示,将 R 支路画出,电路的其余部分(虚线框内的部分)就是一个含源二端网络。

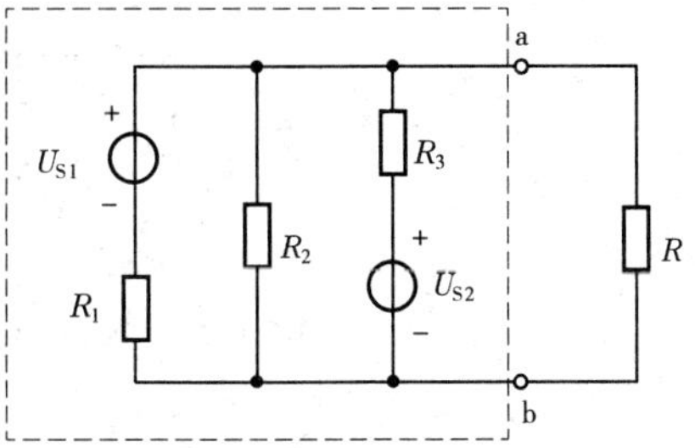

图 3-31　复杂电路

二端网络对外电路的作用可用一个简单的等效

电路来代替。在第二章第二节中讨论过串、并联电阻电路可以用一个等效电阻来代替,电源支路的串、并联,它们也可以用一个等效电源来代替。若含源二端网络能够等效变换为一个电压源,即为一个理想电压源和一个内电阻相串联,或者一个电流源,即为一个理想电流源和一个内电阻相并联的组合,则复杂电路就变换成一个简单电路,即电压源和待求支路相串联的组合,如图 3-32(a)所示,或者电流源和待求支路相并联的组合, 如图 3-32(b)所示。

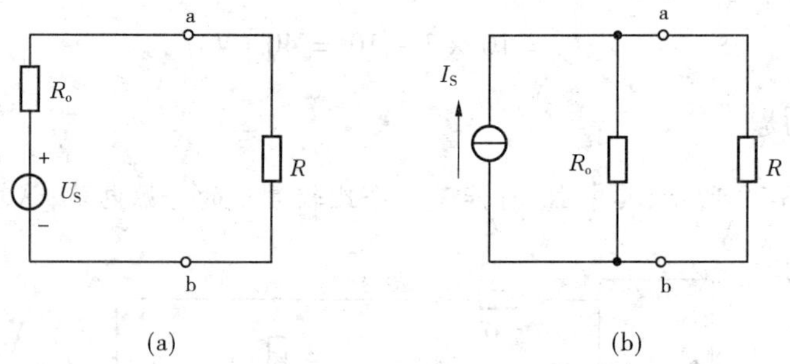

图 3-32　含源二端网络的等效

一、戴维南定理

如果一个网络有两个引出端与外电路连接(不管其内部结构多复杂),则这个网络称为二端网络。二端网络按其内部含源与否,分为有源和无源网络两种。一个由若干个电阻组成的无源二端网络,总可以等效为一个电阻,这个电阻称为二端网络的入端电阻。任何一个线性含源网络,如果仅研究其中一条支路的电压和电流,则可将电路的其余部分看做是一个有源二端网络(或称为含源一端口网络)。

在实际应用中,对于任一个复杂电路,并不需要把各支路电流都求解出来,往往只需求出某一支路电流、支路电压,在这种情况下用支路法、网孔法或节点法等来计算复杂电路很不方便,若用戴维南定理求解该类电路则比较方便。用戴维南定理对电路进行等效变换后,能使原电路大大简化,因此戴维南定理是一个非常有用的定理。

(一)戴维南定理的概念

戴维南定理指出:任何一个线性含源二端网络,即含独立电源、线性电阻和受控源的二端网络,对外电路来说,可以用一个理想电压源和电阻的串联组合等效替代,此理想电压源的电压等于该二端网络的开路电压 U_{oc},电阻等于该二端网络的全部独立源置零(令恒压源短路,恒流源开路)后的无源网络的等效电阻 R_o,如图 3-33 所示。

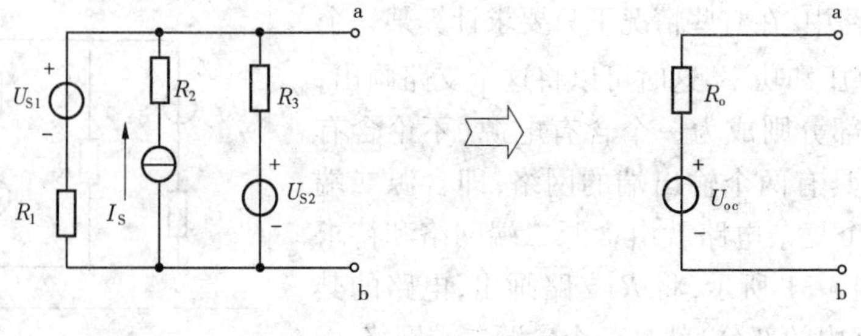

图 3-33　戴维南定理的等效

其中,开路电压 U_{oc} 是将含源二端网络的外电路断开时端口处的电压,如图 3-34 所示。

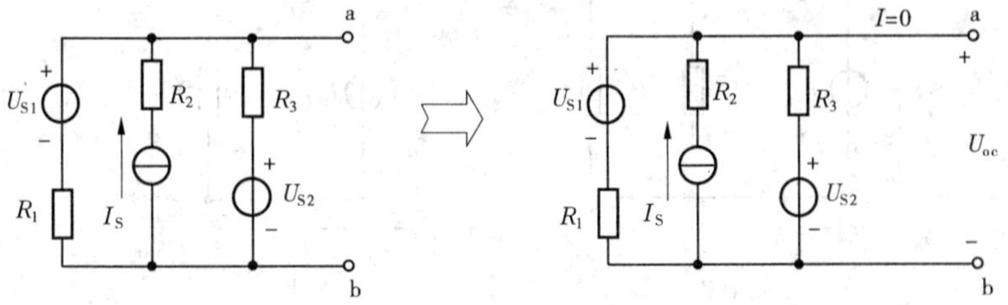

图 3-34　开路电压的等效求解

等效电阻 R_o 是将含源二端网络中的全部独立源置零,即将独立电压源短路,独立电流源开路后得到的二端网络的等效电阻,有时又称为戴维南等效电阻,如图 3-35 所示。

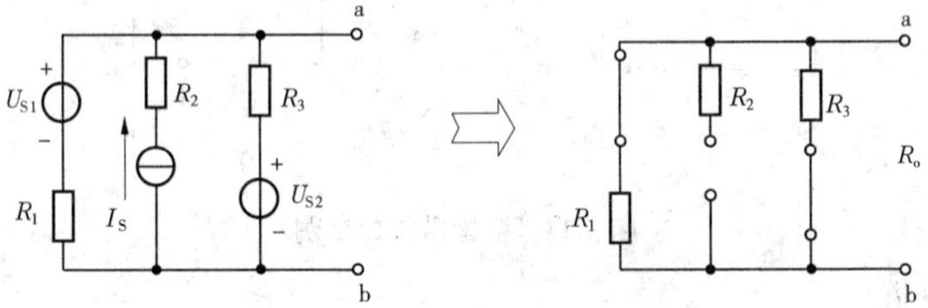

图 3-35　等效电阻的等效求解

(二)戴维南定理的解题步骤

戴维南定理的解题步骤如下:

(1)把复杂电路分成有源二端网络和待求支路两部分,如图 3-36(a)所示,并把待求支路断开,求出有源二端网络(用 N 表示)的开路电压 U_{oc}(U_{oc} 的方向与有源二端网络开路时的端电压极性一致),如图 3-36(b)所示。

(2)将有源二端网络中的所有电源置零(电压源用短路线代替,电流源开路),得到无源二端网络(用 N_o 表示),如图 3-36(c)所示,然后求出二端网络的等效电阻 R_o。

(3)作出由 U_{oc} 与电阻 R_o 相串联支路的等效电路,并在等效电路两端接入待求支路(U_{oc} 的方向与有源二端网络开路时的端电压极性一致),如图 3-36(d)所示,求出待求量。

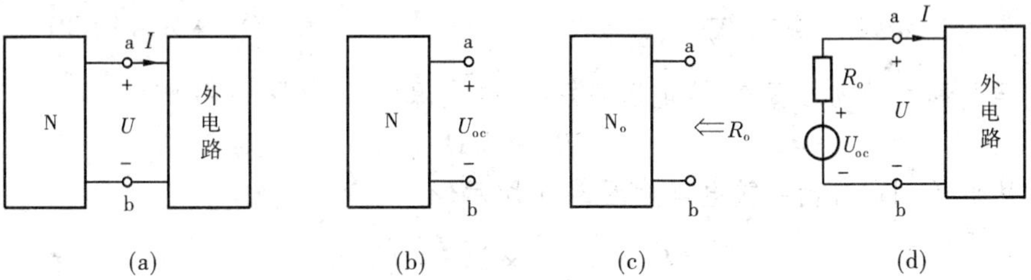

图 3-36　戴维南定理图示

应用戴维南定理的关键是求出开路电压和等效电阻。求开路电压可用前面介绍的线性电路的各种分析方法和定理等进行。下面用一个具体的电路图为例,说明戴维南定理的解题步骤,如图 3-37 所示。

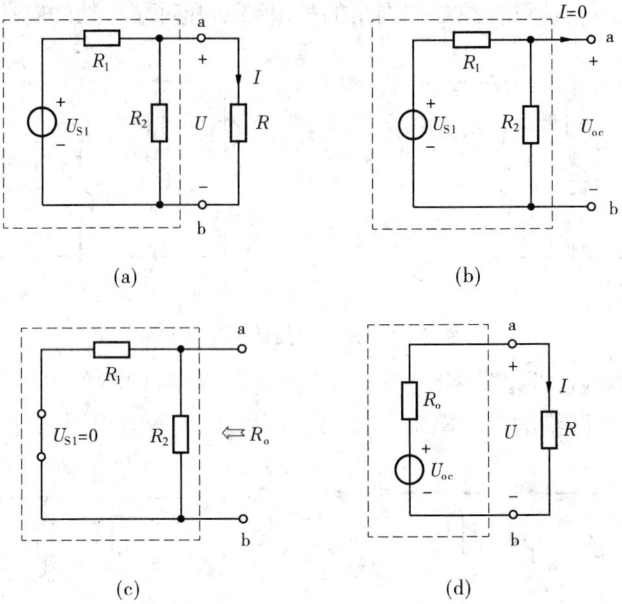

图 3-37　戴维南定理举例

(三)例题分析

【例 3-8】　电路如图 3-38 所示,用戴维南定理求电压 U。

解:(1)先将 ab 端开路,如图 3-39 所示,有

$$U_{oc} = 4 - 2 \times 1 = 2\ (\mathrm{V})$$

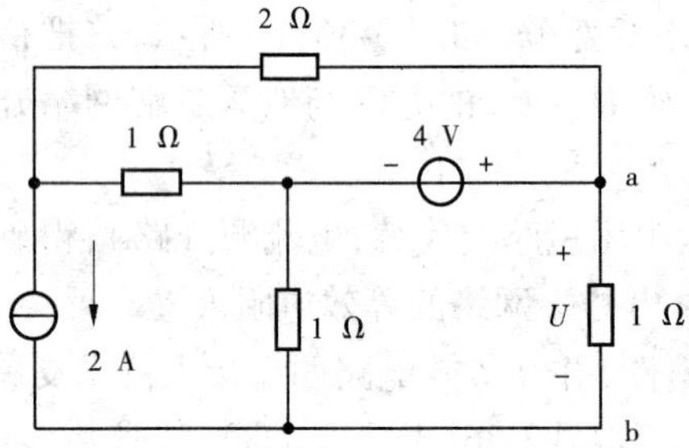

图 3-38　例 3-8 图

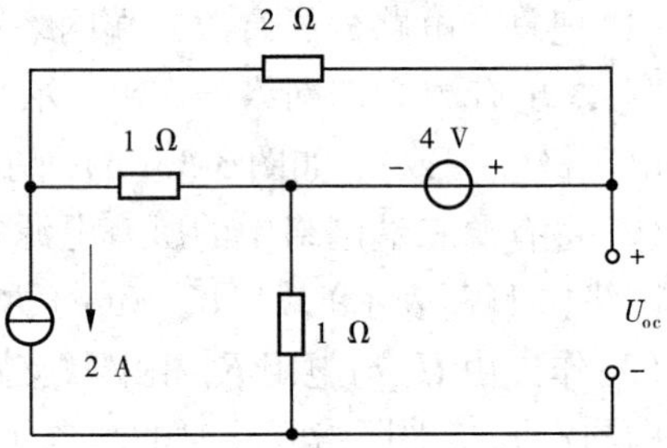

图 3-39　求开路电压图

(2)再将所有独立源置零,即电压源短路,电流源开路,如图 3-40 所示,有

$$R_o = 1\ \Omega$$

(3)由此得到戴维南等效电路如图 3-41 所示,有

$$U = \frac{1}{1+1} \times 2 = 1\ (\mathrm{V})$$

(四)戴维南等效电阻的测量方法

计算含源二端网络戴维南等效电阻时,可以根据实际情况,选用以下两种方法之一:

(1)先把二端网络内的所有独立源置零,在端口 a、b 处施加一电压 U,计算或测量输入端口的电流 I,如图 3-42(a)所示,则等效电阻 $R_o = \frac{U}{I}$。若该端口内含受控源,则必须用外

加电源的方法(外加电压法)来求。

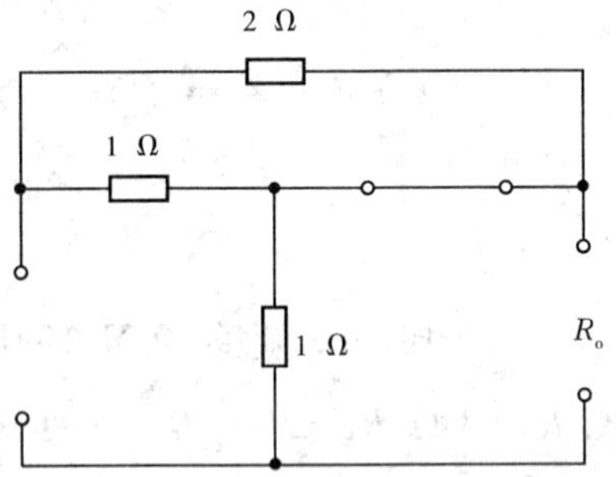

图 3-40　求等效电阻图

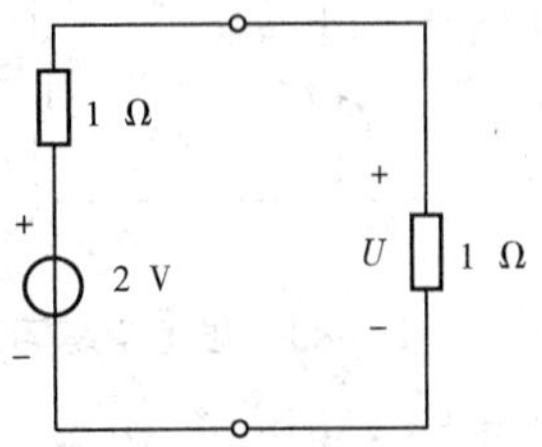

图 3-41　戴维南等效图

(2)保留二端网络内的所有独立源,用实验方法测量,或用计算方法求出该有源二端网络开路电压 U_{oc} 及短路电流 I_{sc}(I_{sc} 为二端网络输出端短路时的输出电流),如图 3-42(b)和图 3-42(c)所示,则等效电阻 $R_o=\frac{u_{oc}}{i_{sc}}$。

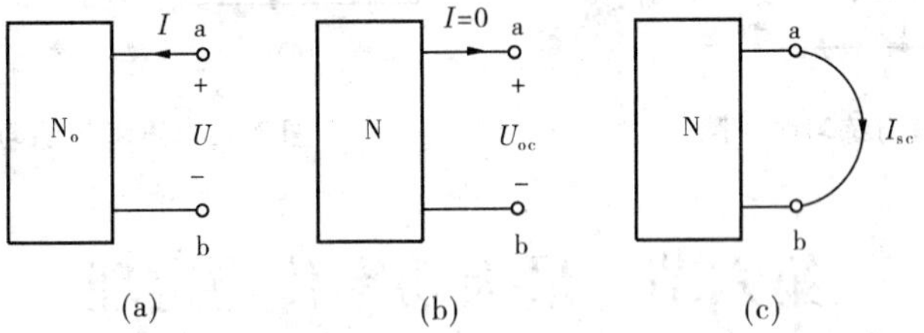

图 3-42　有源二端网络输入电阻的两种测量方法

二、诺顿定理

线性有源二端网络的等效电路是一个等效电源支路,它可以用电压源串联电阻支路来表示,也可以用电流源并联电阻支路来表示。这便是戴维南定理和诺顿定理,统称为等效电源定理,也称等效发电机定理。

诺顿定理指出:一个含独立电源、线性电阻和受控源的二端网络,对外电路来说,可以用一个电流源和电阻的并联组合等效替代,此电流源的电流等于该二端网络的短路电流 I_{sc},电阻等于该二端网络的全部独立源置零后的无源网络的等效电阻 R_o。

该电流源和电阻的并联组合称为诺顿等效电路。戴维南等效电路和诺顿等效电路可以互换,当二端网络用戴维南等效电路或者诺顿等效电路替代后,端口以外的电路(称为外电路)中的电压、电流均保持不变,即对外等效。

思考与练习题

1. 一个无源二端网络的戴维南等效电路是什么? 如何求有源二端网络的戴维南等效电路?

2. 电路如图 3-43 所示,试用戴维南定理求电路中的电流 I。

3. 电路如图 3-44 所示,试用戴维南定理求电路中的电流 I。

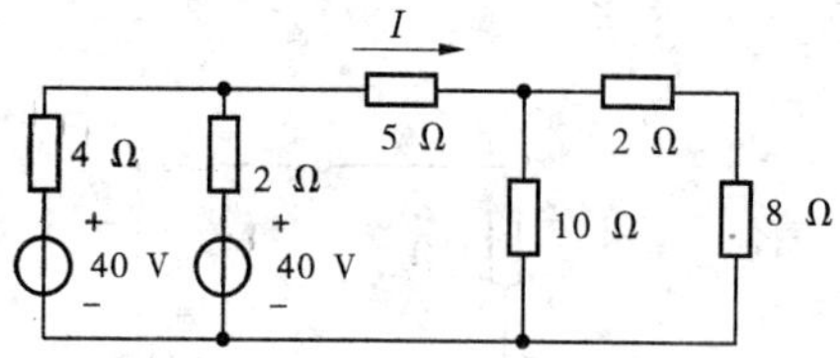

图 3-43　思考与练习题 2 图

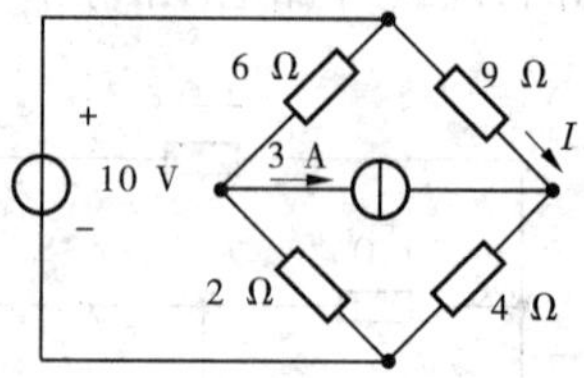

图 3-44　思考与练习题 3 图

4. 如图 3-45 电路中，已知 $U_{S1}=6$ V，$U_{S2}=8$ V，$R_1=3\ \Omega$，$R_2=2\ \Omega$，$R_3=3\ \Omega$，求电路中 R_3 支路的电流。

5. 求图 3-46 电路中两个电路的戴维南等效电路。

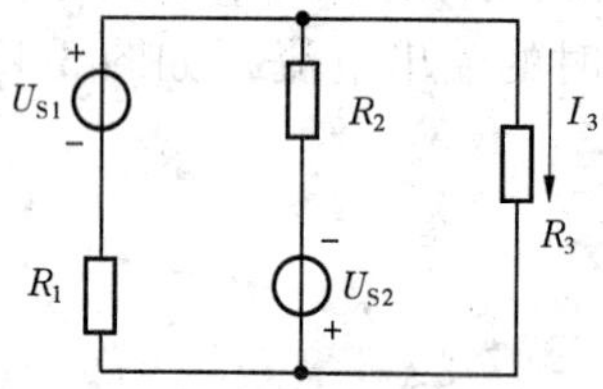

图 3-45　思考与练习题 4 图

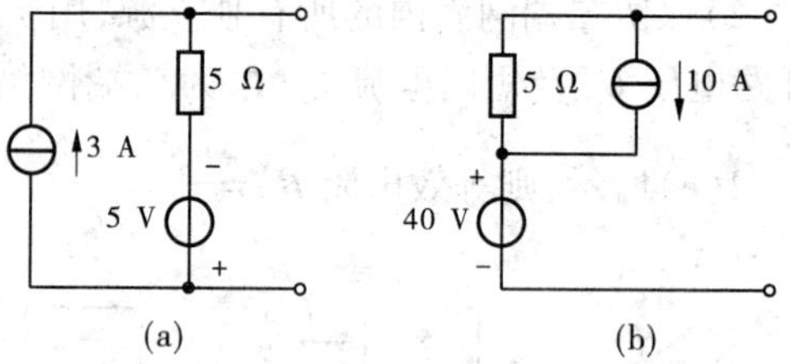

图 3-46　思考与练习题 5 图

第六节　最大功率传输定理

最大功率传输问题是戴维南定理的一个重要应用。在电子设计工作中，常常遇到如何使电阻负载从电路获得最大功率的问题，即若提供功率和能量的有源单口网络一定，而负载电阻 R_L 可变，当 R_L 为何值时，网络传输给负载 R_L 的功率最大？最大功率 P_{max} 应如何计算？

当电源与负载构成一个通路时，如图 3-47 所示。

电源端电压为：

$$U = E - IR_0 = IR_L$$

可得

$$UI = EI - I^2R_0 = I^2R_L$$

其中 EI 为电源输出功率，I^2R_0 为内阻消耗功率，UI 为负载消耗功率。

图 3-47　负载获得最大功率的条件

则负载所获得功率 P 为

$$P = I^2R_L = R_L\left(\frac{E}{R_L+R_0}\right)^2 = \frac{R_LE^2}{(R_L+R_0)^2}$$

$$= \frac{E^2R_L}{(R_L-R_0)^2+4R_LR_0}$$

$$= \frac{E^2}{\dfrac{(R_L-R_0)^2}{R_L}+4R_0} \tag{3-10}$$

式(3-10)中 E、R_0 是常量,与外电路无关。当外电路发生变化时,负载所获得功率也将发生变化。当 $R_L=R_0$ 时分母最小,比值最大,即输出功率最大。所以

$$P_{max}=\frac{E^2}{4R_0}=\frac{E^2}{4R_L} \tag{3-11}$$

即外电路电阻(除电源内阻以外的所有电阻的等效值)等于电源内阻时,电源输出功率最大。电路的这种状态称为负载与电源匹配,或称阻抗匹配。此时内阻上消耗的功率也和负载得到的功率一样大,所以电路传输的效率仅50%。

无线电技术和通信系统中,因为传输的信号功率比较小,电路传输效率属于次要问题,常要求在匹配条件下,后级电路获得最大功率。而在电力系统中,要求传输较高的电功率,应使 $R_L \geqslant R_0$。

【例3-9】 某一电源的电动势 $E=8$ V,内阻 $R_0=0.5\ \Omega$,问:负载电阻 R_L 为多大时,可获得最大功率,并求其功率大小。

解:由最大功率条件可知:

$$R_L=R_0=0.5\ \Omega$$

此时负载获得功率最大,其值为:

$$P_{max}=\frac{E^2}{4R_0}=\frac{E^2}{4R_L}=\frac{8^2}{4\times 0.5}=32\ (\text{W})$$

【例3-10】 如图3-48所示电路,直流电源的电动势 $E=10$ V,内阻 $R_0=0.5\ \Omega$,电阻 $R_1=2\ \Omega$,问:可变电阻 R_P 调至多大时可获得最大功率 P_{max}?

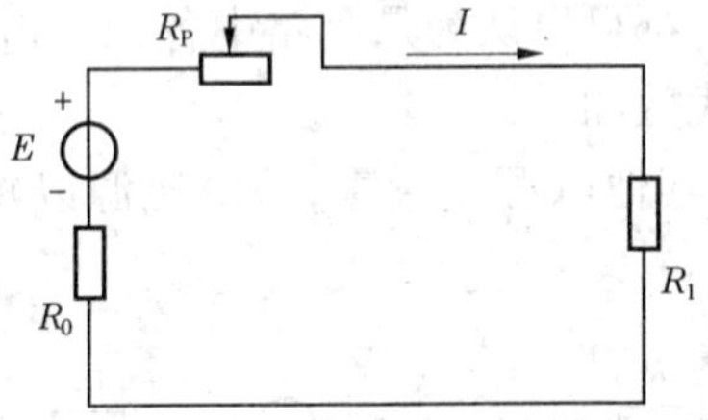

图3-48 例3-10图

解:此题问 R_P 何值时功率最大,所以把 R_P 视作唯一负载,(R_1+R_0) 视为电源的内阻,进行求解。

根据最大功率条件,则

$$R_P=R_1+R_0=2.5\ \Omega$$

此时 R_P 获得最大功率为

$$P_{max}=\frac{E^2}{4R_P}=10\ \text{W}$$

思考与练习题

1. 调查实际电子电路中的匹配问题,并了解负载匹配的作用。

2. 有一电源电动势 $E=12$ V,内阻为2 Ω,外接0~10 Ω电位器,问何时电路中电流最大,何时端电压最大,何时功率最大?分别都是多大?

3. 是否所有的电路都要求负载获得最大功率?为什么?

实训五　叠加定理的验证

一、实验目的

(1)加深对叠加定理的理解,并通过实验进行验证。

(2)进一步熟悉电压、电流的正确测量方法。

(3)理解参考方向与实际方向的关系。

二、实验器材

(1)100 Ω 的电阻两个,150 Ω 的电阻一个。

(2)万用表(不限型号)一块,直流电流表三块。

(3)单刀单掷开关(不限型号)两个。

(4)实验台或接线板一块。

(5)直流电源 10 V 两个,或可调电源。

(6)连接导线若干。

三、实验原理

叠加定理指出:在线性电路中,当有两个或两个以上的独立电源(电压源或电流源)作用时,任意支路的电流或电压,都可以认为是电路中各独立电源单独作用时,在该支路中产生的电流分量或电压分量的代数和。

当某一电源单独作用时,其他电源应置零,即电压源以短路代替,电流源以开路代替。图 3-49 就是叠加定理验证图。

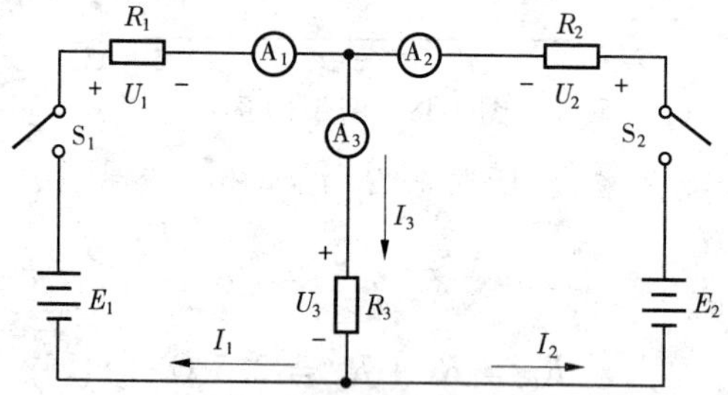

图 3-49　叠加定理验证图

四、实验步骤

(1)按图 3-49 接线($R_1 = R_2 = 100\ \Omega, R_3 = 150\ \Omega$),确定电路无误后接通电源。

(2)测量各独立电源单独作用和共同作用时各支路电流,各电阻上的电压(取与电流相同的参考方向),应注意根据图中参考方向和仪表极性决定各电流和电压的正、负,将结果填入表 3-1 中。

(3)根据实验数据证明叠加定理。

表 3-1　验证叠加定理数据记录

电源	电流(mA)			电压(V)		
E_1、E_2共同作用	I_1	I_2	I_3	U_1	U_2	U_3
E_1单独作用	I_1'	I_2'	I_3'	U_1'	U_2'	U_3'
E_2单独作用	I_1''	I_2''	I_3''	U_1''	U_2''	U_3''

五、思考题

(1)叠加定理不适用于功率计算,实验中如何证明?

(2)从实验数据中,总结参考方向与实际方向的关系。

(3)说明实验过程中的故障现象及排除方法。

(4)试设计一个实验报告。

实训六　戴维南定理和诺顿定理的验证

一、实验目的

(1)验证戴维南定理和诺顿定理的正确性,加深对该定理的理解。

(2)U_{oc}、R_0、I_{sc}称为有源二端网络的等效参数,学会并掌握测量有源二端网络等效参数的一般方法。

二、实验仪器和设备

(1)电工综合实验台(或分立元件若干)1 套。

(2)直流稳压电源(0 ~30 V 可调)2 台。

(3)直流电压表(或万用表)1 个。

(4)直流电流表(0 ~200 mA,0 ~2 A)1 个。

(5)电阻箱或可调电阻器(0 ~99 999.9 Ω)3 ~5 个。

三、实验内容及步骤

(一)开路电压 U_{oc}及等效电阻 R_o 的测量方法

(1)按图 3-50 接线,取 $U_{S1}=15$ V,$U_{S2}=5$ V,$R_1=16\ \Omega$,$R_2=4\ \Omega$,$R_L=4\ \Omega$,用直接测量法测量 U_{oc}。

直接测量法的含义:二端网络端口开路,用电压表测量二端网络端口开路电压,此电压即为 U_{oc}。直接测量法适用于含源二端网络的入端等效电阻值 R_o 较小,且与电压表内阻相

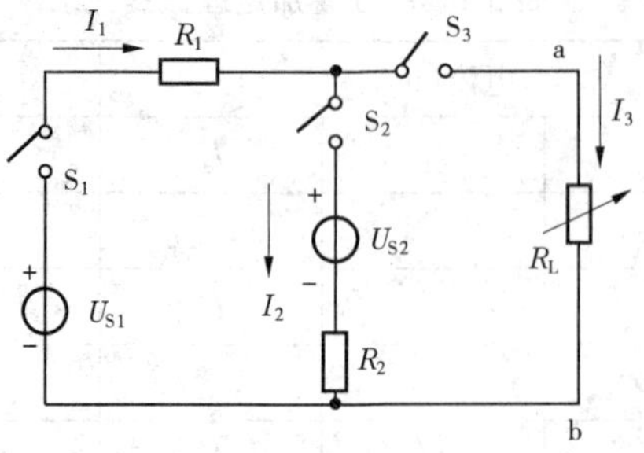

图 3-50　戴维南定理和诺顿定理验证电路

比较可以忽略不计时的情况。

(2)入端等效电阻 R_o 的测量方法。

①外加电源法。

将有源二端网络内部电源除去,再在无源二端网络端口外加一直流电压源,测出端口相应的电压和电流,如图 3-51(a)所示,则

$$R_o = \frac{U_{AB}}{I} \tag{3-12}$$

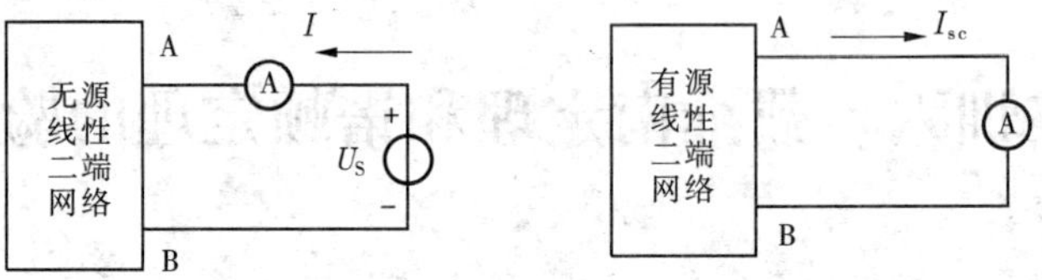

(a)外施电源法测R_o电路　　(b)短路电源法测R_o电路

图 3-51　入端等效电阻 R_o 的测量方法

②开路短路法。

如图 3-51(b)所示,用电流表测量网络的短路电流 I_{sc},再测量有源二端网络的开路电压 U_{oc},则

$$R_o = \frac{U_{oc}}{I_{sc}} \tag{3-13}$$

③直接测量法。

将有源二端网络内部电源除去,电压源用短路线代替,电流源开路,用欧姆表(或直流电桥)测量二端网络端口电阻值,即为 R_o。

(二)负载实验——测量戴维南和诺顿等效电源的外特性

(1)按图 3-52(a)所示电路接线,图中 U_{oc} 和 R_o 值为图 3-50 中有源二端网络的开路电压和等效电阻(等效电压源和电阻分别使用直流稳压电源和电阻箱),在 a、b 端接上可变电阻 R_L 作为负载电阻,分别取表 3-2 所列各 R_L 值,测量对应的端电压 U 和电流 I,将数据记入表 3-2 中。

(2)按图 3-52(b)所示电路接线,图中 I_{sc} 及 R_o 值为图 3-50 中有源二端网络的短路电流和等效电阻(等效电流源和电阻分别使用直流稳压电源和电阻箱), 在 a、b 端接上可变电阻

R_L 作为负载电阻,分别取表 3-2 所列各 R_L 值,测量相应的端电压 U 和电流 I,将数据记入表 3-2 中。

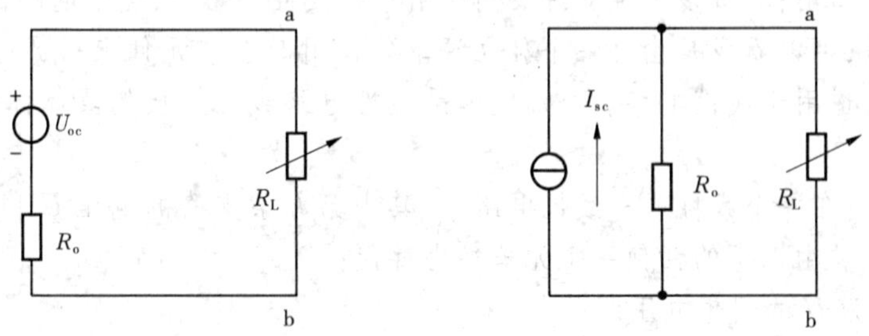

(a)戴维南等效电路 (b)诺顿等效电路

图 3-52 戴维南和诺顿等效电路

表 3-2 验证戴维南定理和诺顿定理数据记录

负载电阻 R_L(Ω)		0	50	100	150	200	250	300	开路	R_0
有源二端网络	U(V)									
	I(mA)									
戴维南等效电源	U(V)									
	I(mA)									
诺顿等效电源	U(V)									
	I(mA)									

四、实验注意事项

(1)测量时应注意电流表量程的更换。

(2)测量 R_o 值时,电压源置零时不可将稳压源短路或短接,而应将稳压源退出,用导线将电路短接。

(3)用万用表直接测 R_o 时,网络内的独立源必须先置零,以防损坏万用表。另外,欧姆挡必须经调零后再进行测量。

(4)改接线路时,一定要关掉电源后方可进行。

本章小结

1. 节点分析法是以节点电压(或电位)为求解对象列出节点电压方程后求解电路的方法。使用节点法,首先要选定参考节点,求出自电导和互电导及流入、流出节点的电流代数和,列节点电压方程解出节点电位后,再由节点电压(电位)求出各支路电流。

2. 网孔电流法是以网孔电流为未知量列 KVL 方程,联立解出网孔(独立回路)电流,再进一步求出各支路电流及其他变量的方法。应用网孔电流法首先要选定网孔电流的参考方向,求出自电阻和互电阻,对每个网孔列出网孔方程。

3. 叠加定理指出:在有多个独立源共同作用下的线性电路中,通过电路任一元件的电流或其两端的电压,可以看成是由每一个独立源单独作用时在该元件上所产生的电流或电压的代数和。它仅适用于线性电路。叠加定理是线性电路线性性质的具体体现,是非常重要的定理。

4. 替代定理:在一个线性或非线性电路中,其中第 k 条支路的电压 U 和电流 I 为已知,则这条支路总能够由以下的任何一个元器件去替代:

(1)电压值为 U 的理想电压源;

(2)电流值为 I 的理想电流源;

(3)电阻值为 U/I 的线性电阻元件 R。

替代后电路中全部的电压和电流均将保持不变。替代定理适用于线性和非线性电路,条件是替代前后电路都有唯一解。

5. 戴维南定理和诺顿定理表明,对于有源电阻网络,总可以用一个电压源和电阻相串联的组合或一个电流源和电阻相并联的组合来替换。任一线性含独立电源的单口网络,就端口特性而言,可简化为一个实际电源。它适用于复杂电路中只计算某一支路的电压和电流及分析电路中某一参数变动的情况。戴维南等效电路与诺顿等效电路可以互相转换。

应用戴维南定理求解电路,首先把待求支路断开,求出开口电压 U_{oc} 及等效网络的输入电阻 R_o,然后将等效电源与待求支路连接,形成简化等效电路,求出待求量。

6. 最大功率传输定理:当外电路电阻(除电源内阻外的所有电阻的等效值)等于电源内阻时,电源输出功率最大。电路的这种状态称为负载与电源匹配,或称阻抗匹配。此结论称为最大功率传输定理。

7. 在应用上述各定理求解电路时,含受控源元件可以像独立源一样进行电源的等效变换,但在变换过程中,受控源要像电阻一样看待。

习　题

3-1　用节点电压法求图 3-53 所示电路中的各支路电流。

3-2　用节点电压法求图 3-54 所示电路中的各支路电流。

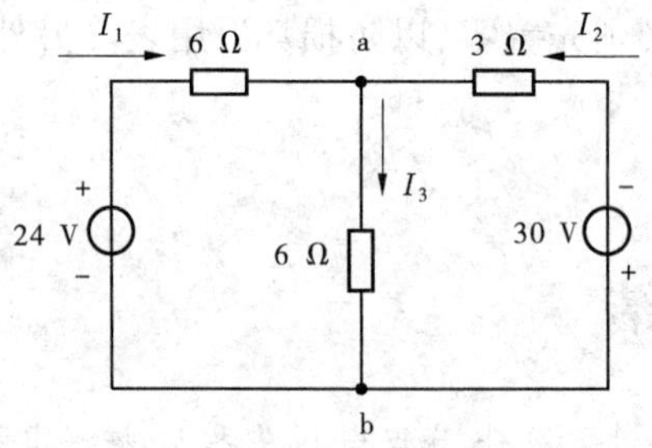

图 3-53　习题 3-1 图

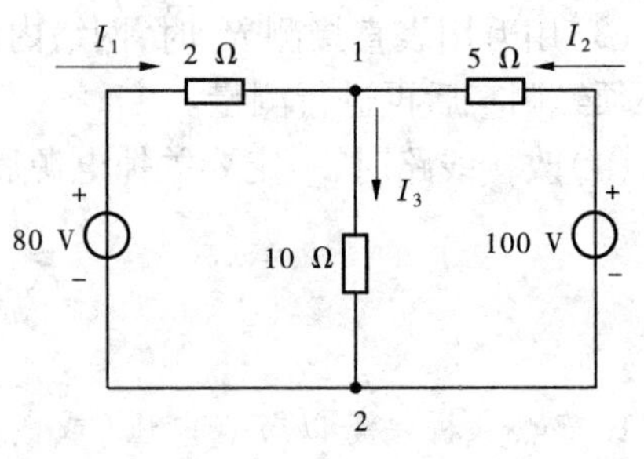

图 3-54　习题 3-2 图

3-3　用弥尔曼定理求电路图 3-55 中的电流 I。

3-4　用网孔电流法求图 3-56 所示电路中 6 Ω 电阻的支路电流。

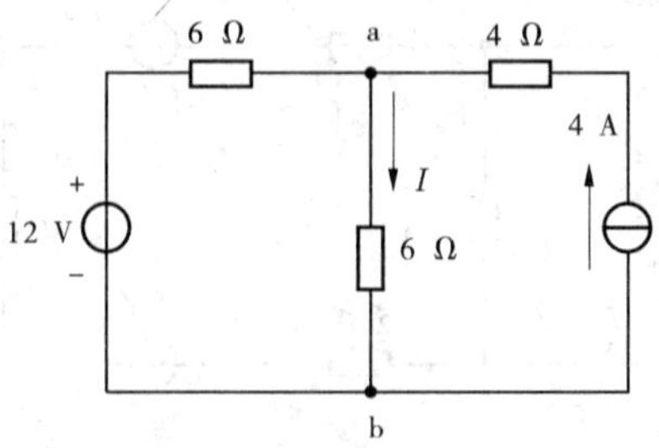

图 3-55　习题 3-3 图

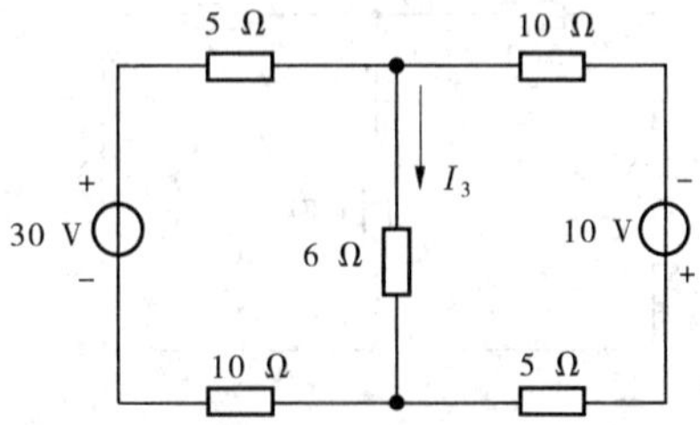

图 3-56　习题 3-4 图

3-5　用网孔电流法求图 3-57 所示电路中流过 8 Ω 电阻的电流 I_0。

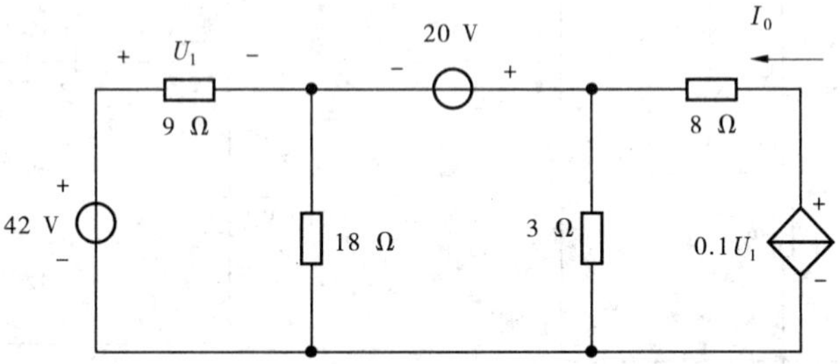

图 3-57　习题 3-5 图

3-6　用网孔电流法求图 3-58 所示电路中各电压源对电路提供的功率。

3-7　用网孔电流法求图 3-59 所示电路中各支路电流。

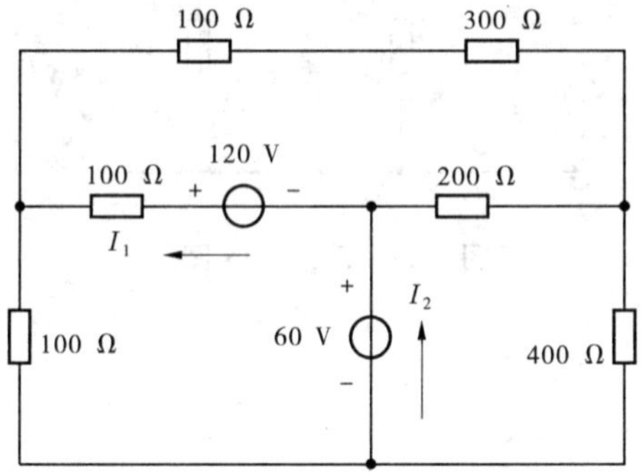

图 3-58　习题 3-6 图

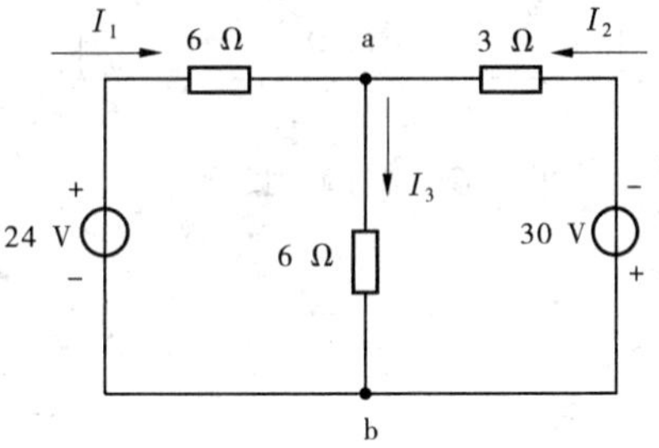

图 3-59　习题 3-7 图

3-8　试用叠加定理计算图 3-60 所示电路中的电流 I_2、I_3 及 U_{S1}。

3-9　试用叠加定理计算图 3-61 所示电路中的电流 I_1、I_3 和 U_1。

3-10　如图 3-62 所示电路，已知 $U_{S1}=12$ V，$U_{S2}=6$ V，$R_1=4$ Ω，$R_2=R_3=2$ Ω，分别用支路电流法、戴维南定理、叠加定理求流过电阻 R_3 的电流 I_3。

3-11　用戴维南定理求图 3-63 所示电路中 20 kΩ 电阻中的电流 I 及 a 点电位。

3-12　用戴维南定理求图 3-64 所示电路中 ab 支路的电流。

3-13　用戴维南定理计算图 3-65 所示电路中的电流 I。

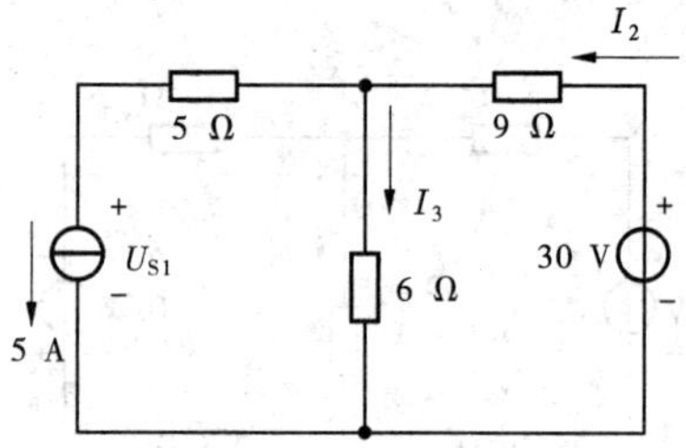

图 3-60　习题 3-8 图

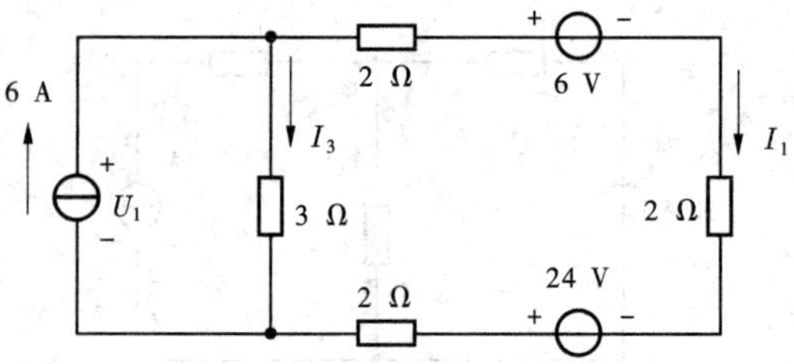

图 3-61　习题 3-9 图

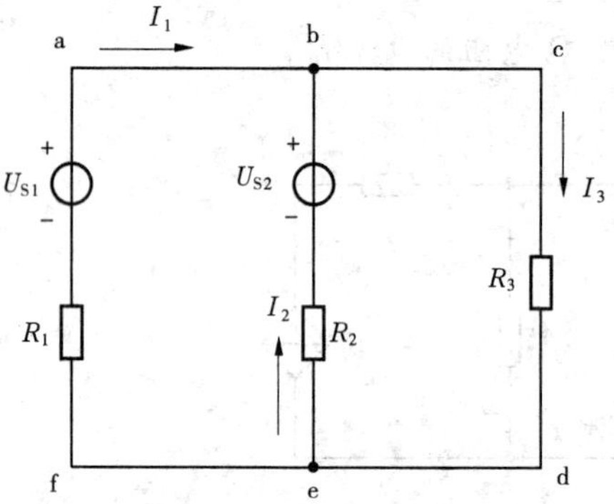

图 3-62　习题 3-10 图

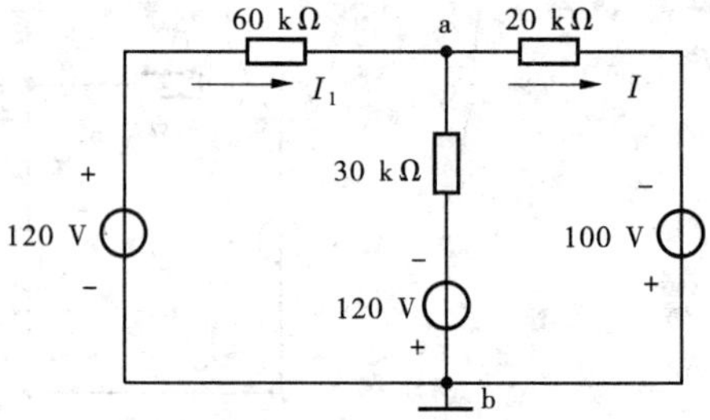

图 3-63　习题 3-11 图

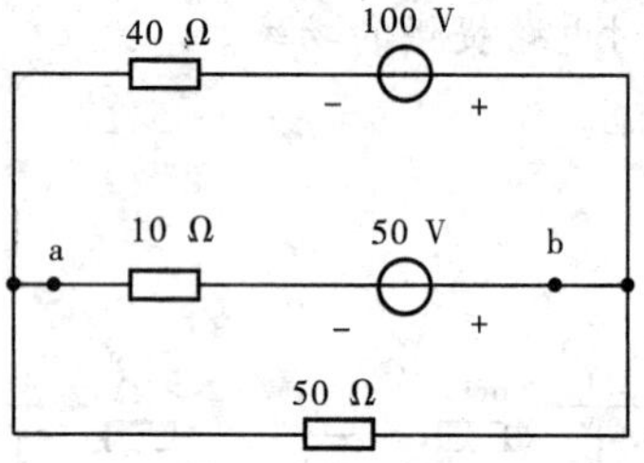

图 3-64　习题 3-12 图

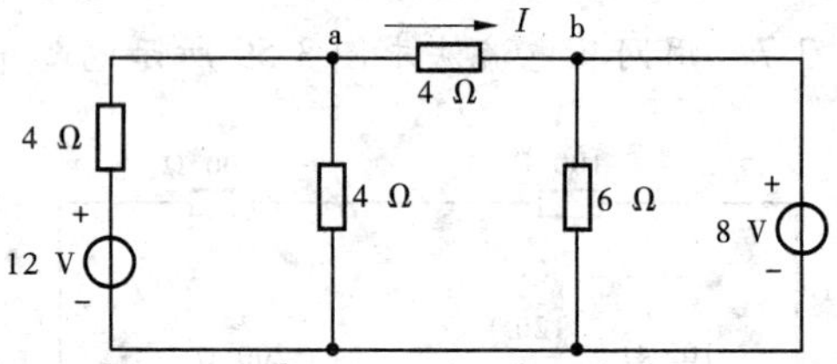

图 3-65　习题 3-13 图

第四章　线性动态电路的分析

第一节　换路定律与初始值

一、过渡过程的概念

前面介绍了电容元件和电感元件，这两种元件的电压和电流的关系是 $i = C\dfrac{du_C}{dt}$ 或者 $u_L = L\dfrac{di}{dt}$，它们的电压电流关系不是线性关系，而是非线性关系。电容和电感并不消耗电能，只是存储电能或者磁能，是储能元件，又称为动态元件。含有动态元件的电路称为动态电路，动态电路的特征是当电路的结构或元件的参数发生变化时，电路的状态可能从一个稳态转变到另一个稳态。例如，电路中电源的断开或接入、元件的引入、信号的突然引入等都可能引起动态电路状态的变化。这种转变往往需要经历一个过程，这个过程就称为过渡过程。电路的过渡过程可能引起电路的过电压、过电流或振荡等现象，但有些电路和设备是基于这种现象而工作的，如 RC 延时电路、RC 吸收电路等。

当电路中只含一个动态元件时，动态元件以外的线性电阻电路可用戴维南定理变换为电压源和电阻的串联，或用诺顿定理变换为电流源和电阻的并联组合，对于这样的电路，所建立的电路方程将是一阶线性常微分方程，相应的电路称为一阶电路。当电路中含有两个动态元件时，建立的方程为二阶微分方程。当电路中含有 n 个动态元件时，电路的方程是 n 阶常系数微分方程，对应的电路为 n 阶电路。

二、换路定律

通常把引起过渡过程（暂态）的电路变化称为换路。引起电路过渡过程的原因是电路状态和结构发生变化而破坏了电路原有的稳定状态。例如，电路的接通和断开，电路参数和电源的变化，电路的改进等，这是引起电路换路的外因；此外，电路中含有电容和电感等储能元件，这是引起电路换路的内因。储能元件电容储存的电场能或电感储存的磁能不能发生突变，需要经过一段时间才能使电路达到新的稳态。原因是含有储能元件的电路，储能如果在某一瞬间发生变化（即 $dt = 0$ 时 $dW \neq 0$），则电路的功率 $P = \dfrac{dW}{dt}$ 将趋于无穷大，这在实际电路中是不可能的。对于纯电阻电路，因为电阻不是储能元件，当电路发生状态和结构变化时，电路可以在瞬间完成变化，就没有过渡过程。

通常认为换路是在瞬间完成的。分析电路的换路时，一般取换路瞬间作为计时起点，用 $t = 0$ 表示换路时刻，用 $t = 0_-$ 表示换路前的终了时刻，用 $t = 0_+$ 表示换路后的初始时刻，并且 0_- 和 0_+ 都趋于 0。

换路时刻,由于电路中的储能元件电容的电场能量 $W_C=\frac{1}{2}Cu_C^2$ 和电感的磁场能量 $W_L=\frac{1}{2}Li_L^2$ 不能发生突变,所以电容两端的电压和流过电感的电流不能发生突变,即电容电压和电感电流在换路时刻的初始时刻和换路时刻的终了时刻具有相同的值。因此,换路定律表述为:电容电压 u_C 和电感电流 i_L 在 $t=0$ 处连续,它们不能跃变,即

$$\left.\begin{aligned}u_C(0_+)&=u_C(0_-)\\ i_L(0_+)&=i_L(0_-)\end{aligned}\right\}\tag{4-1}$$

【例 4-1】 电路如图 4-1 所示,当开关闭合时,电路中的三个灯泡亮度将发生怎样的变化?

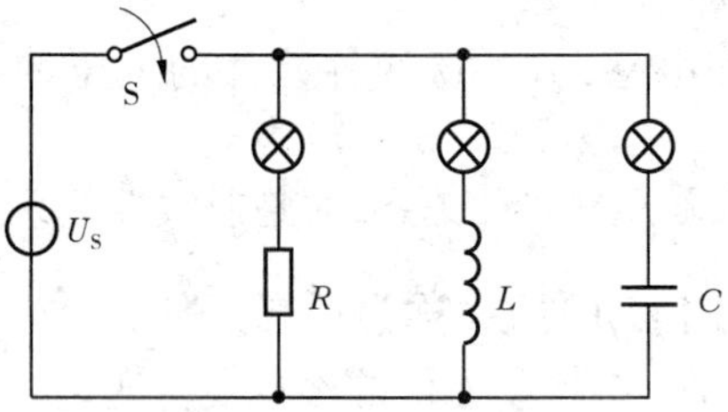

图 4-1 例 4-1 图

解:(1)当开关 S 闭合后,电阻支路中的灯泡会立即发亮,并且亮度不变化。因为电阻不是储能元件,这条支路没有经历过渡过程,立即进入新的稳态。

(2)当开关 S 闭合后,电感支路的灯泡由暗逐渐变亮,亮度逐渐增强,最后不再变化,进入新的稳态。电感电流不能突变,换路后电流逐渐增加,最后达到稳定状态,此支路灯泡经历了从暗逐渐变亮的过程。

(3)当开关 S 闭合后,电容支路的灯泡由亮变为不亮,换路前电容两端电压为零,由换路定律可知,换路后的初始时刻电容电压仍为零,灯泡两端电压为电源电压。电源通过灯泡对电容充电,电容电压开始增加,灯泡开始变暗,当电容电压增加到与电源电压相同时,充电过程结束,灯泡熄灭,并且保持这种状态,即进入了新的稳态。

由此例可以看出,当电路中存在储能元件电感或电容并且电路发生换路时,电路中就会出现过渡过程(暂态)。

三、初始值的确定

换路定律主要用于暂态电路电容电压和电感电流初始值的确定。电路暂态的初始值是指电路在换路后的初始时刻即在 $t=0_+$ 时的电压和电流值。分析电路的暂态过程时,电路的基尔霍夫定律仍可以使用,R、L、C 元件的电压与电流关系采用基本公式,即 $u_R=iR$,$u_L=L\frac{\mathrm{d}i_L}{\mathrm{d}t}$,$i_C=C\frac{\mathrm{d}u_C}{\mathrm{d}t}$ 来计算。根据换路定律可以确定换路后的过渡过程的初始值,其步骤如下:

(1)分析换路前($t=0_-$)电路,求出电容电压 $u_C(0_-)$、电感电流 $i_L(0_-)$。这一步要用 $t=0_-$ 时刻的等效电路进行求解,此时电路尚处于稳态,电容相当于开路,电感相当于短路。

(2)由换路定律确定换路后的电容电压 $u_C(0_+)$、电感电流 $i_L(0_+)$,再把 $u_C(0_+)$ 和

$i_L(0_+)$代入换路后的电路，此时电容等效为电压值为 $u_C(0_+)$ 的电压源，电感等效为电流值为 $i_L(0_+)$ 的电流源。画出 $t=0_+$ 时刻的等效电路。

(3)根据 $t=0_+$ 时刻的等效电路，应用欧姆定律、基尔霍夫定律和直流电路的分析方法计算出换路后($t=0_+$)电路的各个参数，即过渡过程的初始值，包括 $i_C(0_+)$ 和 $u_L(0_+)$ 以及其他各元件的电压值和电流值。

【例 4-2】 电路如图 4-2 所示，$U_S=10$ V，$R_1=8\ \Omega$，$R_2=2\ \Omega$，$R_3=3\ \Omega$。试求开关 S 断开瞬间，电阻 R_1、R_2、R_3 及电容 C 上的电压和电流的初始值。

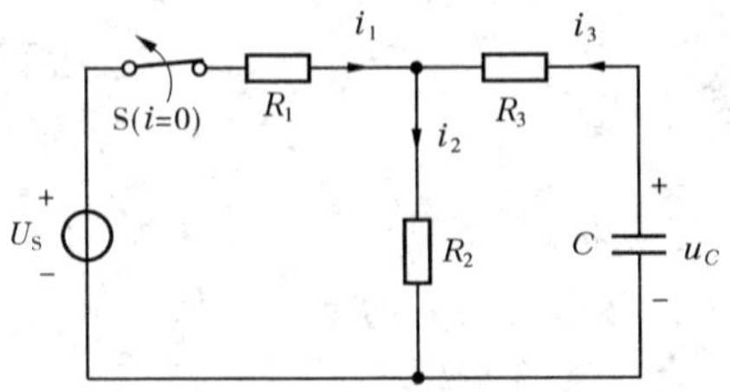

图 4-2　例 4-2 图

解：开关 S 闭合时

$$u_C(0_-)=\frac{U_S}{R_1+R_2}\times R_2=\frac{10}{8+2}\times 2=2\ (\text{V})$$

开关断开瞬间，根据换路定律可知

$$u_C(0_+)=u_C(0_-)=2\ (\text{V})$$

根据基尔霍夫电压定律

$$u_{R2}+u_{R3}=u_C$$

又因为

$$i_2(0_+)=i_3(0_+)$$

$$i_2(0_+)(R_2+R_3)=u_C(0_+)$$

所以

$$i_3(0_+)=i_2(0_+)=\frac{u_C(0_+)}{R_2+R_3}=\frac{2}{2+3}=0.4\ (\text{A})$$

$$u_{R2}(0_+)=i_2(0_+)R_2=0.4\times 2=0.8\ (\text{V})$$

$$u_{R3}(0_+)=i_3(0_+)R_3=0.4\times 3=1.2\ (\text{V})$$

$$u_{R1}(0_+)=0,\qquad i_1(0_+)=0$$

思考与练习题

1. 如图 4-3 所示电路，在已稳定状态下打开开关 S，则该电路是(　　)

A. 有储能元件 L，要产生过渡过程

B. 因为电路有储能元件且发生换路，要产生过渡过程

C. 电路不产生过渡过程

2. 如图 4-4 所示电路，在达到稳定状态后移动 R_1 上的滑动触点，该电路将产生过渡过程，原因是(　　)

A. 电路发生换路

B. 电路中有储能元件 C

C. 电路中储能元件的能量发生变化

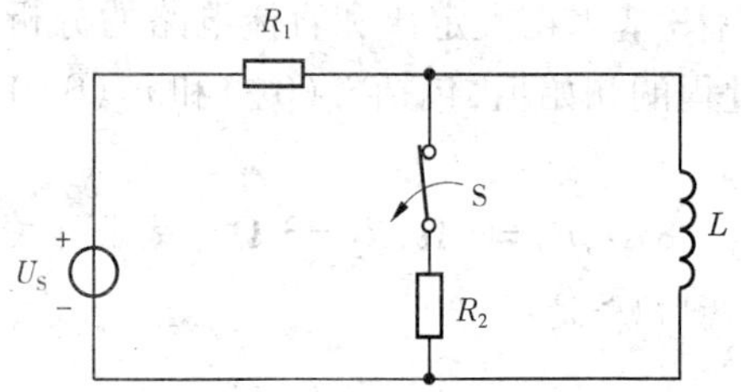

图 4-3　思考与练习题 1 图

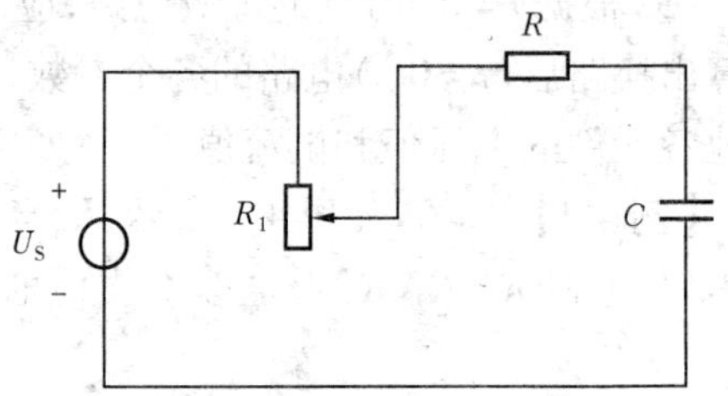

图 4-4　思考与练习题 2 图

3. 如图 4-5 所示电路，在稳定状态下闭合开关 S，该电路(　　)

A. 不产生过渡过程，因为换路未引起 L 的电流变化

B. 要发生过渡过程，因为电路发生换路

C. 要发生过渡过程，因为电路有储能元件且发生换路

4. 电路如图 4-6 所示，$U_S = 12$ V，$R_1 = 4\ \Omega$，$R_2 = 2\ \Omega$，电路原来处于稳定状态，在 $t = 0$ 时刻将开关 S 闭合，试求电路的初始值。

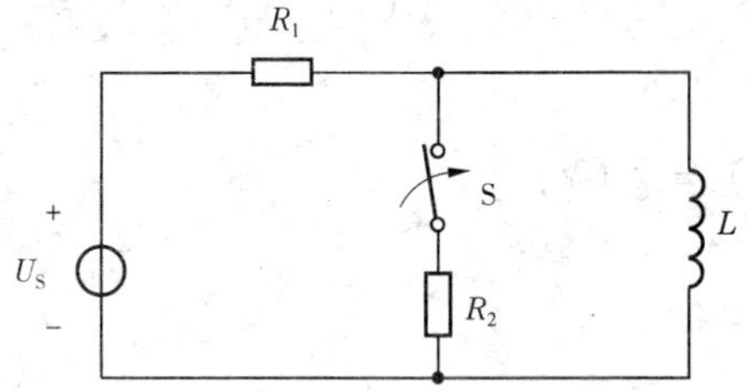

图 4-5　思考与练习题 3 图

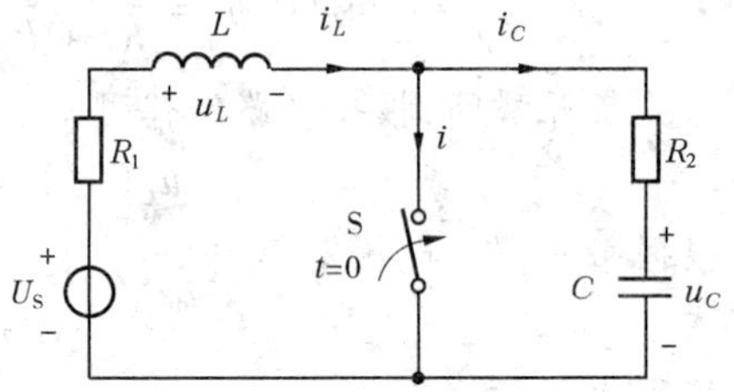

图 4-6　思考与练习题 4 图

第二节　一阶动态电路的零输入响应

动态电路中无外加激励电源，仅由动态元件初始储能所产生的响应，称为动态电路的零输入响应。如图 4-7 所示 RC 电路中，电容已被电源充电到 $u_C = U_S$，在 $t = 0$ 时刻将开关从 1 端合到 2 端，电路进入过渡过程。当开关 S 由 1 端合到 2 端时，电容 C 与电源断开而与电阻 R 接通，根据换路定律，$u_C(0_+) = u_C(0_-)$，则此时电路为由初始值为 $u_C(0_+) = U_S$ 的电容和电阻组成的电路，不与电源相连接，故外加电源输入为零，此时电路中所引起的电压或电流就称为电路的零输入响应。

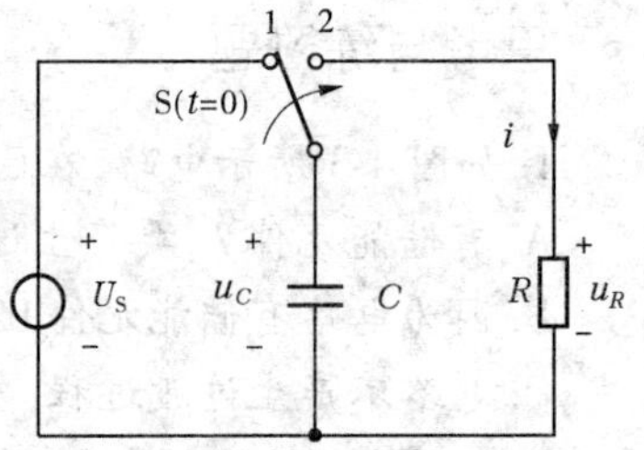

图 4-7　RC 电路的零输入响应

一、RC 电路的零输入响应

如图 4-7 所示，RC 电路中电路的初始条件为

$$u_C(0_+) = u_C(0_-) = U_S$$

$$i(0_+) = \frac{U_S}{R}$$

$$u_R(0_+) = i(0_+)R = U_S$$

开关 S 闭合到 2 端后换路结束，电容开始通过电阻放电，电容电压逐渐减小，放电电流也逐渐减小，电能逐渐被电阻所消耗转化为热能。当电容放电至电压为零时，放电过程结束，电路达到新的稳态。

换路后，根据基尔霍夫电压定律列方程

$$u_R = u_C$$

由于

$$u_R = Ri, \qquad i = -C\frac{du_C}{dt}$$

则电路的微分方程为

$$RC\frac{du_C}{dt} + u_C = 0 \tag{4-2}$$

此方程为一阶常系数线性齐次微分方程，令 $u_C = Ae^{pt}$，代入式(4-2)后有

$$(RCp + 1)Ae^{pt} = 0$$

相应的特征方程为

$$RCp + 1 = 0$$

其特征方程根为

$$p = -\frac{1}{RC}$$

根据初始条件 $u_C(0_+) = u_C(0_-) = U_S$，代入 $u_C = Ae^{pt}$，则可得积分常数 $A = U_S$。

所以，满足初始值的微分方程的解为

$$u_C = Ae^{-\frac{1}{RC}t} = U_Se^{-\frac{t}{RC}}$$

这就是 RC 放电电路中电容电压的表达式。

所以，RC 放电电路的电流为

$$i = -C\frac{du_C}{dt} = \frac{U_S}{R}e^{-\frac{t}{RC}}$$

令 $\tau = RC$，则放电电路的电压和电流方程分别为

$$u_C = U_Se^{-\frac{t}{\tau}} \tag{4-3}$$

$$i = \frac{U_S}{R}e^{-\frac{t}{\tau}} \tag{4-4}$$

若电容放电初始值不等于 U_S 而是 U_0，则式中的 U_S 就由 U_0 代替。

从式(4-3)、式(4-4)可以看出，RC 放电电路的电压、电流都是按照同样的指数规律衰减，它们衰减的快慢取决于指数中$\frac{1}{RC}$的大小。$\frac{1}{RC}$是电路的特征方程的特征根，仅取决于电路的结构和元件的参数。$\tau = RC$ 称为 RC 电路的时间常数，电阻的单位为欧姆(Ω)，电容的单位为法拉(F)时，乘积 RC 的单位为 s。τ 的大小反映了一阶电路过渡过程的进展速度，它是反映过渡过程特征的一个重要量。从理论上说，此过程需要经历无穷长时间才能完成，但

是实际上，一般要求衰减到 $3\tau \sim 5\tau$，就可以认为过渡过程基本上结束了。

二、RL 电路的零输入响应

如图 4-8 所示，对于一阶 RL 电路，开关 S 闭合后电感放电过程中消耗的是电感所储存的磁场能量。

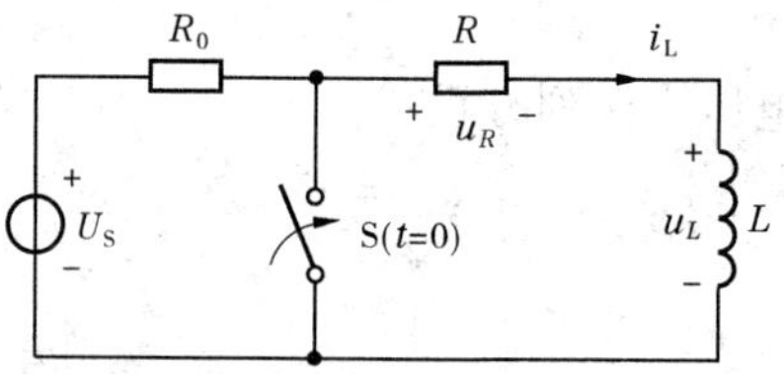

图 4-8　RL 电路的零输入响应

开关 S 闭合后，由基尔霍夫电压定律得

$$u_R + u_L = 0$$

由于

$$u_L = L\frac{\mathrm{d}i_L}{\mathrm{d}t}, u_R = Ri_L$$

所以有

$$Ri_L + L\frac{\mathrm{d}i_L}{\mathrm{d}t} = 0$$

即

$$\frac{R}{L}i_L + \frac{\mathrm{d}i_L}{\mathrm{d}t} = 0$$

此微分方程的特征方程为

$$\frac{R}{L} + p = 0$$

即特征根为

$$p = -\frac{R}{L}$$

此微分方程的通解为

$$i_L = A\mathrm{e}^{pt} = A\mathrm{e}^{-\frac{R}{L}t}$$

初始值为：$i_L(0_+) = i_L(0_-) = \dfrac{U_S}{R_0 + R} = I_0$，将其代入通解可得

$$i_L(0_+) = A\mathrm{e}^{-0} = A = I_0$$

一阶 RL 电路零输入响应的电流瞬时值表达式为

$$i_L = I_0\mathrm{e}^{-\frac{R}{L}t} = I_0\mathrm{e}^{-\frac{t}{\tau}} \tag{4-5}$$

式(4-5)中时间常数 $\tau = \dfrac{L}{R}$，单位为秒(s)。

显然，对于 RL 电路，L 越大或 R 越小，τ 越大。τ 的意义与前述相同。

电阻和电感上的电压分别为

$$u_R = Ri_L = RI_0 e^{-\frac{t}{\tau}} \tag{4-6}$$

$$u_L = L\frac{di_L}{dt} = L\frac{d}{dt}(I_0 e^{-\frac{R}{L}t}) = -RI_0 e^{-\frac{R}{L}t} = -RI_0 e^{-\frac{t}{\tau}} \tag{4-7}$$

随着磁场能量的逐渐放出，流过电感的电流 i_L 逐渐下降，放电电流 $i=i_L$ 逐渐减小。这一过程进行得快慢与 R、L(即时间常数 $\tau=L/R$)的大小相关。

时间常数越大，放电过程进行得越慢。若 L 不变，则同样初始电流下，储存的能量不变。此时，R 越大(即 τ 越小)，它所消耗的能量越多，放电进行得越快。若 R 不变，则同样初始电流下，消耗能量的速度不变。此时，L 越大(即 τ 越大)，储存的初始能量 $W_L=\frac{1}{2}Li_L^2(0_+)$ 越多，用同样大小的速度放电所需时间越长，放电进行得越慢，如图 4-9 所示。

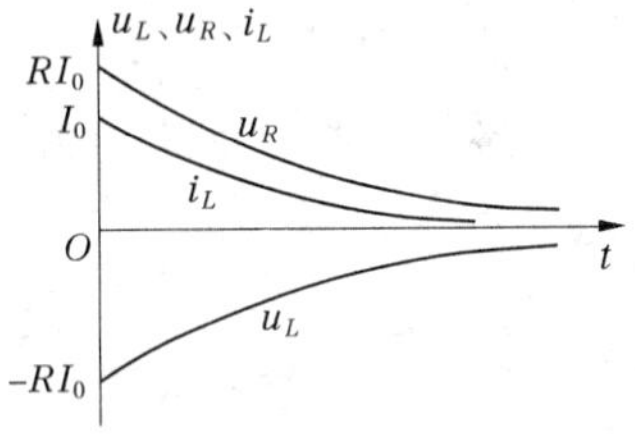

图 4-9　RL 电路的零输入响应曲线

【例 4-3】　电路如图 4-10 所示，已知换路瞬间电压 u_1 的初始值为 $u_1(0_+)=15$ V，求零输入响应的 u_L 和 i_L。

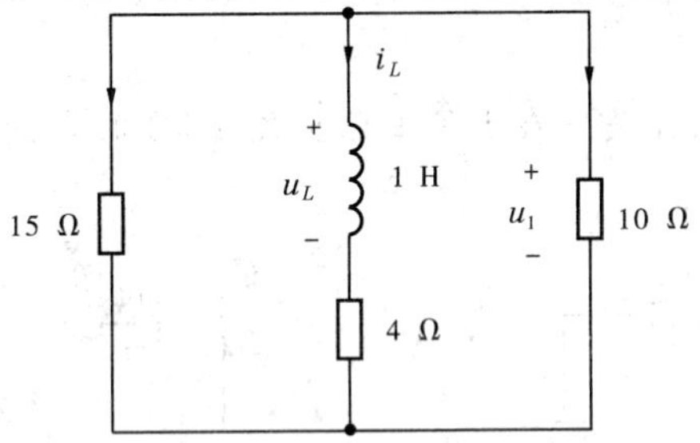

图 4-10　例 4-3 图

解：10 Ω 和 15 Ω 两电阻并联，由基尔霍夫电流定律可知，这两电阻上的电流与 i_L 的代数和为零，则

$$i_L(0_+) = -\left[\frac{u_1(0_+)}{10}+\frac{u_1(0_+)}{15}\right] = -\left(\frac{15}{10}+\frac{15}{15}\right) = -2.5\ (\text{A})$$

$$\tau = \frac{L}{R} = \frac{1}{4+\frac{15\times 10}{15+10}} = \frac{1}{4+6} = 0.1(\text{s})$$

其中，R 为从 L 两端看过去的等效电阻

$$i_L = i_L(0_+)e^{-\frac{t}{\tau}} = -2.5e^{-\frac{t}{0.1}} = -2.5e^{-10t}(\text{A})$$

$$u_L = -Ri_L(0_+)e^{-\frac{t}{\tau}} = -10\times(-2.5)e^{-10t} = 25e^{-10t}(\text{V})$$

【例 4-4】　如图 4-11(a)所示，已知在开关打开前电路已处于稳态，求开关打开后的电压 u。

解：换路前的等效电路如图 4-11(b)所示，由图可知

$$i_L(0_-) = \frac{U_S}{R_2} = \frac{9}{3} = 3\ (\text{A})$$

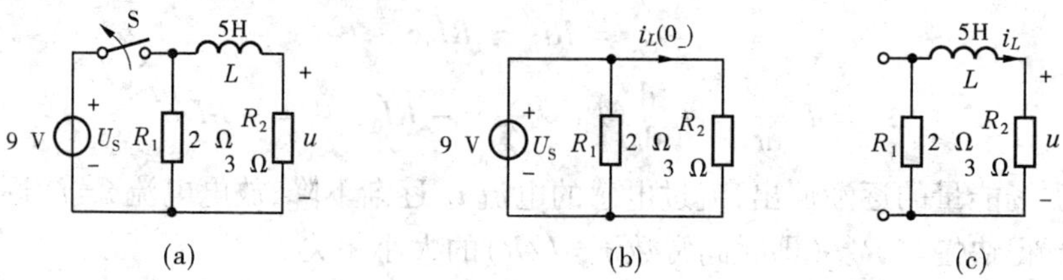

图 4-11　例 4-4 图

换路后的等效电路如图 4-11(c)所示，由换路定律可得

$$i_L(0_+) = i_L(0_-) = 3\ \text{A}$$

$$\tau = \frac{L}{R} = \frac{L}{R_1 + R_2} = \frac{5}{2+3} = 1\ (\text{s})$$

$$i_L = i_L(0_+)\mathrm{e}^{-\frac{t}{\tau}} = 3\mathrm{e}^{-t}(\text{A})$$

$$u = R_2 i_L = 3 \times 3\mathrm{e}^{-t} = 9\mathrm{e}^{-t}(\text{V})$$

思考与练习题

1. 如图 4-12 所示电路，已知 $R_1 = 2\ \text{k}\Omega$，$R_2 = 2\ \text{k}\Omega$，$L = 2.5\ \text{mH}$，求开关 S 在 1 和 2 位置时的时间常数 τ。

2. 如图 4-13 所示电路，开关 S 在 1 位置已长久，$t = 0$ 时合向 2 位置，求换路后 $u_C(t)$ 与 $i(t)$。

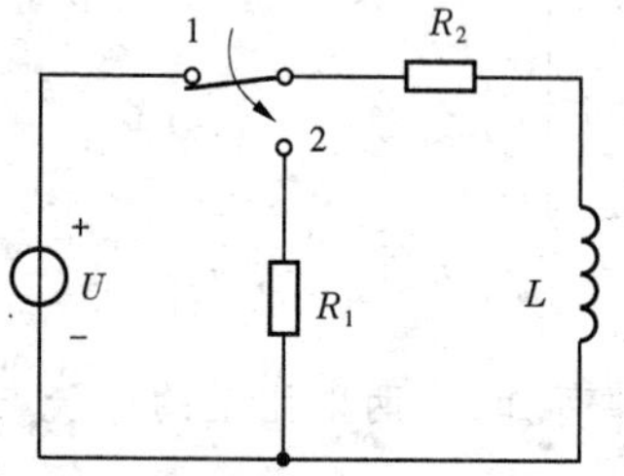

图 4-12　思考与练习题 1 图

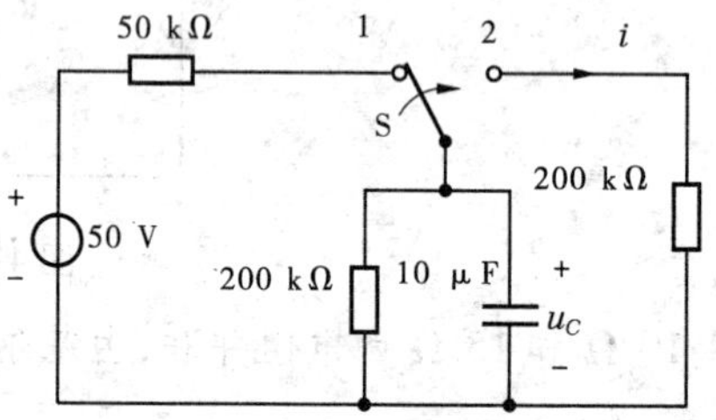

图 4-13　思考与练习题 2 图

3. 如图 4-14 所示电路中开关 S 在 1 位置已长久，$t = 0$ 时合向 2 位置，求换路后 $i(t)$ 与 $u_L(t)$。

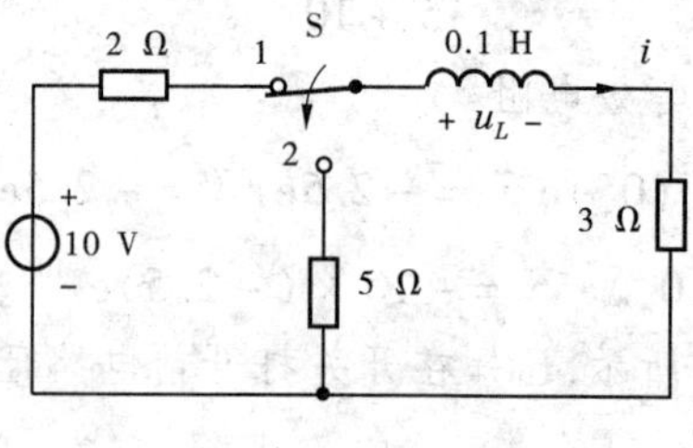

图 4-14　思考与练习题 3 图

4. 有一个 $C = 40\ \mu\text{F}$ 的电容器从高压电路上断开，断开时电容器的电压 $U_0 = 6\ \text{kV}$，电容器经本身漏电阻放电，漏电阻 $R = 50\ \text{M}\Omega$，试求电容器电压下降到 400 V 时所需的时间。

第三节　一阶动态电路的零状态响应

所谓零状态响应，就是电路在零初始状态下，由外施激励引起的响应。所谓零初始状态，指的是动态元件初始储能为零的状态。

一、*RC* 电路的零状态响应

如图 4-15 所示 *RC* 的充电电路，开关 S 在 $t=0$ 时刻闭合，此时电压源 U_S 接入电路，电路进入过渡过程。开关 S 闭合以前，如果电容上的电压为零，则称电容处于零初始状态。在开关 S 闭合以后，电源通过 *R* 对电容 *C* 充电，在充电过程中，电压和电流的这种变化均是由外加电源所引起的，就称为零状态响应。

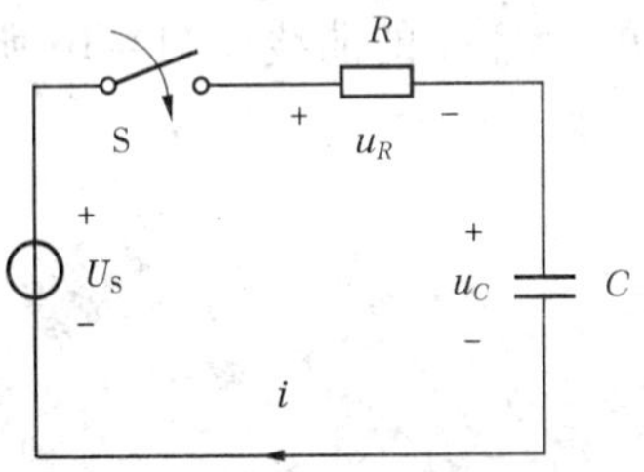

图 4-15　*RC* 的充电电路

根据换路定律

$$u_C(0_+) = u_C(0_-) = 0$$

$$i(0_+) = \frac{U_S}{R}$$

$$u_R(0_+) = i(0_+)R = U_S$$

如果在 $t=0_-$ 时刻电容上的电压不为 0，$u_C(0_-)=U_0$（非零初始状态），则

$$u_C(0_+) = u_C(0_-) = U_0$$

$$i(0_+) = \frac{U_S - U_0}{R}$$

$t \geqslant 0$ 时，电容被充电，u_C 逐渐增加。当电容电压等于电源电压时充电结束，电路达到新的稳态，过渡过程结束。

下面分析 *RC* 电路的零状态响应过程。

在图 4-15 所示 *RC* 的充电电路中，开关 S 闭合前电路处于零初始状态，即 $u_C(0_-)=0$。在 $t=0$ 时刻，开关 S 闭合，电路接入直流电压源 U_S。由 KVL 知

$$u_R + u_C = U_S$$

将 $u_R=Ri$，$i=C\dfrac{du_C}{dt}$ 代入，得出电路的微分方程为

$$RC\frac{du_C}{dt} + u_C = U_S \tag{4-8}$$

式(4-8)为一阶常系数线性非齐次微分方程，其解由特解 u_C' 和对应的齐次微分方程的通解 u_C'' 组成，即

$$u_C = u_C' + u_C''$$

取电容电压充电至新的稳态时的值 U_S 作为方程(4-8)的一个特解，即

$$u_C' = U_S$$

而非齐次微分方程 $RC\dfrac{du_C}{dt}+u_C=U_S$ 的通解为

$$u_C'' = Ae^{-\frac{t}{RC}} = Ae^{-\frac{t}{\tau}}$$

其中 $\tau = RC$ 是时间常数。因此

$$u_C = U_S + Ae^{-\frac{t}{\tau}}$$

将初始值 $u_C(0_+) = 0$ 代入上式，得

$$0 = U_S + A$$

则积分常数

$$A = -U_S$$

所以，RC 充电电路电容上的电压为

$$u_C = U_S - U_S e^{-\frac{t}{\tau}} = U_S(1 - e^{-\frac{t}{\tau}}) \tag{4-9}$$

RC 充电电路的电流为

$$i = C\frac{du_C}{dt} = \frac{U_S}{R}e^{-\frac{t}{\tau}} \tag{4-10}$$

u_C 和 i 为随时间变化的指数函数，其变化的速度取决于时间常数 $\tau = RC$ 的值，换路后的 u_C 和 i 的曲线如图 4-16 所示。

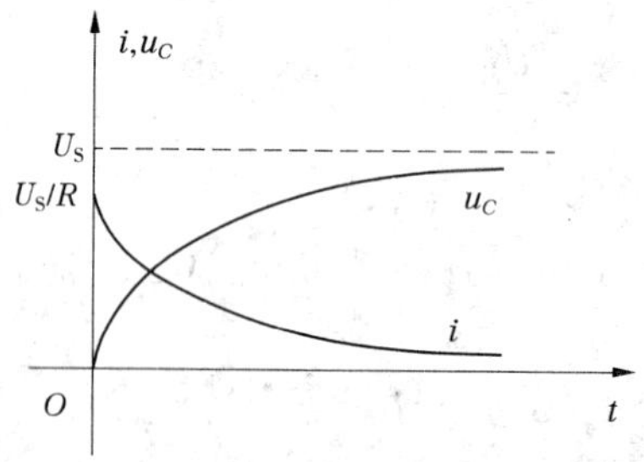

图 4-16　RC 充电电路电压、电流曲线

RC 电路接通直流电压源的过程也是电源通过电阻对电容充电的过程。在充电过程中，电源供给的能量一部分转换为电场能量储存于电容中，一部分被电阻转变为热能。电容中储存的电场能量为

$$W_C = \int_0^{\infty} iu_C dt = \frac{1}{2}CU_S^2 \tag{4-11}$$

电阻消耗的热能为

$$W_R = \int_0^{\infty} i^2 R dt = \int_0^{\infty} \left(\frac{U_S}{R}e^{-\frac{t}{RC}}\right)^2 R dt = \frac{1}{2}CU_S^2 \tag{4-12}$$

由此可以看出，不论电路中电容 C 和电阻 R 的数值为多少，在充电过程中电源提供的能量只有一半转变成电场能量储存于电容中，另一半则为电阻所消耗。也就是说，RC 充电电路充电效率只有 50%。

RC 电路常用做延时电路使用，并且可通过 RC 参数的选择来确定延时时间。

【例 4-5】　某电子声光控延时开关电路中，采用 RC 充电电路组成延时电路，如图 4-17 所示。灯亮后，电容开始充电，当电容电压充电到 0.7 V 时，控制电路将灯熄灭。其中 $R = 1$ MΩ，$C = 350$ μF，$U_S = 6$ V，试求灯泡点亮后的延时时间。

解：(1) 求时间常数为

$$\tau = RC = 1 \times 10^6 \times 350 \times 10^{-6} = 350\ (s)$$

(2) 求延时时间，由电容的充电方程得

$$u_C(t) = U_S(1 - e^{-\frac{t}{\tau}})$$

$$0.7 = 6 \times (1 - e^{-\frac{t}{350}})$$

$$e^{-\frac{t}{350}} = 0.883$$

$$\ln e^{-\frac{t}{350}} = \ln 0.883$$

则延时时间为 $t \approx 43\ \text{s}$

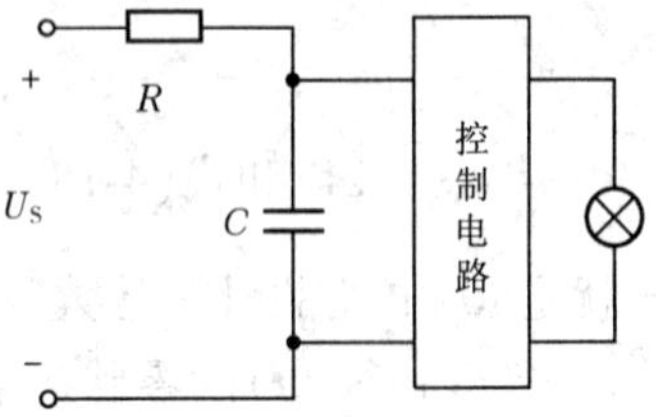

图 4-17　例 4-5 图

二、RL 电路的零状态响应

如图 4-18 所示，在换路前（$t<0$）开关处于断开状态，电感元件 L 处于零初始状态，即 $i_L(0_-)=0$。$t=0$ 时刻开关闭合瞬间，电路即与一恒定电压为 U_S 的电压源接通，此时相当于接入一个阶跃电压。

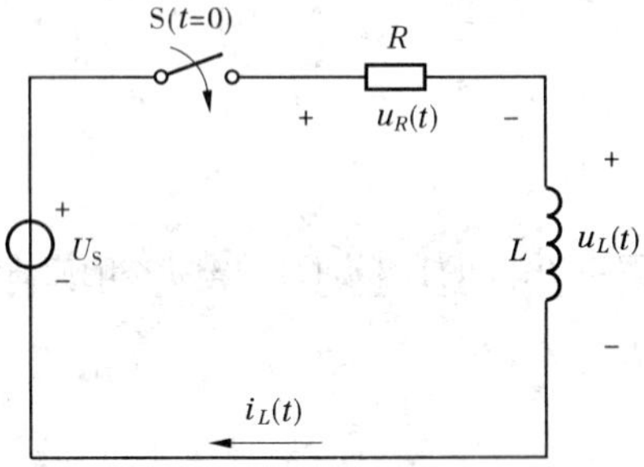

图 4-18　*RL* 电路的零状态响应

$t \geqslant 0$ 时，根据基尔霍夫电压定律，有

$$u_R(t) + u_L(t) = U_S$$

把 $u_R(t)=Ri_L(t)$，$u_L(t)=L\dfrac{di_L(t)}{dt}$ 代入并整理得

$$\frac{L}{R}\frac{di_L(t)}{dt} + i_L(t) = \frac{U_S}{R} \tag{4-13}$$

式(4-13)也是一个一阶常系数非齐次微分方程，其初始条件为

$$i_L(0_+) = i_L(0_-) = 0$$

与 RC 电路相似，电流 $i_L(t)$ 的解可分为微分方程的特解 $i_L'(t)$ 和通解 $i_L''(t)$ 两部分。容易求得特解 $i_L'(t)=\dfrac{U_S}{R}$，通解 $i_L''(t)=Ae^{-\frac{R}{L}t}$，故

$$i_L(t) = i_L'(t) + i_L''(t) = \frac{U_S}{R} + Ae^{-\frac{R}{L}t} = \frac{U_S}{R} + Ae^{-\frac{t}{\tau}}$$

其中 $\tau=\dfrac{L}{R}$。

代入初始条件 $i_L(0_+)=0$，得 $A=-\dfrac{U_S}{R}$。所以

$$i_L(t) = \frac{U_S}{R} - \frac{U_S}{R}e^{-\frac{t}{\tau}} = \frac{U_S}{R}(1 - e^{-\frac{t}{\tau}}) \tag{4-14}$$

电感两端的电压为

$$u_L(t) = L\frac{\mathrm{d}i_L(t)}{\mathrm{d}t} = U_S e^{-\frac{t}{\tau}} \tag{4-15}$$

从式(4-14)和式(4-15)可以看出,$i_L(t)$ 和 $u_L(t)$ 的变化快慢取决于 $\tau=\frac{L}{R}$ 的大小,所以 τ 就是 RL 电路的时间常数。

$i_L(t)$ 和 $u_L(t)$ 的零状态响应随时间的变化规律如图 4-19 所示。而图 4-20 为 $u_C(t)$ 和 $i_C(t)$ 的零状态响应随时间变化的规律。

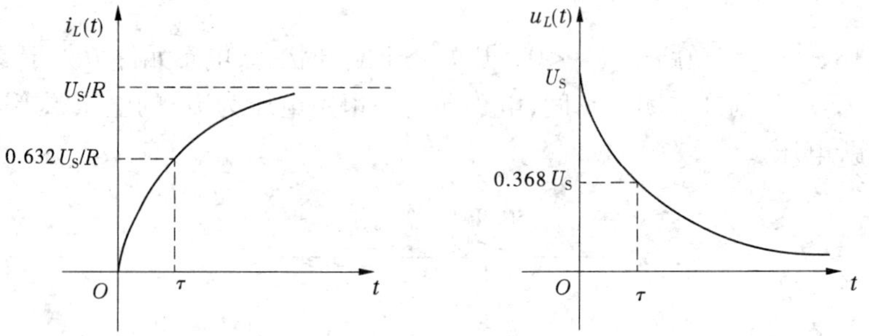

图 4-19 $i_L(t)$ 和 $u_L(t)$ 的零状态响应曲线

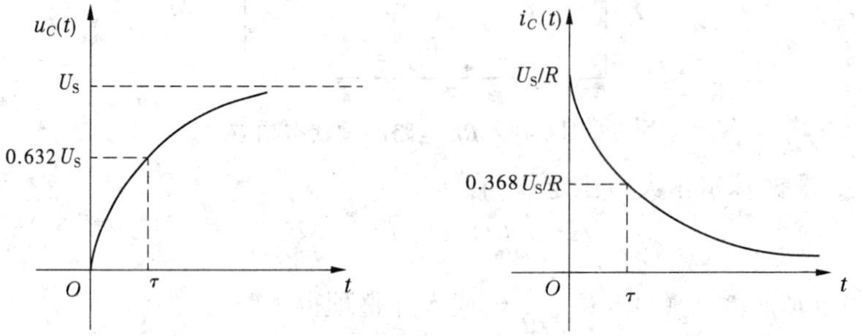

图 4-20 $u_C(t)$ 和 $i_C(t)$ 的零状态响应曲线

对比图 4-19 与图 4-20 可见,一阶 RC 电路与一阶 RL 电路有强烈的对偶性:在直流电压源激励下,电感电流 $i_L(t)$ 不能突变,须经历一个动态充电过程,变化速度取决于时间常数 τ,当电感电流达到$\frac{U_S}{R}$时电路进入稳态;电感电压 $u_L(t)$ 在换路瞬间发生突变,随充电过程的进行逐渐下降,下降速度取决于时间常数 τ,充电结束后,电压为零,电路进入稳态。

思考与练习题

1. 电路如图 4-21 所示,已知电容电压 $u_C(0_-)=0$,$t=0$ 时打开开关,求 $t\geqslant 0$ 时的电容电压 $u_C(t)$、电容电流 $i_C(t)$ 以及电阻电流 $i_1(t)$。

2. 电路如图 4-22 所示,已知 $U_S=20$ V,$R_1=R_2=1$ kΩ,$C=0.5$ μF,开关 S 闭合时电路处于稳态。在 $t=0$ 时开关 S 打开,求开关 S 打开后 u_C 和 i 的解析式。

3. 电路如图 4-23 所示,已知 $U_{S1}=3$ V,$U_{S2}=5$ V,$R_1=R_2=5$ Ω, $L=0.05$ H,开关 S 在 1 时,电路处于稳态。$t=0$ 时开关由 1 打向 2,求 $i_L(t)$、$i_1(t)$ 和 $u_L(t)$。

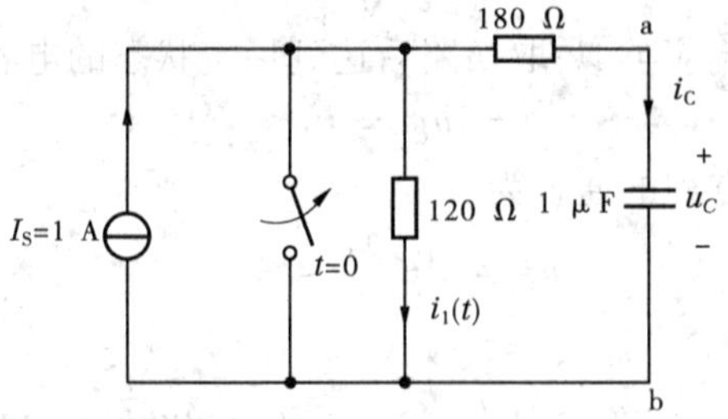

图 4-21　思考与练习题 1 图

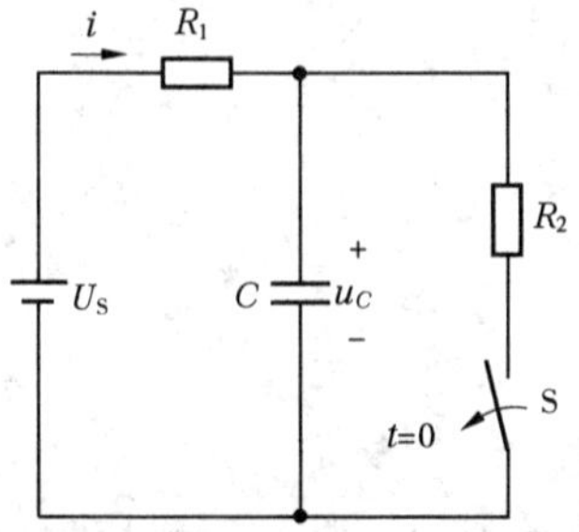

图 4-22　思考与练习题 2 图

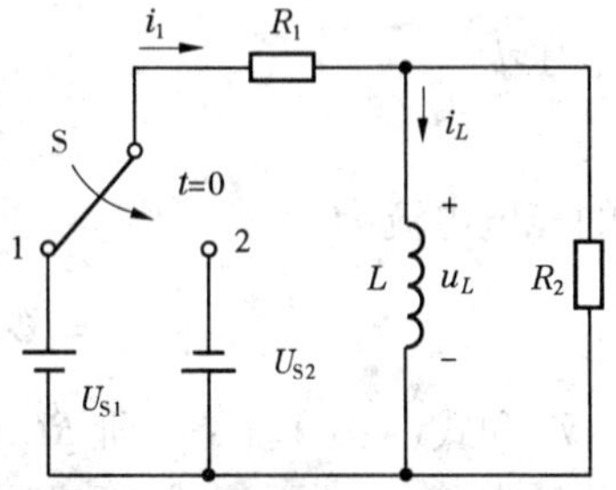

图 4-23　思考与练习题 3 图

第四节　一阶动态电路的全响应

前面我们分别研究了一阶电路的零输入响应和零状态响应，一种是电路只存在非零状态，另一种是电路只有外激励电源作用，分析过程相对简单。而事实上，电路里面常常既有外激励源，又存在非零状态的共同作用，称为一阶电路的全响应。本节讨论一阶电路全响应的情况。

如图 4-24 所示，电容已经充电到 $u_C = U_0$，将开关 S 闭合，根据 KVL 有

$$RC\frac{\mathrm{d}u_C}{\mathrm{d}t} + u_C = U_S \tag{4-16}$$

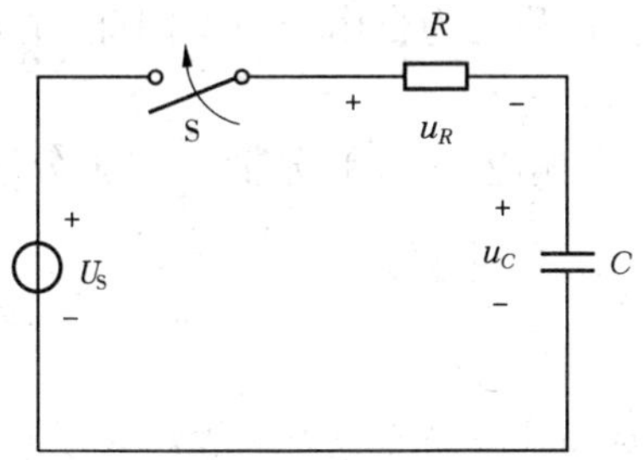

图 4-24　一阶动态电路的全响应

根据换路定理，电路的初始条件为

$$u_C(0_+) = u_C(0_-) = U_0$$

方程的通解为

$$u_C = u_C' + u_C''$$

与一阶电路的零状态响应类似,取换路后达到稳定状态的电容电压为特解,则

$$u_C' = U_S$$

式(4-16)对应的齐次方程的通解为

$$u_C'' = Ae^{-\frac{1}{RC}t} = Ae^{-\frac{t}{\tau}}$$

所以有

$$u_C = u_C' + u_C'' = U_S + Ae^{-\frac{t}{\tau}}$$

将初始条件代入上式,得到积分常数为

$$A = U_0 - U_S$$

所以电容电压为

$$u_C = U_S + (U_0 - U_S)e^{-\frac{t}{\tau}} \tag{4-17}$$

电容的充电电流为

$$i = C\frac{du_C}{dt} = \frac{U_S - U_0}{R}e^{-\frac{t}{\tau}} \tag{4-18}$$

式(4-17)和式(4-18)就是一阶 *RC* 电路的全响应公式。

式(4-17)中,第一项不衰减,第二项随时间推移呈指数衰减,而且衰减分量在 $t\to\infty$ 时趋于零,最后只剩下不衰减的部分,所以将衰减分量称为暂态分量,将不衰减分量称为稳态分量。式(4-17)又可以表示为

全响应 = 稳态分量 + 暂态分量

把式(4-17)改写成

$$u_C = U_0e^{-\frac{t}{\tau}} + U_S(1 - e^{-\frac{t}{\tau}}) \tag{4-19}$$

可以看出,式(4-19)右边的第一项是电路的零输入响应,右边的第二项则是电路的零状态响应,这说明全响应是零输入响应和零状态响应的叠加,即

全响应 = 零输入响应 + 零状态响应

这是线性动态电路的一个基本性质,是响应可以叠加的一种体现。

对式(4-19)进一步分析可以发现,右端第一项是微分方程的特解,其变化规律与电路的外加激励相同,因此被称为强制分量;右端第二项是微分方程的通解,其变化规律与外加激励无关,仅由电路参数决定,所以称之为自由分量。因此,全响应又可表示为强制分量和自由分量的叠加,即

全响应 = 强制分量 + 自由分量

思考与练习题

1. 什么是一阶动态电路的全响应?

2. 一阶动态电路的全响应和一阶动态电路的零输入响应及一阶动态电路的零状态响应有什么区别和联系?

第五节　一阶动态电路的三要素分析法

由本章第四节知识可知:

$$全响应 = 强制分量 + 自由分量$$
$$全响应 = 零输入响应 + 零状态响应$$
$$全响应 = 稳态分量 + 暂态分量$$

可以看出，不论把全响应怎样分解，都是从不同的角度去分析全响应。而全响应总是与初始值、特解和时间常数三个要素密切相关。有一种简便的方法，可以利用这三个要素，直接写出一阶电路暂态的解，这种方法称为一阶电路的三要素法。其通式为

$$f(t) = f(\infty) + [f(0_+) - f(\infty)]e^{-\frac{t}{\tau}} \tag{4-20}$$

式中，$f(t)$表示电路中待求的电压或电流，$f(\infty)$表示换路后电压或电流的新的稳态值，$f(0_+)$表示电压或电流的初始值，τ 表示电路的时间常数。

一阶电路暂态分析的三要素法，只要求计算出初始值、新的稳态值以及时间常数 τ，就可直接写出电路微分方程的解，故求解一阶电路微分方程的问题转化为求解三要素的问题。

三要素分析方法的分析步骤为：

(1)求解初始值。

(2)求解新的稳态值，画出 $t=\infty$ 时的电路（过渡过程结束后，电路进入新的稳态，对于直流电源激励的电路，电容相当于开路，电感相当于短路，按照求解直流电路的方法求解各量的值，即为稳态值）。

(3)求时间常数（在 RC 电路中，$\tau = RC$；在 RL 电路中，$\tau = \frac{L}{R}$）。

【例 4-6】 电路如图 4-25 所示，已知电感电流 $i_L(0_-)=0$。$t=0$ 时闭合开关，求 $t\geqslant 0$ 时电流 $i(t)$和电感电压 $u_L(t)$。

解：开关闭合前，电感电流 $i_L(0_-)=0$，内部无储能。开关闭合后，$i_L(0_+)=0$，$i(0_+)=\frac{36}{24+12}=1$ A 电感与电源相连，如图 4-26 所示，电感储存能量，直至最终储能完毕，电路进入新的稳态，电感相当于短路。此时电感电流为

$$i_L(\infty) = i(\infty) = \frac{36}{24} = 1.5(\text{A})$$

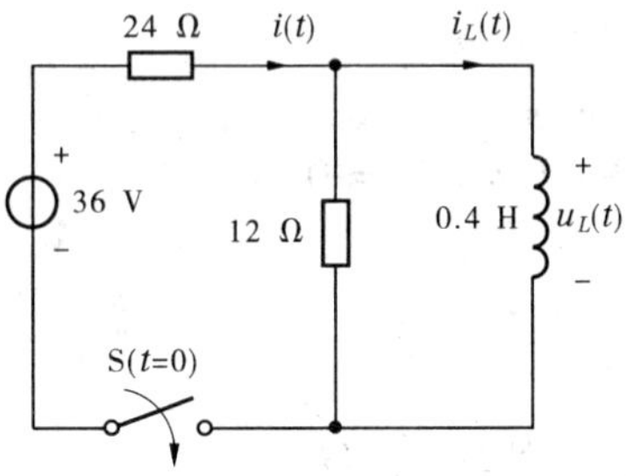

图 4-25　例 4-6 图

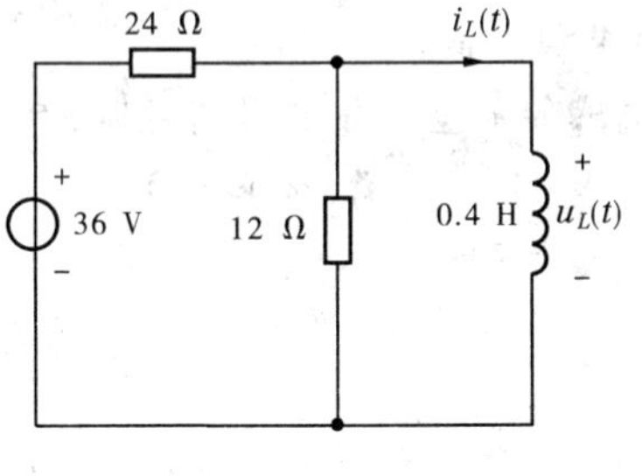

图 4-26　开关闭合后的电路

电路的时间常数为

$$\tau = \frac{L}{R} = \frac{L}{24//12} = \frac{0.4}{\frac{24\times 12}{24+12}} = \frac{0.4}{8} = 0.05\ (\text{s})$$

可以求得

$$i_L(t)=i_L(\infty)+[i_L(0_+)-i_L(\infty)]e^{-\frac{t}{\tau}}=i_L(\infty)(1-e^{-\frac{t}{\tau}})=1.5(1-e^{-20t})(\mathrm{A})$$

$$u_L(t)=L\frac{di_L}{dt}(t)=0.4\times1.5\times20e^{-20t}=12e^{-20t}(\mathrm{V})$$

$$i(t)=i(\infty)+[i(0_+)-i(\infty)]e^{-\frac{t}{\tau}}=1.5+(-0.5)e^{-\frac{t}{\tau}}=1.5-0.5e^{-20t}(\mathrm{A})$$

或

$$i(t)=\frac{36-u_L(t)}{24}=\frac{36-12e^{-20t}}{24}=(1.5-0.5e^{-20t})(\mathrm{A})$$

【例 4-7】 电路如图 4-27 所示，$U_S=8$ V，$R_1=4$ Ω，$R_2=2$ Ω，$L=0.2$ H，开关 S 原来处于闭合状态，且电路处于稳态，当 $t=0$ 时开关 S 断开。求 $t\geqslant0$ 时，电路中的电流 $i_L(t)$ 及电阻的电压 $u_{R2}(t)$。

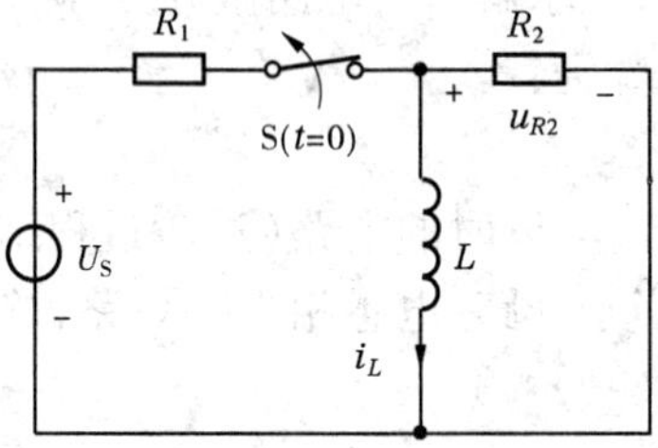

图 4-27 例 4-7 图

解：(1)求初始值。

在 $t=0_-$ 时刻，有

$$i_L(0_-)=\frac{U_S}{R_1}=\frac{8}{4}=2\ (\mathrm{A})$$

根据换路定理

$$i_L(0_+)=i_L(0_-)=2\ \mathrm{A}$$

则

$$u_{R2}(0_+)=-i_L(0_+)R_2=-4\ \mathrm{V}$$

(2)求稳态值。

当电感储能全部被电阻消耗时，有

$$i_L(\infty)=0\qquad u_{R2}(\infty)=-i_L(\infty)R_2=0$$

(3)求时间常数。

$$\tau=\frac{L}{R_2}=\frac{0.2}{2}=0.1\ (\mathrm{s})$$

根据电路暂态分析的三要素法，电路中的电压 $u_{R2}(t)$ 和电流 $i_L(t)$ 为

$$u_{R2}(t)=0+(-4-0)e^{-\frac{t}{0.1}}=-4e^{-10t}(\mathrm{V})$$

$$i_L(t)=0+(2-0)e^{-\frac{t}{0.1}}=2e^{-10t}(\mathrm{A})$$

【例 4-8】 如图 4-28 所示电路，$U_S=12$ V，$R_1=3$ kΩ，$R_2=6$ kΩ，$R_3=2$ kΩ，$C=5$ μF。开关 S 打开已经很久，$t=0$ 时 S 闭合。试用三要素法分析开关闭合后 u_C、i_C、i_1 和 i_2 的表达式。

解：先求电压、电流的三要素。

(1)求初始值，有

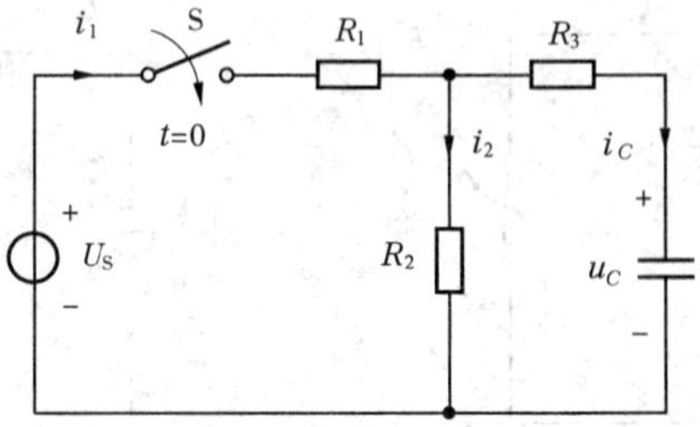

图 4-28　例 4-8 图

$$u_C(0_+) = u_C(0_-) = 0$$

$$i_1(0_+) = \frac{U_S}{R_1 + \frac{R_2R_3}{R_2 + R_3}} = \frac{12}{3 + \frac{6 \times 2}{6 + 2}} = \frac{8}{3}\ (\text{mA})$$

$$i_2(0_+) = i_1(0_+) \times \frac{R_3}{R_2 + R_3} = \frac{8}{3} \times \frac{2}{6+2} = \frac{2}{3}(\text{mA})$$

$$i_C(0_+) = i_1(0_+) - i_2(0_+) = \frac{8}{3} - \frac{2}{3} = 2\ (\text{mA})$$

(2)求稳态值,有

$$i_1(\infty) = i_2(\infty) = \frac{U_S}{R_1 + R_2} = \frac{12}{3+6} = \frac{4}{3}\ (\text{mA})$$

$$u_C(\infty) = U_S \times \frac{R_2}{R_1 + R_2} = 12 \times \frac{6}{3+6} = 8\ (\text{V})$$

$$i_C(\infty) = 0$$

(3)求时间常数 τ,有

$$R = R_3 + \frac{R_1R_2}{R_1 + R_2} = 2 + \frac{3 \times 6}{3+6} = 4\ (\text{k}\Omega)$$

$$\tau = RC = 4 \times 10^3 \times 5 \times 10^{-6} = 2 \times 10^{-2}(\text{s})$$

(4)根据三要素法通式写出解析式

$$u_C(t) = 8(1 - \text{e}^{-50t})(\text{V})$$

$$i_C(t) = 2\text{e}^{-50t}(\text{mA})$$

$$i_1(t) = \frac{4}{3} + (\frac{8}{3} - \frac{4}{3})\text{e}^{-50t} = \frac{4}{3} + \frac{4}{3}\text{e}^{-50t}(\text{mA})$$

$$i_2(t) = \frac{4}{3} + (\frac{2}{3} - \frac{4}{3})\text{e}^{-50t} = \frac{4}{3} - \frac{2}{3}\text{e}^{-50t}(\text{mA})$$

思考与练习题

1. 电路如图 4-29 所示,U_S = 9 V,R_1 = 2 kΩ,R_2 = 3 kΩ,R_3 = 4 kΩ, C = 5 μF,开关闭合时电路处于稳态,在 t = 0 时刻将开关断开,试求此时电容电压。

2. 如图 4-30 所示电路中,I_S = 10 mA,R_1 = 20 kΩ,R_2 = 5 kΩ,C = 100 μF。开关 S 闭合之前电路已经处于稳态,在 t = 0 时开关 S 闭合。试用三要素法求开关闭合后的 u_C 的值。

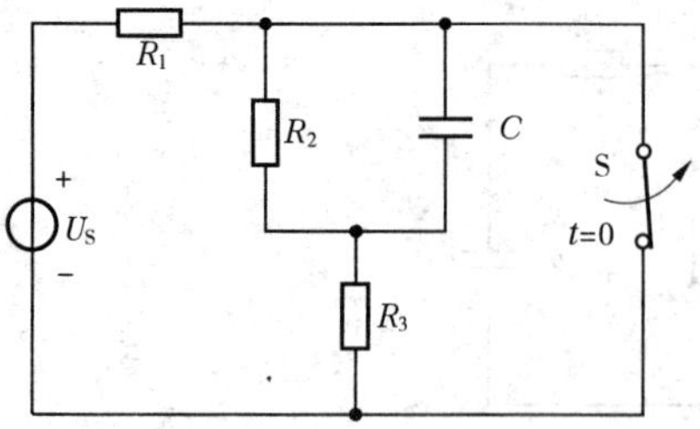

图 4-29　思考与练习题 1 图

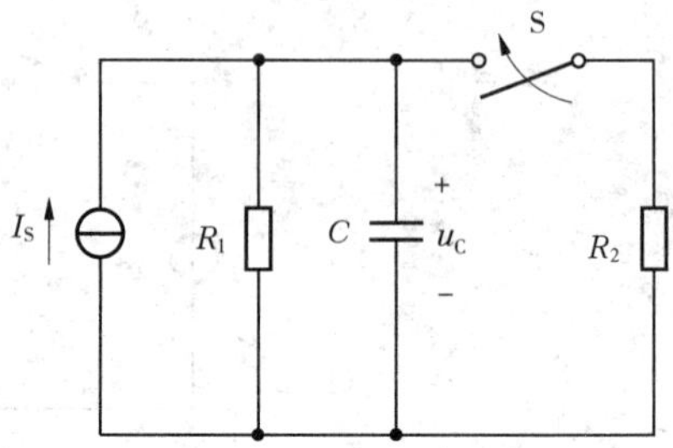

图 4-30　思考与练习题 2 图

3. 电路如图 4-31 所示，$U_{S1}=9\ \text{V}$，$U_{S2}=6\ \text{V}$，$R_1=6\ \Omega$，$R_2=3\ \Omega$，$L=1\ \text{H}$。开关 S 闭合之前电路已经处于稳态，在 $t=0$ 时开关 S 闭合。试用三要素法求开关闭合后的 i_L 和 u_2。

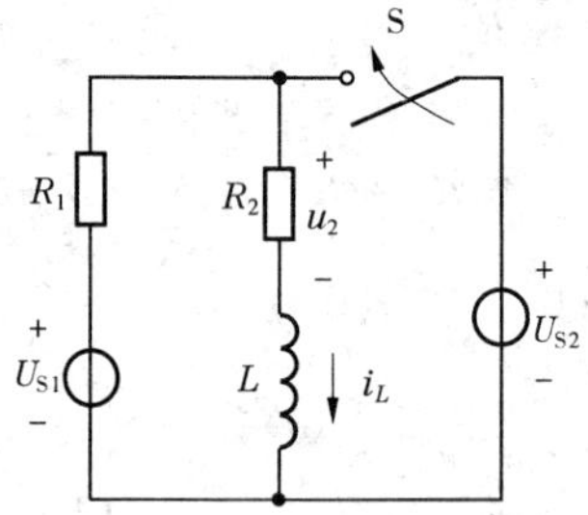

图 4-31　思考与练习题 3 图

第六节　一阶动态电路的阶跃响应

一、阶跃响应的概念

所谓阶跃响应，指的是电路在单位阶跃电压或单位阶跃电流的激励下的零状态响应，简称阶跃响应。

在 $t=0$ 时加于电路的直流电源就称为阶跃电源，用数学语言，就称为阶跃函数，阶跃函数是一种奇异函数，如图 4-32(a)所示，可定义为

$$\varepsilon(t)=\begin{cases}0 & t<0\\1 & t>0\end{cases}\tag{4-21}$$

单位阶跃函数在 $t=0$ 时是不连续的，所以阶跃函数可以在电路中模拟开关的动作，图 4-32(b)表示 $t=0$ 时把电路接到单位直流电压源上。阶跃函数可以作为开关的数学模型，所以又称为开关函数。

阶跃函数也可以延迟一个函数，定义为

$$\varepsilon(t-t_0)=\begin{cases}0 & t<t_0\\1 & t>t_0\end{cases}\tag{4-22}$$

$\varepsilon(t-t_0)$可以看做是 $\varepsilon(t)$在时间轴上移动 t_0 后的结果，图 4-33 表示延迟的单位阶跃函数。

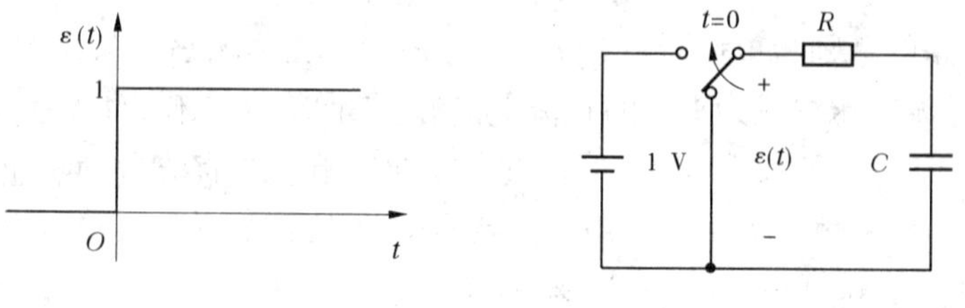

(a)　　　　　　　　(b)

图 4-32　单位阶跃函数图

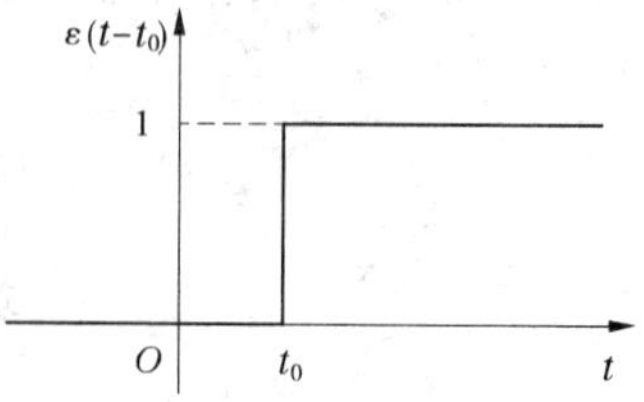

图 4-33　延迟的单位阶跃函数

若电路在 $t=t_0$ 时接通到一个电压为 3 V 的直流电压源上，则此外加电压就可以写为 $3\varepsilon(t-t_0)$ V。

如果 $f(t)$ 是对所有 t 定义的一个任意函数，阶跃函数也可以起始任意一个函数，如图 4-34 所示，则

$$f(t)\varepsilon(t-t_0)=\begin{cases}f(t) & t>t_0\\0 & t<t_0\end{cases}\tag{4-23}$$

单位阶跃函数也可以用来表示复杂的信号。如图 4-35(a) 所示的幅值等于 1 的矩形脉冲，可以看做由两个阶跃函数组成，如图 4-35(b) 所示，即

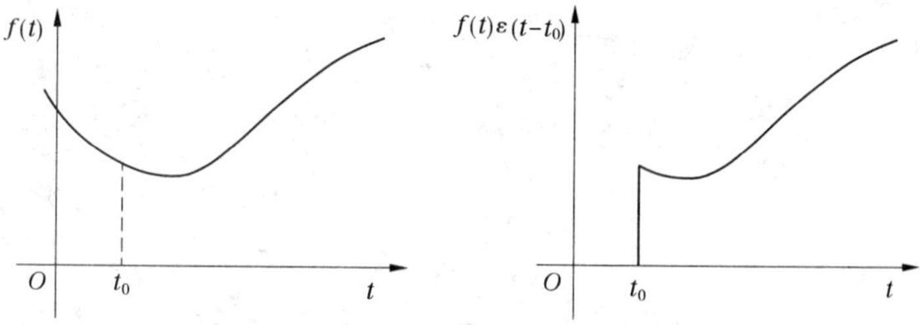

图 4-34　单位阶跃函数的起始作用

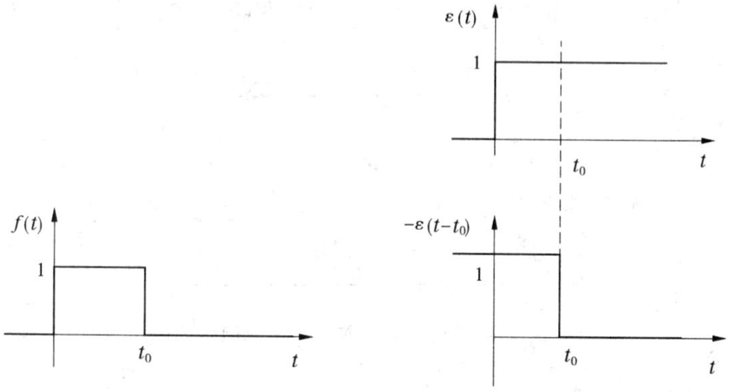

(a)　　　　　　　　(b)

图 4-35　矩形脉冲的组成

$$f(t) = \varepsilon(t) - \varepsilon(t - t_0)$$

所以，当电路的激励为单位阶跃 $\varepsilon(t)$ V 或 $\varepsilon(t)$ A 时，相当于将电路在 $t=0$ 时接入通电值为 1 V 的直流电压源或为 1 A 的直流电流源，若直流电源不是 1 V 或 1 A，而是 10 V 或 10 A，则就写成 $10\varepsilon(t)$ V 或 $10\varepsilon(t)$ A，因此单位阶跃响应与直流激励响应相同。用 $s(t)$ 表示单位阶跃响应，已知电路的 $s(t)$，如果该电路的恒定激励为 $u_S(t) = U_0\varepsilon(t)$ 或 $i_S(t) = I_0\varepsilon(t)$，则电路的零状态响应为 $U_0 s(t)$ 或 $I_0 s(t)$。

二、一阶电路的阶跃响应

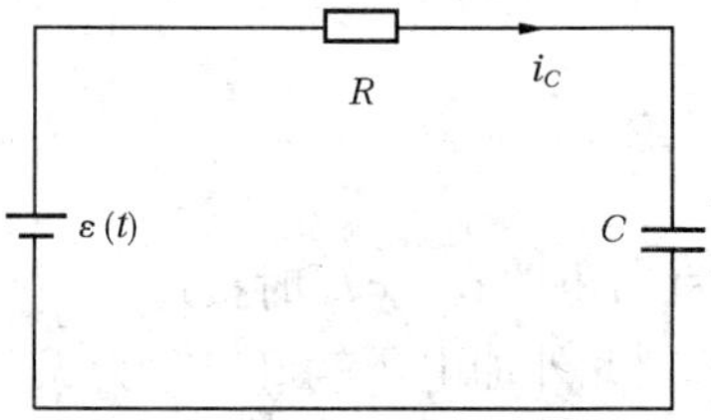

图 4-36　RC 充电电路

如图 4-36 所示 RC 的充电电路，当激励为单位阶跃函数 $\varepsilon(t)$ V 时，$u_C(0_-)=0$，则电路中产生的零状态响应为

$$u_C(t) = (1 - e^{-\frac{t}{RC}})\varepsilon(t) \quad (4\text{-}24)$$

$$i_C(t) = \frac{1}{R}e^{-\frac{t}{RC}}\varepsilon(t) \quad (4\text{-}25)$$

u_C 和 i_C 的零状态响应随时间的变化规律如图 4-37所示。

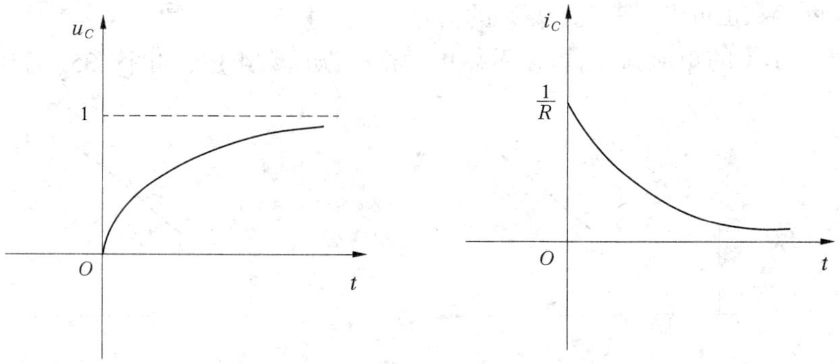

图 4-37　u_C 和 i_C 的波形

注意 $i = e^{-\frac{t}{RC}}\varepsilon(t)$ 和 $i = e^{-\frac{t}{RC}}$ 在 $t \geqslant 0$ 时的区别。

如果激励在 $t=t_0$ 时加入，则响应从 $t=t_0$ 开始，如图 4-38 所示。

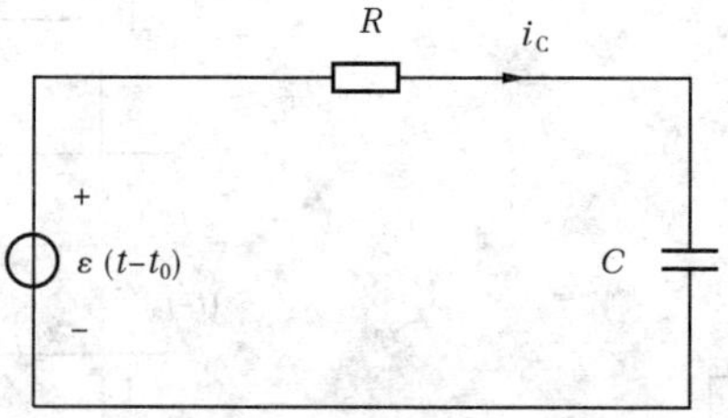

图 4-38　$t=t_0$ 时 RC 充电电路

则

$$i_C(t) = \frac{1}{R}e^{-\frac{t-t_0}{RC}}\varepsilon(t - t_0) \quad (4\text{-}26)$$

【例 4-9】　电路如图 4-39(a)所示，波形如图 4-39(b)所示，$u_S = 10\varepsilon(t) - 10\varepsilon(t-0.5)$，

$u_C(0_-)=0$,求电路中的电流 $i_C(t)$。

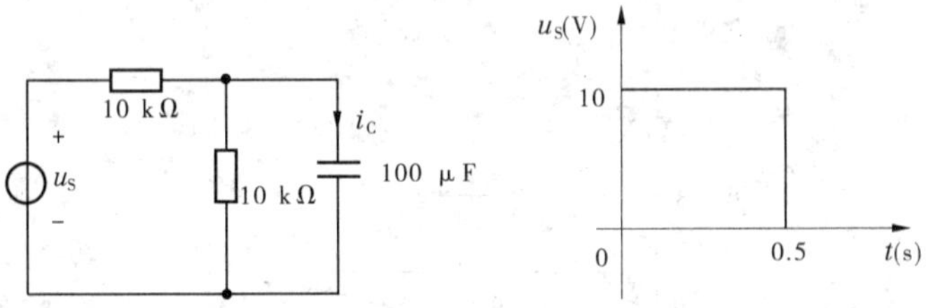

(a)　　　　(b)

图 4-39　例 4-9 图

解:经过电源的等效变换后,图 4-39(a)可以改画为图 4-40。

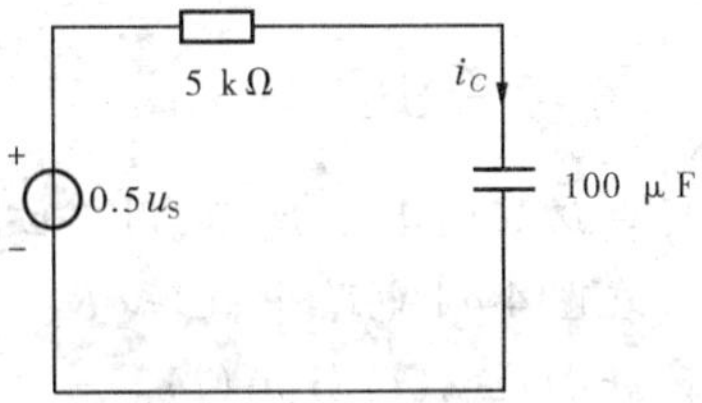

图 4-40　等效图

$$\tau = RC = 5\times10^3\times100\times10^{-6} = 0.5\ (\mathrm{s})$$

图 4-40 又可以看成是图 4-41(a)和(b)图的叠加。

由于阶跃响应为

$$u_C(t) = (1-\mathrm{e}^{-2t})\varepsilon(t)(\mathrm{V})$$

$$i_C = C\frac{\mathrm{d}u_C}{\mathrm{d}t} = \frac{1}{5}\mathrm{e}^{-2t}\varepsilon(t)(\mathrm{mA})$$

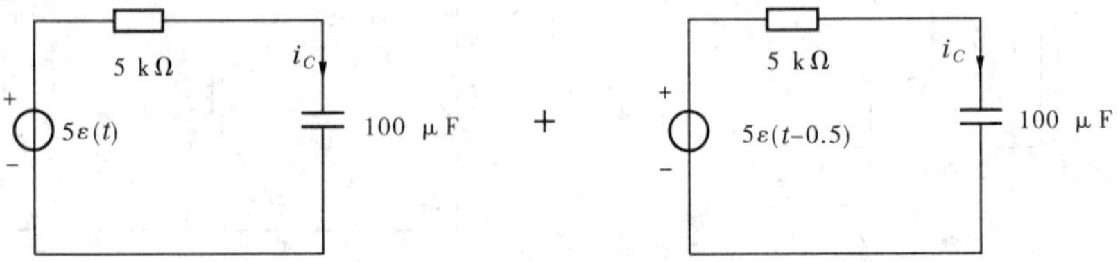

(a)　　　　(b)

图 4-41　图 4-40 分解图

由齐次性和叠加性得实际响应为

$$\begin{aligned}
i_C &= 5\left[\frac{1}{5}\mathrm{e}^{-2t}\varepsilon(t) - \frac{1}{5}\mathrm{e}^{-2(t-0.5)}\varepsilon(t-0.5)\right] \\
&= \mathrm{e}^{-2t}\varepsilon(t) - \mathrm{e}^{-2(t-0.5)}\varepsilon(t-0.5) \\
&= \mathrm{e}^{-2t}\varepsilon(t) - \mathrm{e}^{-2t}\varepsilon(t-0.5) + \mathrm{e}^{-2t}\varepsilon(t-0.5) - \mathrm{e}^{-2(t-0.5)}\varepsilon(t-0.5) \\
&= \mathrm{e}^{-2t}[\varepsilon(t) - \varepsilon(t-0.5)] + \mathrm{e}^{-2t}\varepsilon(t-0.5) - \mathrm{e}^{-2(t-0.5)}\varepsilon(t-0.5) \\
&= \mathrm{e}^{-2t}[\varepsilon(t) - \varepsilon(t-0.5)] + \mathrm{e}^{-1}\mathrm{e}^{-2(t-0.5)}\varepsilon(t-0.5) - \mathrm{e}^{-2(t-0.5)}\varepsilon(t-0.5) \\
&= \mathrm{e}^{-2t}[\varepsilon(t) - \varepsilon(t-0.5)] - 0.632\mathrm{e}^{-2(t-0.5)}\varepsilon(t-0.5)(\mathrm{mA})
\end{aligned}$$

所以 i_C 可以分段表示为

$$i_C(t) = \begin{cases} \mathrm{e}^{-2t}\ \mathrm{mA} & (0 < t < 0.5\ \mathrm{s}) \\ -0.632\mathrm{e}^{-2(t-0.5)}\ \mathrm{mA} & (t > 0.5\ \mathrm{s}) \end{cases}$$

i_C 的波形如图 4-42 所示。

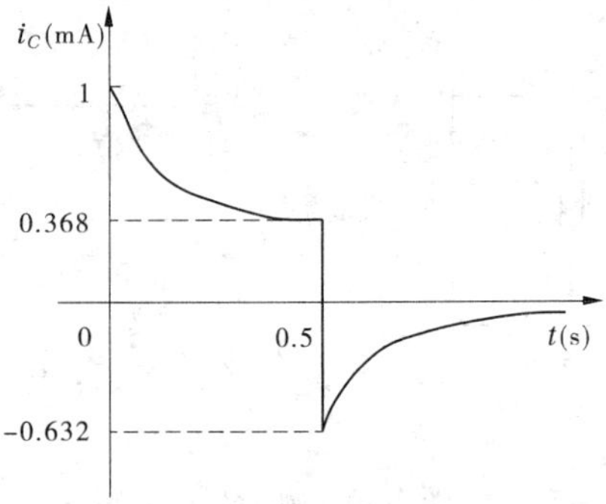

图 4-42　i_C 的波形

思考与练习题

1. 电路如图 4-43 所示，用单位阶跃函数表示复杂的信号。

2. 在图 4-44 电路中，已知 $R_1=8\ \Omega$，$R_2=8\ \Omega$，$R_3=6\ \Omega$，$L=1$ H，求在单位阶跃电压激励下的阶跃响应 $i_2(t)$ 与 $u_L(t)$。

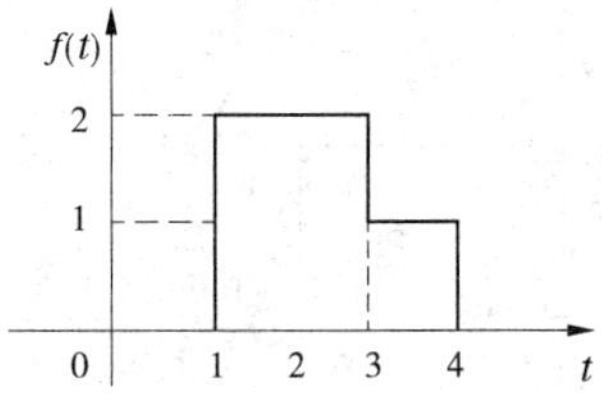

图 4-43　思考与练习题 1 图

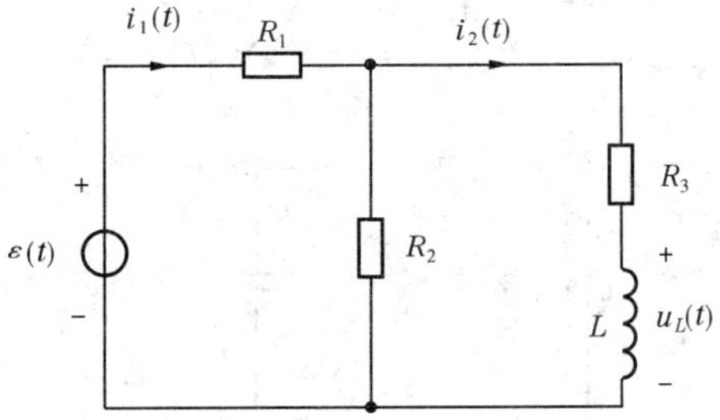

图 4-44　思考与练习题 2 图

实训七　用示波器观察电容充电放电时电压的变化曲线

一、实验目的

(1)充电时电容器两端电压的变化为时间函数，观察并画出充电电压曲线图。
(2)放电时电容器两端电压的变化为时间函数，观察并画出放电电压曲线图。
(3)电容器充电电流的变化为时间函数，观察并画出充电电流曲线图。
(4)电容器放电电流的变化为时间函数，观察并画出放电电流曲线图。
(5)测量 RC 电路的时间常数并比较测量值与计算值。
(6)研究 R 和 C 的变化对 RC 电路时间常数的影响。

二、实验器材

(1)示波器 1 台。

(2)信号发生器1台。

(3)1 μF 和 2 μF 电容各1个。

(4)1 kΩ 和 2 kΩ 电阻各1个。

三、实验原理及实验电路

图4-45所示为电容充电、放电电压波形测量电路,图4-46所示为电容充电、放电电流波形测量电路。

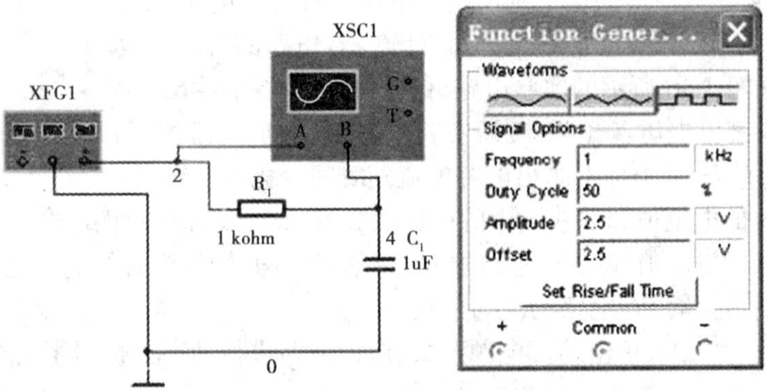

图4-45　电容充电、放电电压波形测量电路

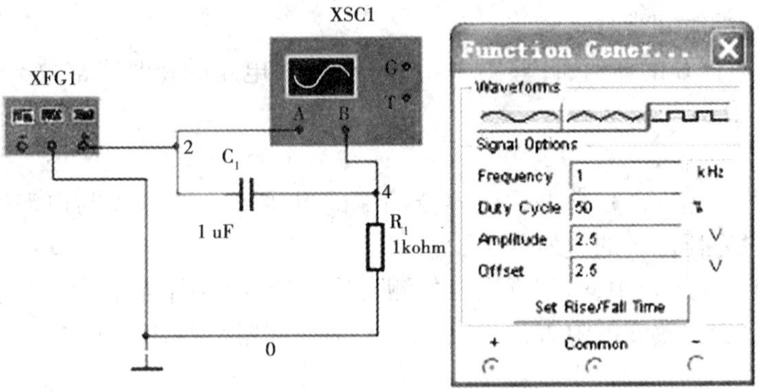

图4-46　电容充电、放电电流波形测量电路

在图4-45和图4-46所示的 RC 电路中,时间常数 τ 可以用电阻 R 和电容 C 的乘积来计算,即 $\tau=RC$。

在电容器充电、放电过程中电压和电流都会发生变化,只要在充电或放电曲线图上确定产生总量变化63%所需要的时间,就能测出时间常数。

用电容器充电电压曲线图测量时间常数的另一种方法是:假定在整个充电期间电容器两端的电压以初充电时的速率持续增大,当增大到充满电的电压值时,这个时间间隔就等于时间常数。也可以用电容器放电电压曲线图来测量,假定在整个放电期间电容器两端的电压以初放电时的速率持续减小,当减小到零时,这个时间间隔也等于时间常数。

图4-46中流过电阻 R_1 的电流 I_R 与流过电容器的电流 I_C 相同,这个电流可用电阻两端

的电压 U_R 除以电阻 R 来计算,即

$$I_R = I_C = \frac{U_R}{R}$$

四、实验步骤

(1)建立如图 4-45 所示的实验电路,信号发生器的设置可照图进行。

(2)用鼠标左键单击仿真开关,激活实验电路,双击示波器图标弹出其面板,观察和记录示波器的波形,在 U—T 坐标上画出电容电压随时间变化的曲线图。

(3)根据图 4-45 所示的 R、C 元件值,计算 RC 电路的时间常数 τ。

(4)建立如图 4-46 所示的实验电路,信号发生器按图 4-46 设置。

(5)鼠标左键单击仿真开关,激活实验电路,双击示波器图标弹出其面板,观察和记录示波器的波形,在 I—T 坐标上画出电容电流随时间变化的曲线图。

(6)根据 R 的电阻值和曲线图中的电压读数,计算开始充电时的电容电流 I_C。

(7)根据 R 的电阻值和曲线图中的电压读数,计算开始放电时的电容电流 I_C。

(8)用曲线图测量 RC 电路的时间常数 τ。

(9)将 R 改为 2 kΩ,单击仿真电源开关,激活电路进行动态分析。用曲线图测量新的时间常数 τ。

(10)根据新的电阻值 R,计算图 4-45 所示的 RC 电路新的时间常数 τ。

(11)将 C 改为 2 μF,信号发生器的频率改为 500 Hz,单击仿真电源开关进行动态分析,从曲线图测量新的时间常数 τ。

(12)根据 R 和 C 的新值,计算图 4-45 所示的 RC 电路的新时间常数 τ。

五、思考题

(1)在步骤(1)中,当充满电后电容器两端的电压 U 有多大?与电源电压比较情况如何?放完电后电容器两端的电压是多少?

(2)在步骤(2)、(3)中,时间常数 τ 的测量值与计算值比较情况如何?充满电后流过电容器的电流是多少?改变电阻 R 和改变电容 C 对时间常数有什么影响?

本章小结

1. 含有储能元件的电路,从一个稳态变化到另一个稳态都要经历一个中间过程,即动态电路的过渡过程。根据过渡过程电路中电压、电流产生的根源不同,过渡过程分为三种:零输入响应、零状态响应和全响应。动态电路过渡过程进行得快慢取决于电路的时间常数 τ。

2. 由于能量的储存与释放不能突变,所以电路中有储能元件(电容、电感)时,电路从一种状态过渡到另一种状态都需要一定的时间而不能突变。电路在换路瞬间能量不能突变的定律叫做换路定律,因此换路定律表述为:电容电压 u_C 和电感电流 i_L 在 $t=0$ 处连续,它们不能跃变,即

$$\left.\begin{aligned} u_C(0_+) &= u_C(0_-) \\ i_L(0_+) &= i_L(0_-) \end{aligned}\right\}$$

利用换路定律和电路的基本定律可以求得换路后电路的初始值。

3. 动态电路中无外加激励电源，仅由动态元件初始储能所产生的响应，称为动态电路的零输入响应。电路在零初始状态下，由外施激励引起的响应就是零状态响应。所谓零初始状态，指的是动态元件初始储能为零的状态。所以，零输入响应和零状态响应实质是 RC 电路（或 RL 电路）的放电和充电过程。

4. 一阶动态电路的全响应就是一阶动态电路的零输入响应和一阶动态电路的零状态响应的叠加。即电路里面既有外激励源，又存在非零状态的共同作用，就称为一阶电路的全响应。一阶电路的全响应可以用以下三种情况的叠加来描述：

$$全响应 = 强制分量 + 自由分量$$

$$全响应 = 零输入响应 + 零状态响应$$

$$全响应 = 稳态分量 + 暂态分量$$

5. 用三要素法分析一阶电路的全响应。其通式为

$$f(t) = f(\infty) + [f(0_+) - f(\infty)]e^{-\frac{t}{\tau}}$$

式中，$f(t)$ 表示电路中待求的电压或电流；$f(\infty)$ 表示换路后电压或电流的新的稳态值；$f(0_+)$ 表示电压或电流的初始值；τ 表示电路的时间常数。

一阶电路暂态分析的三要素法，只要求计算出初始值、稳态值以及时间常数 τ，即可直接写出电路微分方程的解。

6. 电路在单位阶跃电压或单位阶跃电流的激励下的零状态响应称为单位阶跃响应，简称阶跃响应。在 $t=0$ 时加于电路的直流电源就称为阶跃电源，用数学语言，就称为阶跃函数，阶跃函数是一种奇异函数，可定义为

$$\varepsilon(t) = \begin{cases} 0 & t < 0 \\ 1 & t > 0 \end{cases}$$

习　题

4-1　电路如图 4-47 所示，开关 S 在 $t=0$ 时闭合，求出该电路在 $t=0_+$ 时刻的电压和电流。

4-2　电路如图 4-48 所示，开关 S 在 $t=0$ 时由触点 1 合到触点 2，试求电路的初始值。

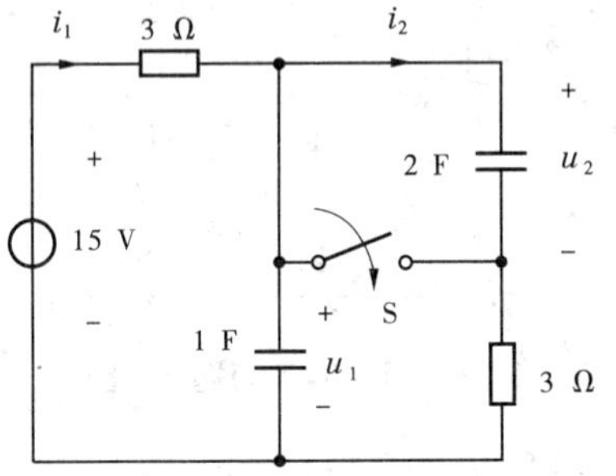

图 4-47　习题 4-1 图

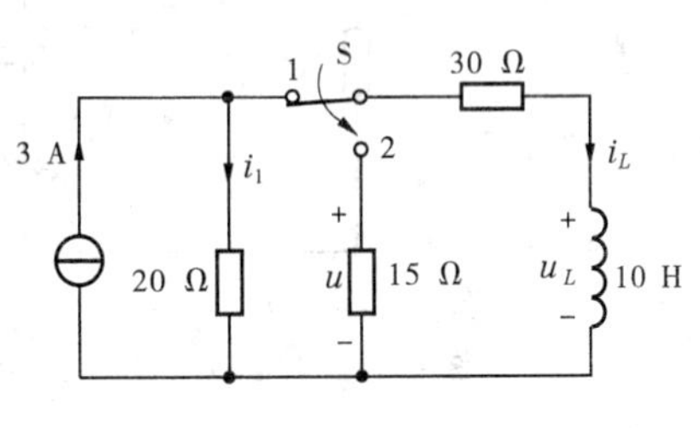

图 4-48　习题 4-2 图

4-3　电路如图 4-49 所示，$t=0$ 时开关闭合，已知 $u_C(0_-)=4$ V，求 $i_C(0_+)$、$u_R(0_+)$。

4-4　如图 4-50 所示电路处于稳态，$t=0$ 时开关 S 闭合，求初始值 $u_C(0_+)$、$i_C(0_+)$、$u(0_+)$。

4-5　图 4-51 所示电路原来处于稳态，$t=0$ 时开关 S 打开。求换路后 $t=0_+$ 时刻各支路电流与动态元件电压（电流）的初始值。

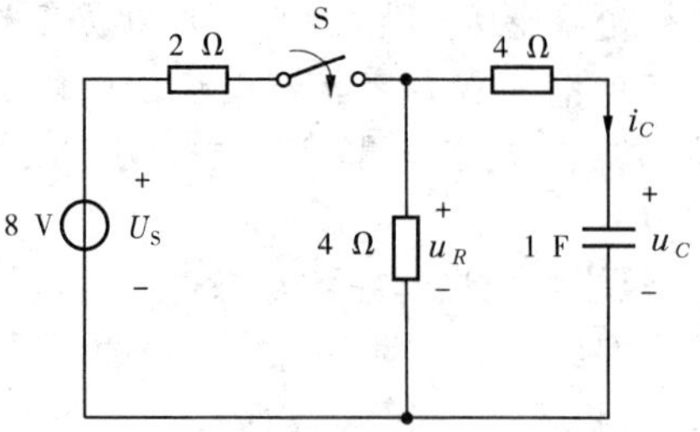

图 4-49　习题 4-3 图

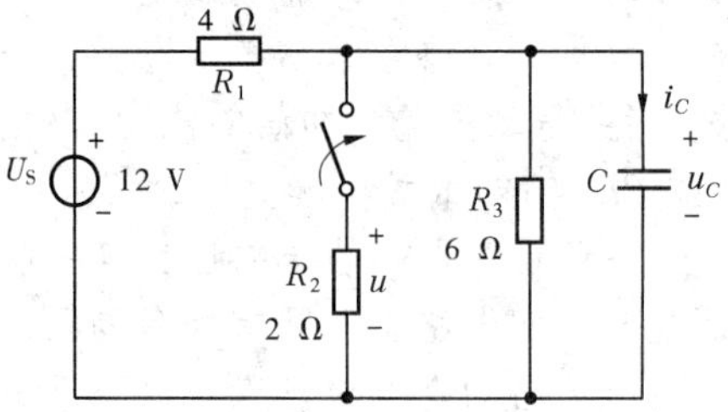

图 4-50　习题 4-4 图

4-6　如图 4-52 所示电路，在换路前已经处于稳态，在 $t=0$ 时将开关 S 闭合，求电容电压 u_C。

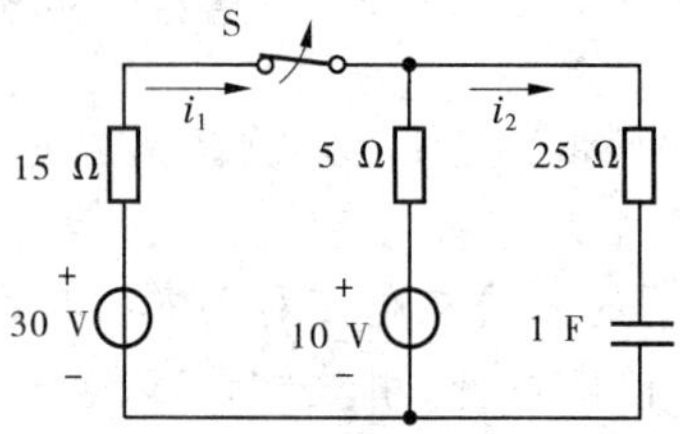

图 4-51　习题 4-5 图

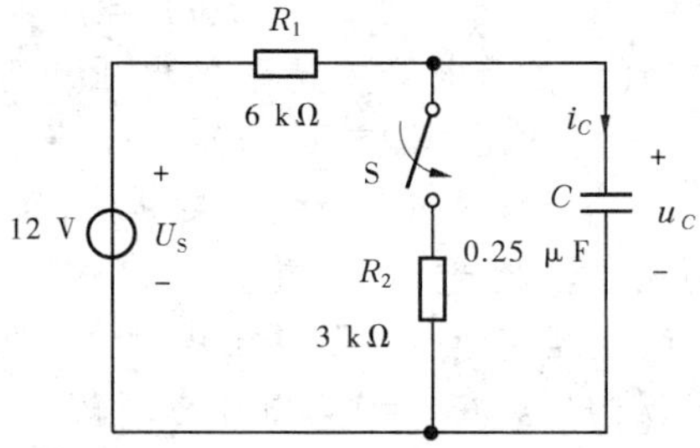

图 4-52　习题 4-6 图

4-7　如图 4-53 所示电路，换路前开关 S 闭合在位置 1，且电路处于稳定状态，在 $t=0$ 时开关 S 从位置 1 迅速地拨到位置 2。求：(1) 电路的时间常数；(2) 电容开始放电时的初始电流；(3) 电容电压衰减到 3 V 所需的时间。

4-8　如图 4-54 所示电路原处稳态，$t=0$ 时合上开关 S，求换路后的 $i_L(t)$ 和 $i(t)$。

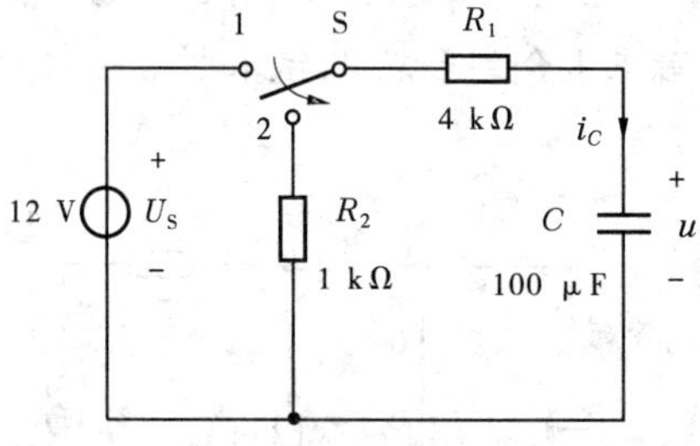

图 4-53　习题 4-7 图

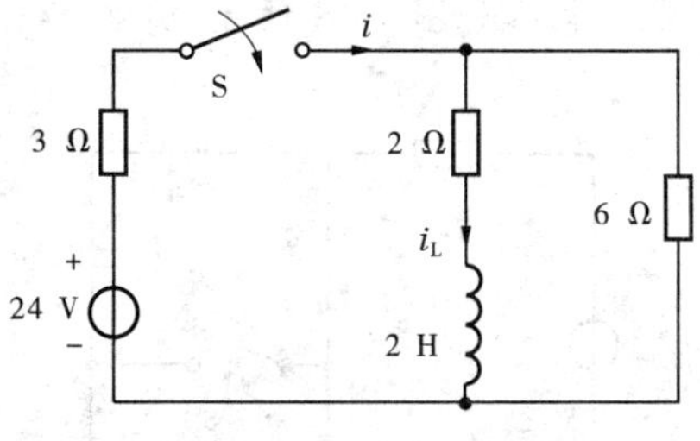

图 4-54　习题 4-8 图

4-9　电路如图 4-55 所示，$U_S=12$ V，$R_1=R_3=4$ kΩ，$R_2=2$ kΩ，$C=50$ μF，开关 S 在 $t=0$ 时闭合，设电容初始为零状态，求换路后电路中的时间常数 τ。

4-10　在图 4-56 所示的电路中，已知电源电压 $U_S=10$ V，电阻 $R=10$ Ω，电容 $C=5$ μF。开关 S 闭合之前电路已经处于稳态，且 $u_C(0_-)=0$，在 $t=0$ 时开关 S 闭合。求：$t=3\tau$ 及 $t=5\tau$ 时 u_C 的值。

4-11　如图 4-57 所示，电路换路前已经处于稳态，在 $t=0$ 时将开关 S 闭合，求电感电流 i_L。

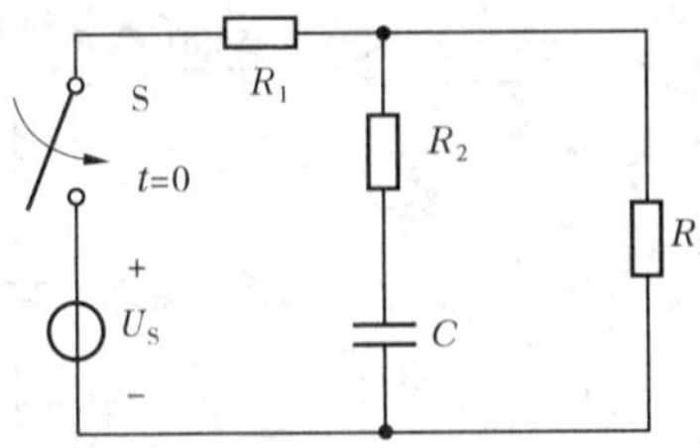

图 4-55　习题 4-9 图

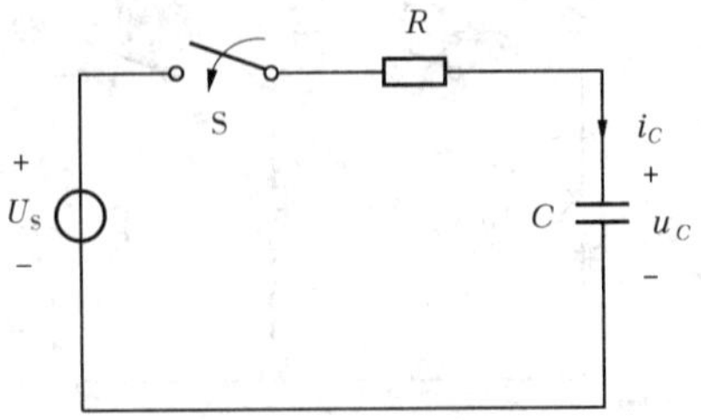

图 4-56　习题 4-10 图

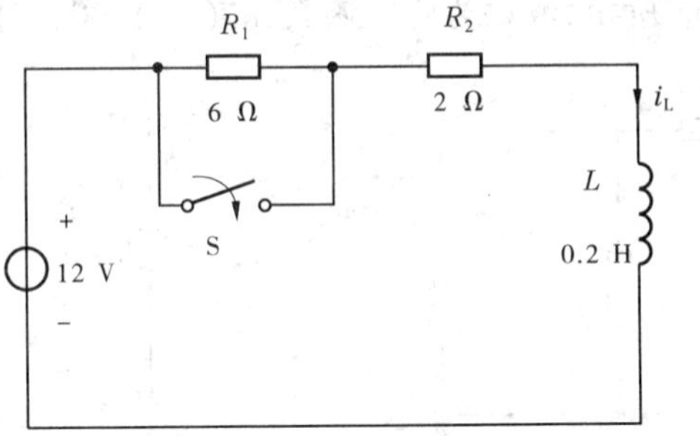

图 4-57　习题 4-11 图

4-12　电路如图 4-58 所示，$t=0$ 时开关 S 闭合，换路前电路处于稳态。其中 $R_1=R_3=10\ \Omega$，$R_2=40\ \Omega$，$L=0.1$ H，$U_S=180$ V，求换路后电感中的电流 i_L。

4-13　如图 4-59 所示电路，$U_{S1}=3$ V，$U_{S2}=6$ V，$R_1=R_2=2\ \Omega$，$R_3=1\ \Omega$，$L=0.01$ H，开关 S 在触点 1 时，电路处于稳态。$t=0$ 时开关由触点 1 打向触点 2，试求：(1) i_L、i_1 的变化规律及它们随时间变化的曲线；(2) 换路后 i_L 从初始值变化到零所需要的时间。

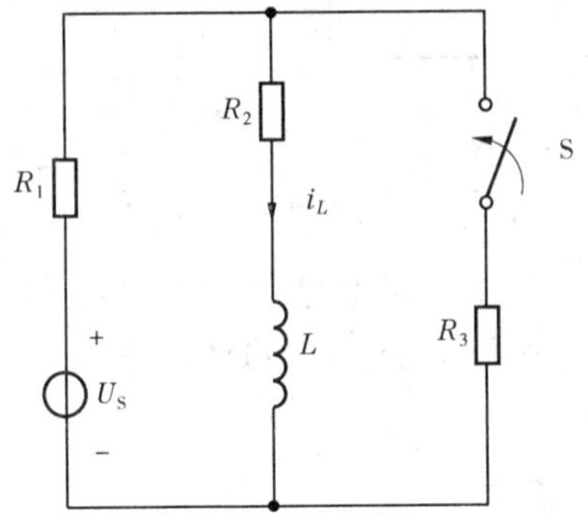

图 4-58　习题 4-12 图

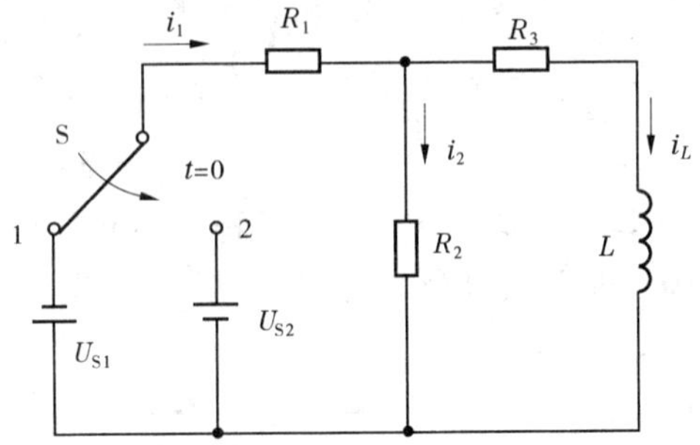

图 4-59　习题 4-13 图

4-14　如图 4-60 所示电路，电感电流 $i_L(0_+)=0$，$t=0$ 时开关 S_1 闭合，经过 0.1 s，再闭合 S_2，同时断开 S_1，试求电感电流 $i_L(t)$，并画出波形图。

4-15　如图 4-61 所示电路，电容原来不带电荷，$t=0$ 时合上开关 S，已知经过 1.5 ms 时电流为 0.11 A。求电容 C 值、电流的初始值和电容电压 $u_C(t)$。

4-16　如图 4-62 所示电路原处稳态，$t=0$ 时合上开关 S。求换路后的 $i_L(t)$ 和电压源发出的功率。

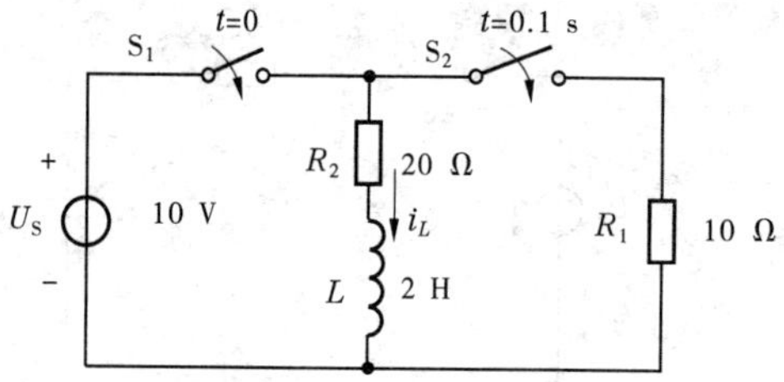

图 4-60　习题 4-14 图

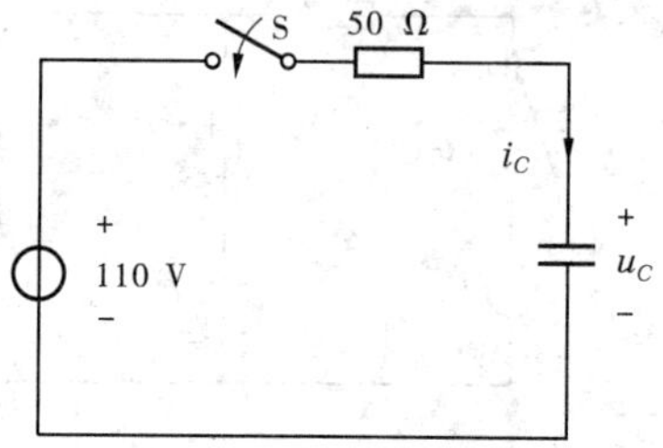

图 4-61　习题 4-15 图

4-17　电路如图 4-63 所示，激励为阶跃函数，$u_C(0_-)=0$，求阶跃响应。

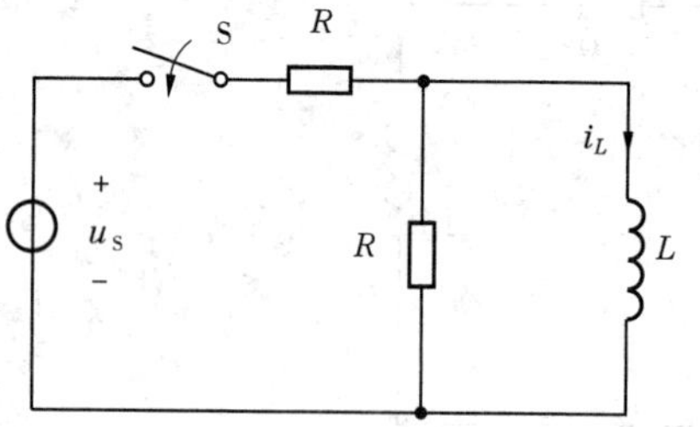

图 4-62　习题 4-16 图

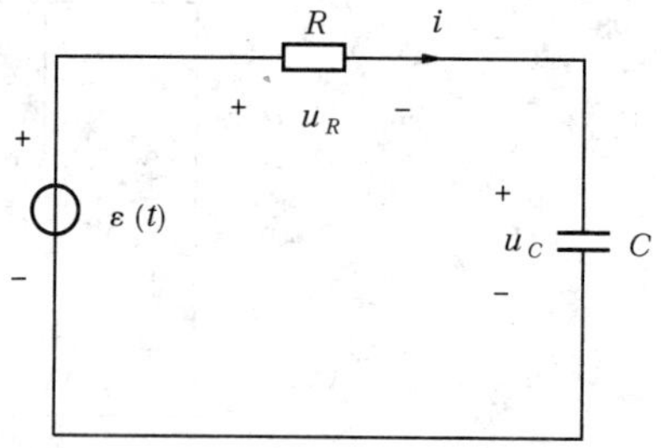

图 4-63　习题 4-17 图

4-18　如图 4-64 所示，RC 并联电路的电流源的电流是一个矩形脉冲，求零状态响应 $u_C(t)$。

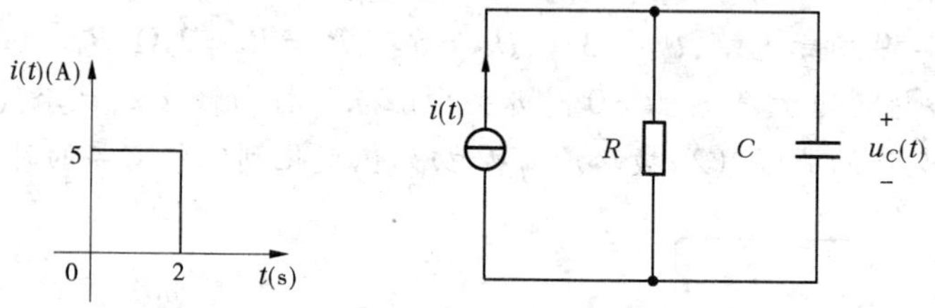

(a)　　(b)

图 4-64　习题 4-18 图

4-19　零状态电路如图 4-65(a) 所示，$u(t)$ 波形如图 4-65(b) 所示，试求：(1) $i(t)$ $(t\geqslant 0)$，并画 $i(t)$ 和 $u_L(t)$ 的波形；(2) 若 $t_0\geqslant 1$ s，重新画出 $i(t)$ 和 $u_L(t)$ 的波形。

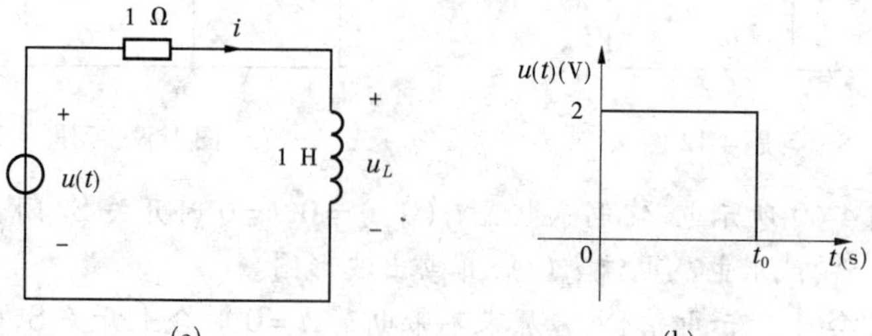

(a)　　(b)

图 4-65　习题 4-19 图

第五章　正弦交流电路分析

在工农业生产和日常生活中，除使用直流电外，应用更广泛的是大小和方向均随时间作周期性变化的电流和电压。当电路中的电流和电压都随时间按照正弦规律变化时，该电路称为正弦交流电路。本章主要介绍正弦交流电的基本概念，讨论正弦稳态交流电路的分析和计算方法。

第一节　正弦交流量的基本概念

一、交流电

大小和方向不随时间变化的电压和电流称为稳恒直流电，简称直流电。常见的直流电的波形如图 5-1(a)所示。在电子通信技术中，经常会接触到大小随时间变化，而方向不随时间变化的电压和电流，称其为脉动直流电，其波形如图 5-1(b)、(c)所示。

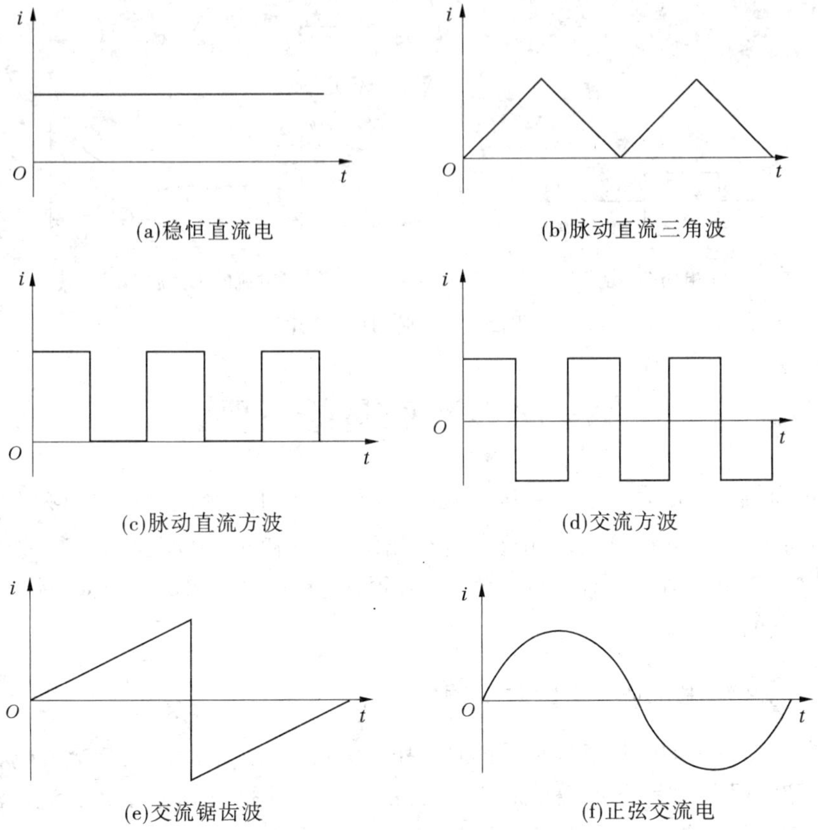

(a)稳恒直流电　(b)脉动直流三角波

(c)脉动直流方波　(d)交流方波

(e)交流锯齿波　(f)正弦交流电

图 5-1　几种常见电流的波形

电压或电流的大小和方向都随时间变化时，称为交流电，如图 5-1（d）、（e）、（f）所示。最常见的交流电是大小和方向随时间按正弦规律变化的正弦交流电，用小写字母 u、i 表示，如电压记为 $u(t)$，也可简写为 u。在时域范围内正弦量可以用正弦函数表示，也可用余弦函数表示。本书选用正弦函数的形式来表示正弦量，其波形如图 5-1（f）所示。

二、正弦交流电

与分析直流电路相似，在分析正弦交流电路时，首先要选定参考方向。一般把元件上的电压和电流的参考方向选取为关联参考方向，然后写出正弦量的数学表达式（解析式），再画出它的波形图。如图 5-2 所示为某段电路上流过的正弦电流 i，图 5-2（a）中实线箭头表示所选定的参考方向，当 i 的实际方向与参考方向一致时，是正值，对应波形图的正半周；当 i 的实际方向与参考方向相反时，是负值，对应波形图的负半周。图 5-2（b）为正弦交流电 i 的波形图，与波形图相对应的正弦电流的瞬时值表达式为

$$i = I_m \sin(\omega t + \psi) \tag{5-1}$$

式中，I_m 为正弦交流电的振幅值；ω 为正弦交流电的角频率；ψ 为正弦交流电的初相位。

利用瞬时值表达式可以计算出任意时刻正弦量的数值。

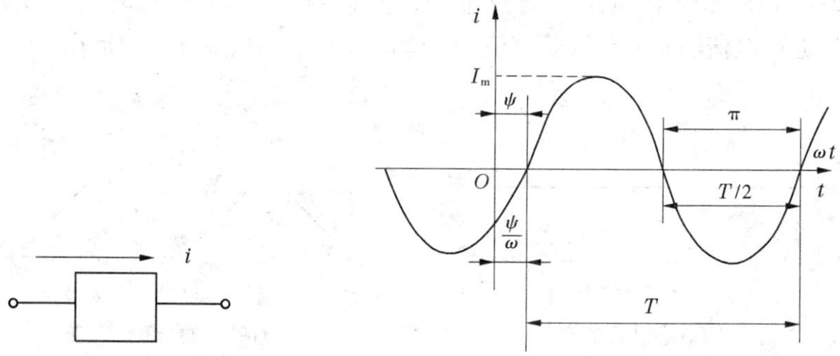

(a)电路图　　(b)电流的正弦波形图

图 5-2　正弦量的波形图

第二节　正弦量的三要素

一个正弦量的特征表现在它变化的振幅值（I_m）、随时间变化的快慢角频率（ω）和初相位（ψ）三个量值上。当 $t=0$ 时的角度称为初相位，简称初相，用 ψ 表示，单位为弧度。确定了正弦量的这三个量值，一个正弦量就可以完全确定地描述出来了，故称振幅值、角频率、初相位为正弦量的三要素。

一、正弦交流电的瞬时值、振幅值

交流电在任一时刻的数值称为瞬时值，用小写字母 u、i 表示。正弦交流电在一个周期内振动的幅度，用大写字母加下标 m 表示，如 U_m、I_m。在图 5-2 所示正弦交流电流的波形图中，I_m 是电流的振幅值，$2I_m$ 称为正弦交流电的峰 - 峰值。

二、正弦交流电的角频率、周期、频率

正弦量单位时间内变化的弧度称为角频率。它是反映正弦量变化快慢的量，用 ω 表示，其单位是弧度/秒(rad/s)。正弦量变化的快慢还可以用周期 T 和频率 f 来表示。

正弦交流电每循环一次所需要的时间称为周期，用 T 表示，单位是秒(s)。

单位时间内正弦交流电变化的次数称为频率，用 f 表示，单位是赫兹(Hz)，简称赫。

根据角频率、周期和频率的定义可知，它们之间的关系可以表示为

$$\omega = \frac{2\pi}{T} = 2\pi f \tag{5-2}$$

世界上大多数国家都采用 $f=50$ Hz($T=0.02$ s、$\omega=314$ rad/s)作为电力工业的标准频率，习惯上称 50 Hz 为工频，只有美国、日本等少数国家采用 60 Hz。

三、正弦交流电的相位、初相位和相位差

(一)相位和初相位

式(5-1)中的 $\omega t+\psi$ 反映了正弦量随时间变化的进程，是一个随时间变化的角度，称为正弦量的相位角，简称相位，单位为弧度。当相位随时间连续变化时，正弦量的瞬时值也随之作连续变化。ψ 是正弦量在计时起点即 $t=0$ 时的相位，称为初相位，简称初相，单位为弧度。初相确定了正弦量计时开始时的状态，规定 $|\psi|$ 不超过 π 弧度。

正弦量在任意瞬间的相位都与初相有关。显然，正弦量的初相与计时起点(即波形图上的坐标原点)的选择有关。由于正弦量一个周期中出现两次瞬时值为零的情况，我们规定正弦波瞬时值由负变正时的过零点为正弦波的零值，则正弦量的初相便是由正弦量的零值到计时起点 $t=0$ 之间的弧度。如果正弦量以零值为计时起点，则初相 $\psi=0$(图 5-3 所示 e 的初相)；如果零值在坐标原点的左侧，则初相 ψ 为正(图 5-3 所示 i 的初相)；如果零值在坐标原点的右侧，则初相 ψ 为负(图 5-3 所示 u 的初相)。同时可以看出，在 $t=0$ 时，函数值的正负与对应初相 ψ 的正负号相同。

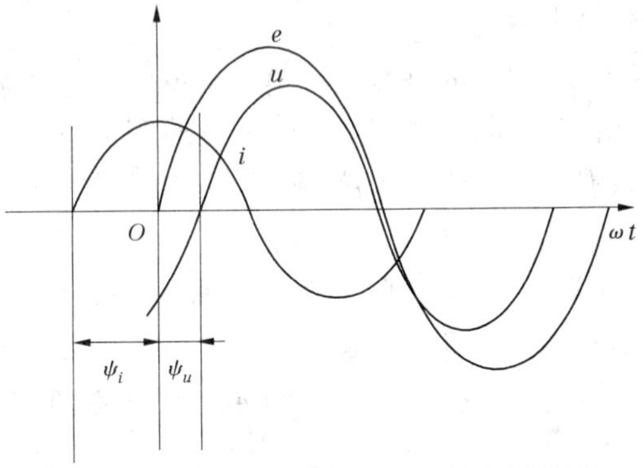

图 5-3　初相位不同的正弦交流电的波形

【例 5-1】 在选定的参考方向下，已知两正弦量的解析式为 $u=311\sin\left(314t-\frac{4\pi}{3}\right)$ V，$i=10\cos\left(100t+\frac{\pi}{6}\right)$ mA，试求正弦量的三要素。

解：(1) $u=311\sin\left(314t-\dfrac{4\pi}{3}\right)=311\sin\left(314t-\dfrac{4\pi}{3}+2\pi\right)=311\sin\left(314t+\dfrac{2\pi}{3}\right)$ V

所以电压的振幅值 $U_m=311$ V，角频率 $\omega=314$ rad/s，初相 $\psi_u=\dfrac{2\pi}{3}$。

(2) $i=10\cos\left(100t+\dfrac{\pi}{6}\right)=10\sin\left(100t+\dfrac{\pi}{6}+\dfrac{\pi}{2}\right)=10\sin\left(100t+\dfrac{2\pi}{3}\right)$ mA

所以电流的振幅值 $I_m=10$ mA，角频率 $\omega=100$ rad/s，初相 $\psi_i=\dfrac{2\pi}{3}$。

【例 5-2】 已知在原参考方向下 $u=10\sin\left(100t+\dfrac{\pi}{6}\right)$ V，如果现将该电压的参考方向选得相反，写出参考方向改变后的解析式。

解：参考方向改变后的解析式为

$$u=-10\sin\left(100t+\frac{\pi}{6}\right)\text{ V}$$

$$u=-10\sin\left(100t+\frac{\pi}{6}\right)=10\sin\left(100t+\frac{\pi}{6}-\pi\right)=10\sin\left(100t-\frac{5\pi}{6}\right)\text{ V}$$

所以改变参考方向的结果是将正弦量的初相位加上或减去 π，需要注意的是 $|\psi\pm\pi|\leqslant\pi$。

正弦量的初相与参考方向的选择有关，当参考方向改变后，解析式也要作相应的变化，即

$$-I_m\sin(\omega+\psi)=I_m\sin(\omega+\psi\pm\pi)$$

(二)相位差

虽然同一正弦电路中的电流和电压都是同频率的正弦量，但是它们随时间变化的进程可能不同，为了描述同频率正弦量随时间变化进程的先后，引入了相位差的概念。相位差用 φ 或 φ 带双下标表示。如图 5-3 所示正弦交流电压和电流的瞬时值表达式分别为

$$u=U_m\sin(\omega t+\psi_u)$$
$$i=I_m\sin(\omega t+\psi_i)$$

它们的频率相同，相位差可以表示为

$$\varphi_{ui}(\text{或}\ \varphi)=(\omega t+\psi_u)-(\omega t+\psi_i)=\psi_u-\psi_i \tag{5-3}$$

由上面的分析可以看出，两个同频率正弦量的相位差等于两个正弦量的初相之差，是一个与时间 t 无关的常数。相位差 φ 的单位仍是弧度(rad)，习惯上也用度(°)来表示，规定相位差的绝对值 $|\varphi|\leqslant\pi$。

下面来讨论不同的相位差所反映的两个同频率正弦量在变化过程中的先后顺序：

当 $\varphi=\psi_u-\psi_i>0°$ 时，称电压 u 超前于电流 i，或称电流 i 滞后于电压 u。也就是说，电压 u 达到零值或最大值后，电流 i 需经过一段时间才能到达零值或最大值，如图 5-4(a)所示。

当 $\varphi=\psi_u-\psi_i=0°$ 时，称电压 u 与电流 i 同相。这时电压和电流同时到达最大值和零值，如图 5-4(b)所示。

当 $\varphi=\psi_u-\psi_i=\pm\pi$ 时，称电压 u 和电流 i 反相，如图 5-4(c)所示。

当 $\varphi=\psi_u-\psi_i=\pm\dfrac{\pi}{2}$ 时，称电压 u 和电流 i 正交，如图 5-4(d)所示。

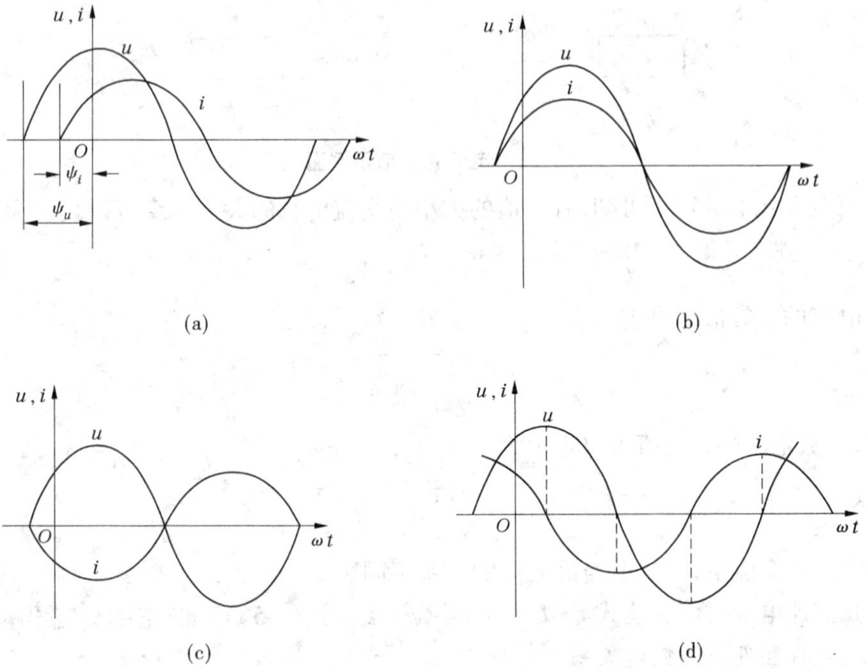

图 5-4　同频率正弦量的相位差

思考与练习题

1. 已知 $f=50$ Hz，试求 T 和 ω。

2. 已知某正弦量的最大值 $U_m=311$ V，频率 $f=50$ Hz，初相位 $\psi_u=\frac{1}{6}\pi$，试写出该正弦量的解析式。

3. 两个同频率的正弦电压和电流分别为 $u=311\sin(\omega t+60°)$ V，$i=20\cos(\omega t+60°)$ mA，求它们之间的相位差，并说明哪个超前。

第三节　交流电的有效值和平均值

交流电的大小和方向是随时间变化的，所以在测量和计算时都不方便，而且也不能确切地反映在能量转换方面的实际效果，因此在工程实际中，常将交流电在一个周期内产生的平均效应换算成等效的直流量。这一等效的直流量就称为交流电的有效值。有效值可以确切地反映交流电的做功能力，常用大写字母表示，如 I、U 分别表示电流、电压的有效值。

一、交流电的有效值

交流电的有效值是根据电流的热效应定义的。如图 5-5(a)、(b)所示，某一交流电流 i 和一直流电流 I，分别通过阻值相同的电阻 R。如果在相同时间 t 内，两种电流在两个相同的电阻上产生的热量相等，那么就把直流电 I 的数值定义为交流电 i 的有效值。有效值确切地反映了交流电的做功能力。

图 5-5　电流有效值示例图

由交流电有效值的定义可知,有效值的大小与交流电流的大小关系可以表示为

$$I^2RT = \int_0^T i^2 R\mathrm{d}t \tag{5-4}$$

所以交流电流的有效值可以表示为

$$I = \sqrt{\frac{1}{T}\int_0^T i^2\mathrm{d}t} \tag{5-5}$$

同理,交流电压的有效值可以表示为

$$U = \sqrt{\frac{1}{T}\int_0^T u^2\mathrm{d}t} \tag{5-6}$$

不同波形的交流电,有效值与最大值的关系不同。

将正弦交流电瞬时值表达式 $i = I_m\sin(\omega t + \psi)$ 代入式(5-5)可知,正弦交流电的最大值和有效值之间存在如下的数量关系

$$I = \frac{I_m}{\sqrt{2}} = 0.707I_m \tag{5-7}$$

同理,正弦电压的有效值为

$$U = \frac{U_m}{\sqrt{2}} = 0.707U_m \tag{5-8}$$

引入有效值后,正弦电压和正弦电流可分别写成

$$u = \sqrt{2}U\sin(\omega t + \psi_u) \tag{5-9}$$

$$i = \sqrt{2}I\sin(\omega t + \psi_i) \tag{5-10}$$

通常所说的正弦交流电压、电流的大小都是指有效值。比如测量交流电压和交流电流的各种仪器所指示的数值以及交流电气设备铭牌上的额定值等都指的是有效值。一般只有分析电气设备(如电路元件)的耐压能力时,才用到最大值。

【例 5-3】 已知 $u = U_m\sin\omega t$, $U_m = 311$ V, $f = 50$ Hz,试求有效值 U 和 $t = \frac{1}{5}$ s 时的瞬时值。

解:

$$U = \frac{U_m}{\sqrt{2}} = \frac{311}{\sqrt{2}} = 220(\mathrm{V})$$

$$u = U_m\sin 2\pi ft = 311\sin\frac{100\pi}{5} = 311\sin 20\pi = 0$$

二、交流电的平均值

技术上应用的交流电的平均值指的是一个周期内交流电的绝对值的平均值,也等于交流电在正半个周期内的平均值。交流电的平均值用 U_{av}、I_{av} 等来表示。以交变电流为例,正

弦交流电的平均值和最大值的关系为

$$I_{av} = \frac{2}{\pi}I_m = 0.637I_m \tag{5-11}$$

思考与练习题

1. 已知频率为 50 Hz 的正弦电流在 $t=0$ 时为 5 A,其初相位为 45°,试写出其解析式并求有效值。

2. 在某正弦交流电路中,已知 $u=311\sin(314t+60°)$ V。(1)试指出它的频率、周期、角频率、幅值、有效值以及初相位各为多少;(2)画出波形图;(3)如果将电压的参考方向取得相反,写出它的解析式并画出波形图。

第四节　正弦量的相量表示法

在分析正弦交流电路时,常常需要对电压和电流进行运算。如果直接按正弦量的数学表达式或者是波形图分析是很麻烦的,而用相量法分析线性正弦稳态电路将会方便得多。在正弦交流电路中,所有响应都是与激励同频率的正弦量,所以在分析时可以不考虑频率,只需要考虑有效值和初相位。而一个复数恰好可以同时表示一个正弦量的有效值和初相,因此就可以把正弦量的运算问题转换成复数的运算。在介绍相量表示法以前,先对复数的有关知识作简要介绍。

一、复数及其表示方法

在数学中用 $A=a+bi$ 表示复数,其中 a 为实部,b 为虚部。在电气工程中,为了区别电流的符号,常用 j 代替 i。一个复数在复平面上对应一个确切的点,如图 5-6 中的复数 A,它在实轴上的投影是 a,在虚轴上的投影是 b,有向线段 $|A|$ 是复数的模。模与正向实轴之间的夹角 ψ 是复数 A 的辐角。

复数的四种表示方法如下。

(1)复数的代数形式

$$A = a + \mathrm{j}b \tag{5-12}$$

(2)复数的指数形式

$$A = r\mathrm{e}^{\mathrm{j}\psi} \tag{5-13}$$

由图 5-6 可知

$$r = \sqrt{a^2 + b^2}$$

$$\psi = \arctan\frac{b}{a}$$

$$a = r\cos\psi$$

$$b = r\sin\psi$$

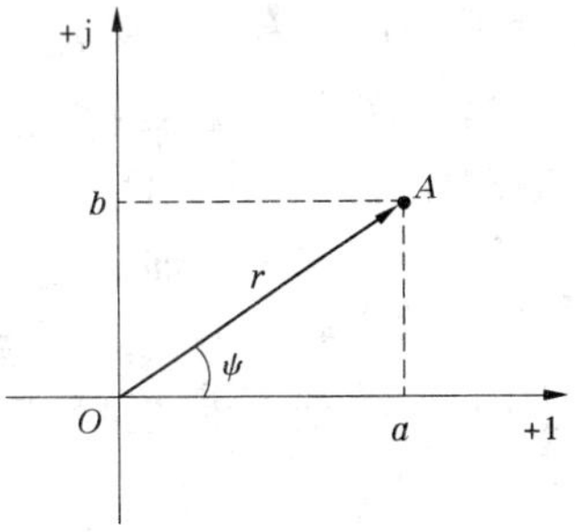

图 5-6　复数的表示图

(3)复数的三角函数形式

$$A = r\cos\psi + \mathrm{j}r\sin\psi \tag{5-14}$$

(4)复数的极坐标形式

$$A = r\angle\psi \tag{5-15}$$

二、复数的运算

(一)复数的加减运算

设有两个复数

$$A_1 = a_1 + \mathrm{j}b_1 = r_1\angle\psi_1$$
$$A_2 = a_2 + \mathrm{j}b_2 = r_2\angle\psi_2$$

则

$$A_1 \pm A_2 = (a_1 \pm a_2) + \mathrm{j}(b_1 \pm b_2)$$

复数的加减运算用代数形式比较方便。

(二)复数的乘除运算

$$A_1 \times A_2 = r_1 r_2 \mathrm{e}^{\mathrm{j}(\psi_1+\psi_2)} = r_1 r_2\angle(\psi_1 + \psi_2)$$
$$\frac{A_1}{A_2} = \frac{r_1}{r_2}\mathrm{e}^{\mathrm{j}(\psi_1-\psi_2)} = \frac{r_1}{r_2}\angle(\psi_1 - \psi_2)$$

复数的乘除运算用指数形式和极坐标形式比较方便。

【例 5-4】 已知复数 $A_1 = -3 + \mathrm{j}4, A_2 = 6 - \mathrm{j}8$,求 $A_1 + A_2, A_1 - A_2, A_1 \times A_2, A_1/A_2$。

解:$A_1 + A_2 = -3 + \mathrm{j}4 + 6 - \mathrm{j}8 = 3 - \mathrm{j}4$

$A_1 - A_2 = -3 + \mathrm{j}4 - 6 + \mathrm{j}8 = -9 + \mathrm{j}12$

$A_1 \times A_2 = (-3 + \mathrm{j}4) \times (6 - \mathrm{j}8) = 5\angle126.9° \times 10\angle -53.1° = 50\angle73.8°$

$A_1/A_2 = \dfrac{-3 + \mathrm{j}4}{6 - \mathrm{j}8} = \dfrac{5\angle126.9°}{10\angle -53.1} = 0.5\angle180° = -0.5$

三、正弦量的相量表示法

设有正弦电流 $i = I_\mathrm{m}\sin(\omega t + \psi) = \sqrt{2}I\sin(\omega t + \psi)$,如图 5-7 所示。在复平面上作矢量 $\dot{I}_\mathrm{m}$,它的长度等于正弦电流 $i(t)$ 的最大值 I_m,其辐角的大小等于电流 $i(t)$ 的初相位 ψ。当矢量 $\dot{I}_\mathrm{m}$ 以角频率 ω 绕原点逆时针旋转时,矢量在纵轴上的投影是不断变化的。比如当 $t = 0$ 时,该矢量在纵轴上的投影为 $a = I_\mathrm{m}\sin\psi$。经过 t_1 时间,它在纵轴的投影变为 $Ob = I_\mathrm{m}\sin(\omega t_1 + \psi)$,其数值正好等于正弦电流在 $t = t_1$ 时刻的瞬时值。显然,对于任意时刻,该矢量在纵轴上的投影也正好是电流 $i = I_\mathrm{m}\sin(\omega t + \psi)$ 在这一瞬间的值。把矢量各个时刻在纵轴上的投影值按时间逐点描绘出来,就得到了一条正弦曲线。也就是说,在任意时刻,以角速度 ω 逆时针旋转的矢量在纵轴上的投影,都与正弦电流在该时刻的瞬时值保持一一相等的对应关系。像这样旋转的矢量,称为旋转矢量。旋转矢量既能反映正弦量的三要素,又能通过它在纵轴上的投影确定正弦量的瞬时值,所以复平面上的一个旋转矢量可以完整地表示一个正弦量。

复平面上的矢量与复数是一一对应的。由于正弦交流电路中所有的电流和电压都是同频率的正弦量,表示它们的那些旋转矢量的角速度相同,相对位置始终不变,所以可以不考虑它们的旋转,只用起始位置的矢量就能表示正弦量。相量法就是用模值等于正弦量的最大值(或有效值)、辐角等于正弦量的初相的复数对应地表示相应的正弦量。这种能表示正

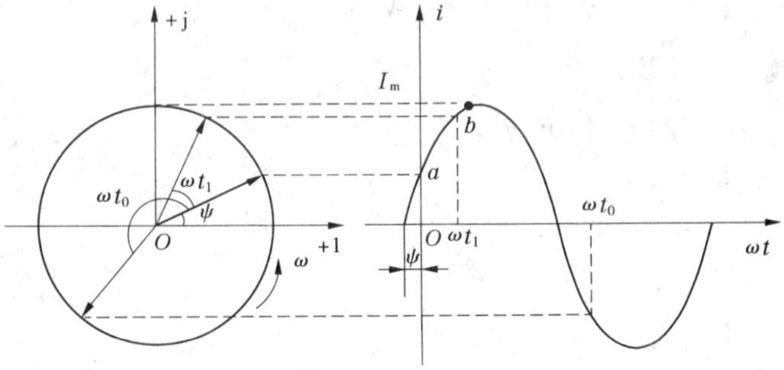

图 5-7　用正弦波形和旋转有向线段表示正弦量

弦量特征的复数就叫相量。

相量的模等于正弦量的最大值时，称为最大值相量，用 $\dot{I}_m$、$\dot{U}_m$ 等表示。相量的模等于正弦量的有效值时，称为有效值相量，用 $\dot{I}$ 、$\dot{U}$ 等表示。例如，正弦交流电流 i、电压 u 的瞬时值表达式分别为

$$i = I_m\sin(\omega t + \psi_i) = \sqrt{2}I\sin(\omega t + \psi_i) \tag{5-16}$$

$$u = U_m\sin(\omega t + \psi_u) = \sqrt{2}U\sin(\omega t + \psi_u) \tag{5-17}$$

其相量的指数形式和极坐标形式可以分别表示为

最大值相量：$\dot{I}_m = I_m e^{j\psi_i} = I_m\angle\psi_i$，$\dot{U}_m = U_m e^{j\psi_u} = U_m\angle\psi_u$

有效值相量：$\dot{I} = Ie^{j\psi_i} = I\angle\psi_i$，$\dot{U}_m = Ue^{j\psi_u} = U\angle\psi_u$

在分析电路时，由于有效值比最大值更为常用，所以使用更多的是有效值相量。

应注意的是，用相量表示正弦量是指两者有对应关系，而不是指两者相等。正弦量是时间的函数，而相量只是与正弦量的大小（振幅值或有效值）及初相相对应的复数。

将同频率正弦量的相量画在复平面上所得的图称为相量图，在同一个相量图中不能表示不同频率的正弦量。

为了简化正弦交流电路的分析计算，在研究几个同频率正弦量时，可以选择某一正弦量为参考正弦量，即假设其初相位为零，其他正弦量与参考正弦量的相位差即为它们的初相位。画相量图时，可先画出参考相量，再根据相量与参考相量之间的相位差画出其他相量。

【例 5-5】　已知正弦电压 $u = 311\sin(\omega t + 30°)$ V，正弦电流 $i = 31\sin(\omega t + 135°)$ A，写出 u 和 i 的相量，画出相量图，并比较两个正弦量超前、滞后关系。

解：电压相量 $\dot{U} = 220\angle 30°$ V

电流相量 $\dot{I} = 22\angle 135°$ A。

它们的相量图如图 5-8 所示。由图可见，$\dot{I}$ 超前 $\dot{U}$105°。

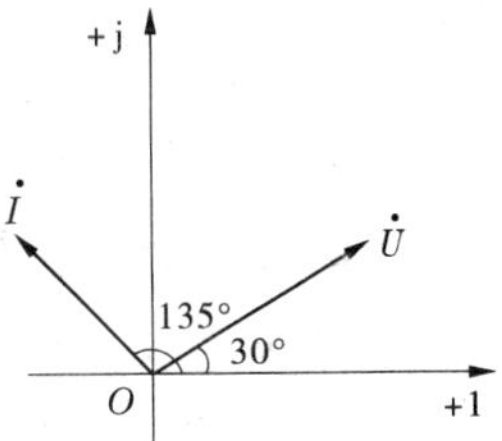

图 5-8　例 5-5 图

【例 5-6】　已知 $u_1 = 311\sin(\omega t - 10°)$ V，$u_2 = 311\sin(\omega t + 50°)$ V，$u_3 = 311\sin(\omega t + 110°)$ V。(1) 写出 u_1、u_2、u_3 的相量，并画出相量图；(2) 写出以 u_2 为参考相量的情况下，u_1、u_2、u_3 的解析式，并画出相量图。

解:(1)电压 u_1 的相量 $\dot{U}_1=220\angle-10°$ V

电压 u_2 的相量 $\dot{U}_2=220\angle50°$ V

电压 u_3 的相量 $\dot{U}_3=220\angle110°$ V

相量图如图 5-9(a)所示。

(2)若以 u_2 为参考相量,则

$u_1=311\sin(\omega t-60°)$ V

$u_2=311\sin\omega t$ V

$u_3=311\sin(\omega t+60°)$ V

相量图如图 5-9(b)所示。

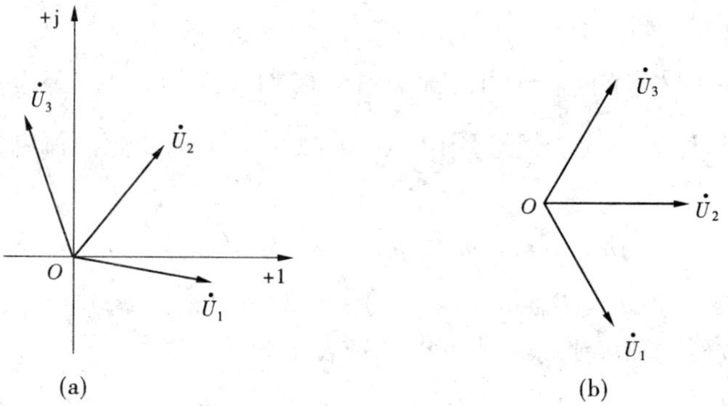

图 5-9　例 5-6 图

【例 5-7】　已知两个电压相量 $\dot{U}_1=30\angle45°$ V, $\dot{U}_2=30\angle135°$ V,求 $\dot{U}=\dot{U}_1+\dot{U}_2$。

解:方法一　用相量法求解

$$\begin{aligned}\dot{U}&=\dot{U}_1+\dot{U}_2\\&=30\angle45°+30\angle135°\\&=30\cos45°+\text{j}30\sin45°+30\cos135°+\text{j}30\sin135°\\&=15\sqrt{2}+\text{j}15\sqrt{2}-15\sqrt{2}+\text{j}15\sqrt{2}\\&=\text{j}30\sqrt{2}\\&=30\sqrt{2}\angle90°(\text{V})\end{aligned}$$

方法二　用相量图求解

先作 $\dot{U}_1$、$\dot{U}_2$ 的相量图,然后以两边为邻边作一个平行四边形,其对角线即为电压 U 的相量,如图 5-10 所示。

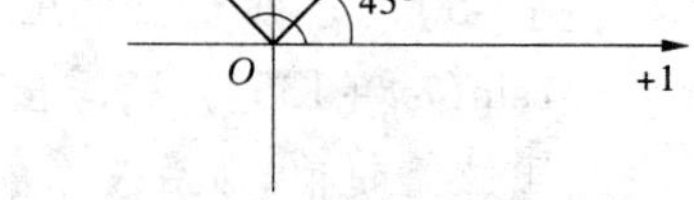

图 5-10　例 5-7 图

思考与练习题

1. 已知复数 $A=-8+\text{j}6$, $B=3+\text{j}4$,求 $A+B$, $A-B$, $A\times B$, A/B。

2. 写出下列各相量对应的瞬时值表达式(设角频率为 ω)。

(1) $\dot{U}=30\angle50°$ V;(2) $\dot{I}=110\angle200°$ A。

3. 已知 $u = 100\sin(\omega t + 60°)$ V，$i = 100\sin(\omega t - 10°)$ A，写出 u 和 i 的相量，并画出相量图。

4. 已知 $u_1 = 311\sin(\omega t - 20°)$ V，$u_2 = 311\sin(\omega t + 100°)$ V，求 $u = u_1 + u_2$，并画相量图。

第五节　理想电路元件在正弦电路中的相量特性

电阻元件、电感元件及电容元件是正弦电路的基本元件，日常生活中的正弦交流电路都是由这三个元件组合起来的。掌握了单一元件在正弦电路中的伏安关系及能量转换问题后，再去研究多个元件组合的正弦电路就方便得多。这在电路基础中是一种经常应用的分析问题的方法。

一、电阻元件伏安关系的相量形式

(一)电阻元件上相量形式的伏安特性

图 5-11(a)是一个线性电阻元件的交流电路。选取电压和电流的参考方向为关联参考方向，由欧姆定律可知两者的关系为

$$u = Ri$$

为了方便分析，选择电流经过零值并将向正值增加的瞬间作为计时起点($t=0$)，即电流的瞬时值表达式为

$$i = I_m \sin\omega t$$

以电流为参考正弦量，根据欧姆定律有

$$u = Ri = RI_m \sin\omega t = U_m \sin\omega t \tag{5-18}$$

由式(5-18)可以看出，电压也是一个同频率的正弦量，并且与电流是同相的(相位差为零)。电压与电流的正弦波形如图 5-11(b)所示。

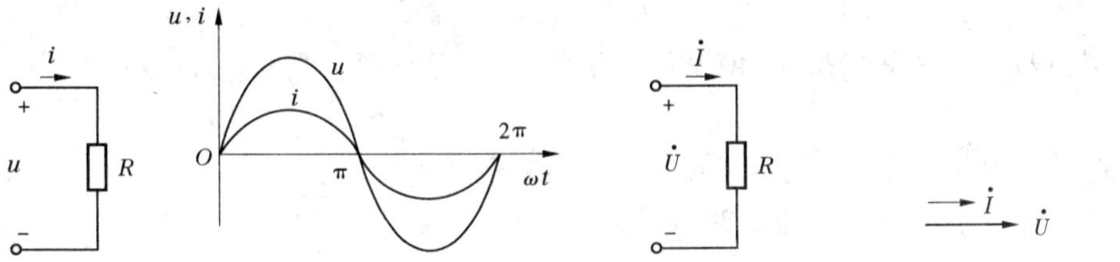

(a)电路图　(b)电压与电流的正弦波形　(c)电路的相量模型　(d)电压与电流的相量图

图 5-11　电阻元件的交流电路

由式(5-18)可知

$$U_m = RI_m, U = RI \tag{5-19}$$

因此，电压和电流的相量式为

$$\dot{U} = U e^{j0°}, \dot{I} = I e^{j0°}$$

它们之间的关系可以表示为

$$\dot{U} = R\dot{I} \tag{5-20}$$

式(5-20)就是电阻元件欧姆定律的相量形式，也就是相量形式的伏安特性。电压和电流的相量模型以及相量图如图 5-11(c)、(d)所示。

（二）电阻元件的功率

正弦电压和电流是随时间变化的，因此功率也随时间变化。电阻元件在某一时刻的功率称为瞬时功率，用小写字母 p 表示。当电压和电流选取如图 5-11(a)所示关联参考方向时，电阻元件的瞬时功率可以表示为

$$p = ui = U_m \sin\omega t \times I_m \sin\omega t = U_m I_m \sin^2\omega t$$
$$= \frac{1}{2}U_m I_m(1 - \cos 2\omega t) = UI(1 - \cos 2\omega t) \tag{5-21}$$

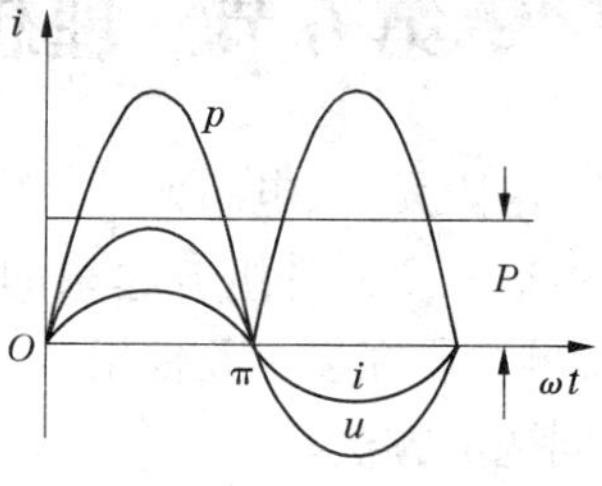

图 5-12　电阻元件的功率波形

瞬时功率随时间变化的波形图如图 5-12 所示。

由于瞬时功率是随时间变化的，使用时很不方便，所以工程上所说的功率指的是瞬时功率在一个周期内的平均值，称为平均功率，用大写字母 P 表示。平均功率又称为有功功率，一般电气设备所标的额定功率以及功率表测量的都指有功功率，习惯上简称功率。

$$P = \frac{1}{T}\int_0^T p\,\mathrm{d}t = \frac{1}{T}\int_0^T UI(1 - \cos 2\omega t)\,\mathrm{d}t$$
$$= UI = I^2 R = \frac{U^2}{R} \tag{5-22}$$

【例 5-8】　把一个 10 Ω 的电阻接到频率为 50 Hz，电压有效值为 220 V 的正弦交流电源上，求流过电阻的电流。如果保持电压不变，而将电源的频率提高至 500 Hz，这时流过电阻的电流又为多少？

解：因为电阻的阻值不随电源的频率改变而变动，所以当电压的有效值保持不变时，电流的有效值也不变，即

$$I = \frac{U}{R} = \frac{220}{10} = 22(\mathrm{A})$$

【例 5-9】　有一个"220 V、40 W"的白炽灯，其两端电压为 $u = 311\sin(314t + 30°)$ V。求：

(1)通过白炽灯的电流的瞬时值表达式和相量形式；

(2)每天使用 8 h，一个月按 30 d 计算，每月消耗多少度电？

解：(1)白炽灯属于电阻性负载，电压的相量为

$$\dot{U} = U\angle\psi_u = \left(\frac{311}{\sqrt{2}}\angle 30°\right)\ \mathrm{V} = 220\angle 30°\ \mathrm{V}$$

$$R = \frac{U^2}{P} = \left(\frac{220^2}{40}\right)\ \Omega = 1\ 210\ \Omega$$

电流的相量为

$$\dot{I} = \frac{\dot{U}}{R} = \left(\frac{220\angle 30°}{1\ 210}\right)\ \mathrm{A} = 0.18\angle 30°\ \mathrm{A}$$

则电流的瞬时值表达式为

$$i = \sqrt{2}I\sin(\omega t + \psi_i) = 0.18\sqrt{2}\sin(314t + 30°)\,\mathrm{A}$$

(2)每月消耗的电能为

$$W = Pt = 40 \times 10^{-3} \times 8 \times 30 = 9.6(\text{kW} \cdot \text{h}) = 9.6\text{ 度}$$

二、电感元件伏安关系的相量形式

(一)电感元件上相量形式的伏安特性

根据第一章讨论的电感元件电路中电压与电流的关系可知,在如图 5-13(a)所示的关联参考方向下有

$$u = L\frac{\mathrm{d}i}{\mathrm{d}t}$$

设以电流为参考正弦量,即

$$i = I_{\mathrm{m}}\sin\omega t$$

则

$$\begin{aligned} u &= L\frac{\mathrm{d}(I_{\mathrm{m}}\sin\omega t)}{\mathrm{d}t} = \omega L I_{\mathrm{m}}\cos\omega t \\ &= \omega L I_{\mathrm{m}}\sin(\omega t + 90^\circ) = U_{\mathrm{m}}\sin(\omega t + 90^\circ) \end{aligned} \tag{5-23}$$

由式(5-23)可以看出,在电感元件电路中,电压和电流是同频率的正弦量,在相位上电压比电流超前 90°($\psi_u = \psi_i + 90^\circ$)。电压和电流的正弦波形如图 5-13(b)所示。

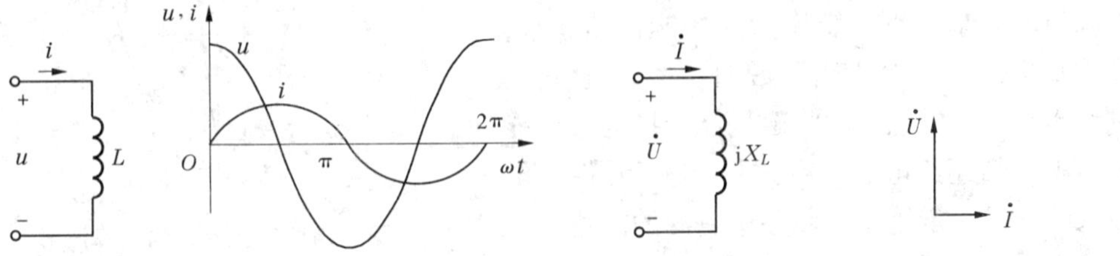

(a)电路图　(b)电压与电流的正弦波形　(c)电路的相量模型　(d)电压与电流的相量图

图 5-13　电感元件的交流电路

由式(5-23)可知

$$U_{\mathrm{m}} = \omega L I_{\mathrm{m}} = X_L I_{\mathrm{m}},\ U = \omega L I = X_L I \tag{5-24}$$

式(5-24)中的 X_L 称为感抗,是用来表示电感元件对电流的阻碍作用的一个物理量。感抗可以表示为

$$X_L = \omega L = 2\pi f L \tag{5-25}$$

感抗的单位为欧姆(Ω)。感抗的倒数 $B_L = \frac{1}{X_L} = \frac{1}{\omega L}$,称为感纳,单位为西门子(S)。

感抗 X_L 与电源的频率(角频率)成正比。电源频率越高,感抗越大,表示电感对电流的阻碍作用越大。反之,频率越低,感抗也就越小。对直流电来说,频率 $f = 0$,感抗也就为零,电感元件在直流电路中相当于短路。因此,很容易得出电感元件具有“通直流、阻交流”或“通低频、阻高频”的特性。在滤波电路、微分电路中,电感元件就是根据这一特性工作的,在实际电路中应用的高频扼流圈也是利用这一原理制成的。

需要注意的是,感抗只是电压与电流的幅值或者是有效值之比,而不是它们的瞬时值之比。

因此,电压和电流的相量式为

$$\dot{U} = U\mathrm{e}^{\mathrm{j}90°}, \dot{I} = I\mathrm{e}^{\mathrm{j}0°}$$

它们之间的关系可以表示为

$$\dot{U} = \mathrm{j}X_L\dot{I} = \mathrm{j}\omega L\dot{I} \tag{5-26}$$

式(5-26)即为电感元件欧姆定律的相量形式。电路的相量模型以及电压和电流的相量图如图5-13(c)、(d)所示。

(二)电感元件的功率

当电压和电流取如图5-13(a)所示关联参考方向时,电感元件的瞬时值功率可以表示为

$$p = ui = U_{\mathrm{m}}\sin(\omega t + 90°) \times I_{\mathrm{m}}\sin\omega t = U_{\mathrm{m}}I_{\mathrm{m}}\cos\omega t\sin\omega t$$

$$= \frac{1}{2}U_{\mathrm{m}}I_{\mathrm{m}}\sin2\omega t = UI\sin2\omega t \tag{5-27}$$

由式(5-27)可以看出,电感元件的瞬时功率p是一个幅值为UI,并以2ω的角频率随时间而变化的交变量,其变化波形如图5-14所示。

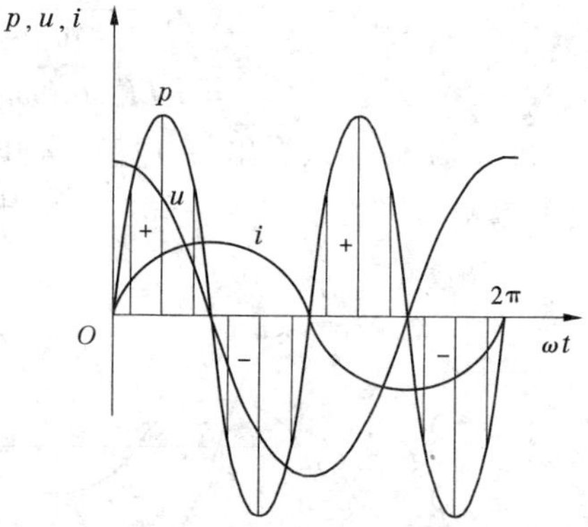

图5-14　电感元件的功率波形

由图5-14可以看出,在第一及第三个1/4周期内,瞬时功率为正值,这一过程实际是电感元件从电源吸取能量并将其转换为磁场能存储起来;在第二及第四个1/4周期内,瞬时功率为负值,这一过程实际上是电感元件将磁场能转换为电场能释放出来并归还给电源。在这里,电感元件从电源吸取的能量一定等于它归还给电源的能量。从平均功率也可以看出来这一点,因为在电感元件电路中的平均功率

$$P = \frac{1}{T}\int_0^T p\mathrm{d}t = \frac{1}{T}\int_0^T UI\sin2\omega t\mathrm{d}t = 0$$

从图5-14的功率波形也很容易能看出,p的平均值为零。这也说明,虽然电感元件不断地在与电源进行交换能量,但在一个周期内,吸收和释放的能量相等,即平均功率为零。这说明电感元件不是耗能元件,而是储能元件。

从上面的分析可以看出,在电感元件的交流电路中,没有能量消耗,只有电源与电感元件之间的能量交换。我们用无功功率Q来表示这种能量交换的规模,即

$$Q_L = UI = \frac{U^2}{X_L} = I^2X_L \tag{5-28}$$

无功功率与有功功率虽然在形式上是相似的,但无功功率不是消耗电能的速率,并不等于单位时间内互换了多少能量,而是交换能量的最大速率。为了区别无功功率和有功功率,将无功功率的单位定义为"乏尔",简称乏,符号是var,工程上还用到千乏(kvar)。

【例5-10】 把一个1 H的电感元件接到频率为50 Hz,电压有效值为220 V正弦电源上。求:(1)电感元件的感抗X_L;(2)流过电感的电流I_L;(3)电感元件上的无功功率Q_L。

解:(1)电感元件的感抗为

$$X_L = \omega L = 314 \times 1 = 314(\Omega)$$

(2)流过电感的电流为

$$I_L = \frac{U_L}{X_L} = \frac{220}{314} = 0.7(\mathrm{A})$$

(3)电感元件上的无功功率为

$$Q_L = U_L I_L = 220 \times 0.7 = 154(\mathrm{var})$$

(三)电感元件中储存的磁场能量

在关联参考方向下,电感两端的电压与电流的关系为

$$u = L\frac{\mathrm{d}i}{\mathrm{d}t}$$

电感元件吸收的瞬时功率可以表示为

$$p = ui = Li\frac{\mathrm{d}i}{\mathrm{d}t}$$

当电流从零上升到某一值时,电感元件储存的磁场能量为

$$W = \int_0^t p\mathrm{d}t = \int_0^t ui\mathrm{d}t = \int_0^i Li\mathrm{d}i = \frac{1}{2}Li^2 \tag{5-29}$$

其中 i 为 t 时刻所对应的电感电流瞬时值。由此可知,电感中储存的最大磁场能量为

$$W_{\mathrm{m}} = \frac{1}{2}LI_{\mathrm{m}}^2 \tag{5-30}$$

磁场能量的单位为焦耳(J),简称焦。

【例5-11】 已知流过电感元件的电流的有效值为5 A,测得其无功功率 $Q_L = 100$ var。求:(1)X_L 和 L;(2)电感元件中储存的最大储存能量 $W_{L\mathrm{m}}$。

解:(1)根据式(5-28),可得

$$X_L = \frac{Q_L}{I_L^2} = \frac{100}{5^2} = 4(\Omega)$$

根据式(5-25),可得

$$L = \frac{X_L}{\omega} = \frac{4}{314} = 12.7(\mathrm{mH})$$

(2)根据式(5-30),可得

$$W_{L\mathrm{m}} = \frac{1}{2}LI_{L\mathrm{m}}^2 = \frac{1}{2} \times 12.7 \times 10^{-3} \times (5\sqrt{2})^2 = 0.32(\mathrm{J})$$

三、电容元件伏安关系的相量形式

(一)电容元件相量形式的伏安特性

根据第一章讨论的电容元件电路中电压与电流的关系可知,在如图5-15(a)所示的关联参考方向下有

$$i = C\frac{\mathrm{d}u}{\mathrm{d}t}$$

设以电压为参考正弦量,即

$$u = U_{\mathrm{m}}\sin\omega t$$

则

$$i = C\frac{\mathrm{d}(U_{\mathrm{m}}\sin\omega t)}{\mathrm{d}t} = \omega C U_{\mathrm{m}}\cos\omega t$$
$$= \omega C U_{\mathrm{m}}\sin(\omega t + 90°) = I_{\mathrm{m}}\sin(\omega t + 90°) \tag{5-31}$$

由式(5-31)可以看出,在电容元件电路中,电压和电流是同频率的正弦量,在相位上电压比电流滞后 90°($\psi_i = \psi_u + 90°$)。电压和电流的正弦波形如图 5-15(b)所示。

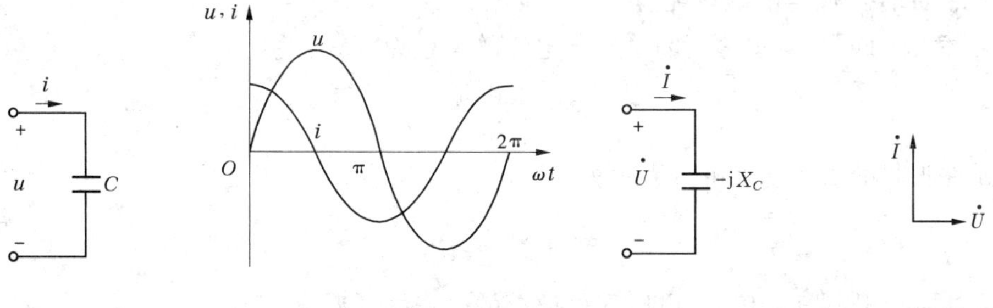

(a)电路图　(b)电压与电流的正弦波形　(c)电路的相量模型　(d)电压与电流的相量图

图 5-15　电容元件的交流电路

由式(5-31)可知

$$U_{\mathrm{m}} = \frac{1}{\omega C}I_{\mathrm{m}} = X_C I_{\mathrm{m}}, U = \frac{1}{\omega C}I = X_C I \tag{5-32}$$

式(5-32)中的 X_C 称为容抗,是表示电容元件对电流的阻碍作用的一个物理量。容抗可以表示为

$$X_C = \frac{1}{\omega C} = \frac{1}{2\pi f C} \tag{5-33}$$

容抗的单位为欧姆(Ω)。容抗的倒数 $B_C = \frac{1}{X_C} = \omega C$,称为容纳,单位为西门子(S)。

容抗 X_C 与电源的频率(角频率)成反比。电源频率越高,容抗越小,表示电容对电流的阻碍作用越小。反之,频率越低,容抗也就越大。对直流电来说,频率 $f=0$,容抗 $X_C \to \infty$,电容元件在直流电路中相当于开路。因此,很容易得出电容元件具有"通交流、隔直流"或"通高频、阻低频"的特性。利用这一特性,电容在电子电路中可起到隔直、旁路、滤波等作用。

需要注意的是,容抗也只是电压与电流的幅值或者是有效值之比,而不是它们的瞬时值之比。

电压和电流的相量式可以表示为

$$\dot{U} = U\mathrm{e}^{\mathrm{j}0°}, \dot{I} = I\mathrm{e}^{\mathrm{j}90°}$$

它们之间的关系可以表示为

$$\dot{U} = -\mathrm{j}X_C\dot{I} = -\mathrm{j}\frac{1}{\omega C}\dot{I} = \frac{1}{\mathrm{j}\omega C}\dot{I} \tag{5-34}$$

式(5-34)即为电容元件欧姆定律的相量形式。电路的相量模型以及电压和电流的相量图如图 5-15(c)、(d)所示。

(二)电容元件的功率

当电压和电流取如图 5-15(a)所示关联参考方向时,电容元件的瞬时值功率可以表示为

$$p = ui = U_m \sin\omega t \times I_m \sin(\omega t + 90°) = U_m I_m \cos\omega t \sin\omega t$$
$$= \frac{1}{2} U_m I_m \sin 2\omega t = UI \sin 2\omega t \tag{5-35}$$

由式(5-35)可以看出,电容元件的瞬时功率 p 是以 2ω 的角频率随时间而变化的交变量,其幅值为 UI,变化波形如图 5-16 所示。

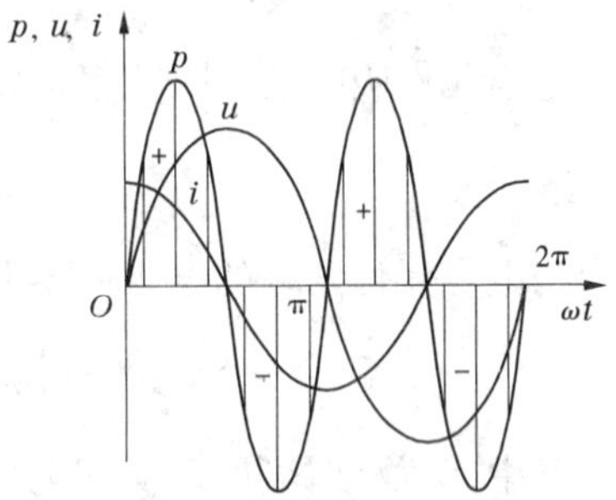

图 5-16　电容元件的功率波形

由图 5-16 可以看出,在第一及第三个 1/4 周期内,瞬时功率为正值,这一过程实际是电容元件从电源吸取能量并转换为自身电场能存储起来,所以在此期间,电容内部的电场强度逐渐增强;在第二及第四个 1/4 周期内,瞬时功率为负值,这一过程实际是电容元件将储存的电场能归还给电源,所以在此期间电容的电场强度逐渐减小。这同样是一种可逆的能量转换过程。电容元件从电源吸取的能量一定等于它归还给电源的能量。也就是在一个周期内,吸收和释放的能量相等,因此平均功率为零,即

$$P = \frac{1}{T}\int_0^T p\mathrm{d}t = \frac{1}{T}\int_0^T UI\sin 2\omega t \mathrm{d}t = 0$$

从图 5-16 的功率波形也很容易看出,p 的平均值为零。这说明电容元件不是耗能元件,是储能元件。

从上面的分析可以看出,电容元件的交流电路与电感元件的交流电路相似,都没有能量的消耗,只有电源与电容元件之间的能量交换。用无功功率 Q_C 来表示这种能量交换的规模,即

$$Q_C = UI = \frac{U^2}{X_C} = I^2 X_C \tag{5-36}$$

单位为乏尔 ,简称乏,符号是 var,工程上还用到千乏(kvar)。

【例 5-12】　已知一个电容 $C = 25\ \mu\text{F}$,接在 $u_C = 220\sqrt{2}\sin(314t - 60°)$ V 的电源上。求:

(1)电容元件的容抗 X_C;(2)流过电容的电流 i_C;(3)电容元件上的无功功率 Q_C。

解:(1)根据式(5-33),电容元件的容抗为

$$X_C = \frac{1}{\omega C} = \frac{1}{314 \times 25 \times 10^{-6}} = 127.4(\Omega)$$

(2)电压的相量为

$$\dot{U}_C = 220\angle -60°\ \text{V}$$

根据式(5-34),流过电容的电流的相量为

$$\dot{I}_C = \frac{\dot{U}_C}{-\mathrm{j}X_C} = \frac{220\angle -60°}{127.4\angle -90°} = 1.73\angle 30°(\text{A})$$

则

$$i_C = \sqrt{2}I\sin(\omega t + \psi_i) = 1.73\sqrt{2}\sin(314t + 30°)(\text{A})$$

(3)电容元件上的无功功率为

$$Q_C = U_C I_C = 220 \times 1.73 = 380.6(\text{var})$$

(三)电容元件中储存的电场能量

在关联参考方向下,电容元件两端的电压与电流的关系为

$$i = C\frac{\mathrm{d}u}{\mathrm{d}t}$$

电容元件吸收的瞬时功率可以表示为

$$p = ui = Cu\frac{\mathrm{d}u}{\mathrm{d}t}$$

当电容元件两端的电压从零上升到某一值时,电容元件储存的电场能量为

$$W = \int_0^t p\mathrm{d}t = \int_0^t ui\mathrm{d}t = \int_0^u Cu\mathrm{d}u = \frac{1}{2}Cu^2 \tag{5-37}$$

其中,u 为 t 时刻所对应的电容电压瞬时值,由此可知,电容中储存的最大电场能量为

$$W_{\mathrm{m}} = \frac{1}{2}CU_{\mathrm{m}}^2 \tag{5-38}$$

电场能量的单位为焦耳(J),简称焦。

【例 5-13】 已知电容元件的电容 $C = 100\ \mu\mathrm{F}$,接在频率为 50 Hz,有效值为 220 V 的电源上。求:

(1)电容元件的有功功率 P_C 和无功功率 Q_C;

(2)电容中储存的最大电场能量 $W_{C\mathrm{m}}$。

解:(1) $$X_C = \frac{1}{\omega C} = \frac{1}{2\times 3.14\times 50\times 100\times 10^{-6}} = 31.8(\Omega)$$

$$I_C = \frac{U_C}{X_C} = \frac{220}{31.8} = 6.9(\mathrm{A})$$

$$P_C = 0 \quad Q_C = U_C I_C = 220\times 6.9 = 1\ 518(\mathrm{var})$$

(2) $$W_{C\mathrm{m}} = \frac{1}{2}CU_{C\mathrm{m}}^2 = \frac{1}{2}\times 100\times 10^{-6}\times(220\sqrt{2})^2 = 4.8(\mathrm{J})$$

思考与练习题

1. 在 20 Ω 的电阻上加上频率为 50 Hz,有效值为 220 V 的电压,写出通过电阻的电流瞬时值表达式(设电压的初相位为零),并求出电阻消耗的功率大小。

2. 在 $L = 10$ mH 的电感上通有 $i = 14.1\sin(314t + 30°)$ mA 的电流,求:(1)此时电感的感抗 X_L、电感两端的电压相量形式 $\dot{U}_L$、电路的无功功率 Q_L;(2)若电源频率增加 5 倍,则以上量值有何变化?

3. 在一个 10 μF 的电容器上加有 60 V、50 Hz 的正弦电压,求:(1)此时的容抗 X_C;(2)写出该电容上电压、电流的瞬时值表达式(设电压的初相位为零)及相量表达式,画出相量图;(3)求电容电路的无功功率 Q_C。

第六节　相量形式的基尔霍夫定律

前面讨论了单个元件——电阻、电感、电容元件的欧姆定律的相量形式。本节介绍相量形式的基尔霍夫定律,这样就可以用相量法分析由多个元件串、并联组成的正弦交流电路了。

一、相量形式的基尔霍夫电流定律

对交流电来说,在任一瞬间电流总是连续的,因此基尔霍夫电流定律适用于交流电路的任一瞬间。也就是在任意时刻,对正弦交流电路中任一节点而言,流入(或流出)该节点各支路电流的瞬时值的代数和为零,即

$$\sum i = 0$$

在正弦交流电路中,由于各个电流都是同频率的正弦量,因此根据正弦量的和差与它们的相量和差的对应关系,可以将上式写为

$$\sum \dot{I} = 0 \tag{5-39}$$

式(5-39)就是基尔霍夫电流定律(KCL)的相量形式,它表明正弦电路中任一点处的所有电流相量的代数和等于零。

二、相量形式的基尔霍夫电压定律

基尔霍夫电压定律也适用于交流电路的任一瞬间。任一瞬间,对正弦交流电路中任一回路而言,沿该回路绕行一周,各段电压瞬时值的代数和为零,即

$$\sum u = 0$$

同理,可以得出基尔霍夫电压定律(KVL)的相量形式,对于正弦交流电路中任一回路而言,沿该回路绕行一周,各段电压相量的代数和为零,即

$$\sum \dot{U} = 0 \tag{5-40}$$

【例 5-14】 如图 5-17(a)所示电路中,已知电流表 A_1 读数是 20 A,A_2 和 A_3 的读数都是 10 A,求电路中电流表 A 的读数。

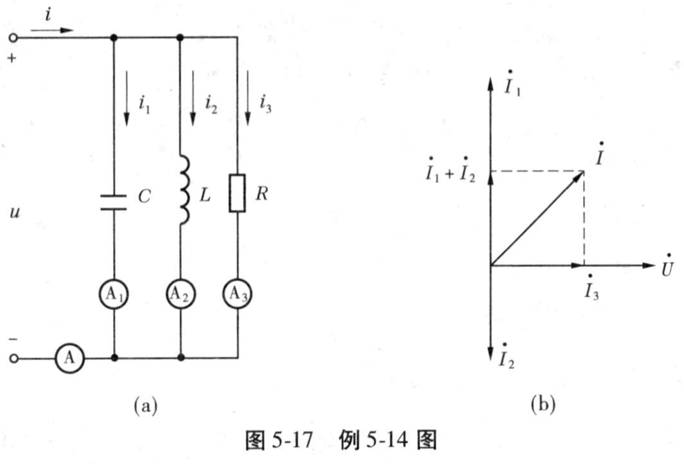

图 5-17 例 5-14 图

解:对于并联电路,一般设端电压为参考相量比较容易分析计算,即设

$$\dot{U} = U\angle 0^\circ$$

各电压和电流的参考方向如图 5-17(a)所示,则

$$\dot{I}_1 = 20\angle 90^\circ\ \text{A}$$

$$\dot{I}_2 = 10\angle -90°\ \text{A}$$

$$\dot{I}_3 = 10\angle 0°\ \text{A}$$

根据相量形式的基尔霍夫电流定律,有

$$\dot{I} = \dot{I}_1 + \dot{I}_2 + \dot{I}_3 = 20\angle 90° + 10\angle -90° + 10\angle 0° = 10 + \text{j}10 = 10\sqrt{2}\angle 45°(\text{A})$$

所以电流表 A 的读数为 $10\sqrt{2}$ A。

电路的相量图如图 5-17(b)所示。

【例 5-15】 在如图 5-18 所示的电路中,电压表 V_1 和 V_2 读数都是 10 V,V_3 的读数是 20 V,试求电压表 V 的读数。

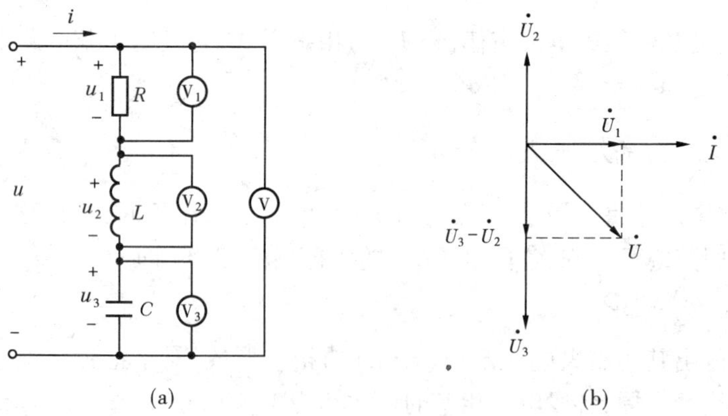

图 5-18　例 5-15 图

解:对串联电路,一般设电流为参考相量比较容易分析计算,即 $\dot{I} = I\angle 0°$ A。

各电压和电流的参考方向如图 5-18(a)所示,则

$$\dot{U}_1 = 10\angle 0°\ \text{V}$$

$$\dot{U}_2 = 10\angle 90°\ \text{V}$$

$$\dot{U}_3 = 20\angle -90°\ \text{V}$$

由相量形式的基尔霍夫电压定律可知

$$\dot{U} = \dot{U}_1 + \dot{U}_2 + \dot{U}_3 = 10 + \text{j}10 - \text{j}20 = 10 - \text{j}10 = 10\sqrt{2}\angle -45°(\text{V})$$

所以,电压表 V 的读数为 $10\sqrt{2}$ V。

电路的相量图如图 5-18(b)所示。

思考与练习题

已知元件 1 和元件 2 串联,两端的电压分别为 $u_1 = 100\sin\omega t$ V,$u_2 = 100\sin(\omega t + 90°)$ V。试求:$\dot{U}_1$,$\dot{U}_2$,$\dot{U} = \dot{U}_1 + \dot{U}_2$,并画出相量图。

第七节　*RLC* 串联电路的相量分析

在实际生活中,我们使用的正弦交流电路都是由电阻、电感、电容组合起来构成的,因此

掌握它们串并联电路的分析方法是很重要的。本节对 *RLC* 串联电路模型进行分析。

一、电压和电流的关系

RLC 串联电路如图 5-19(a)所示,在如图所示的参考方向下,根据基尔霍夫电压定律可得

$$u = u_R + u_L + u_C$$

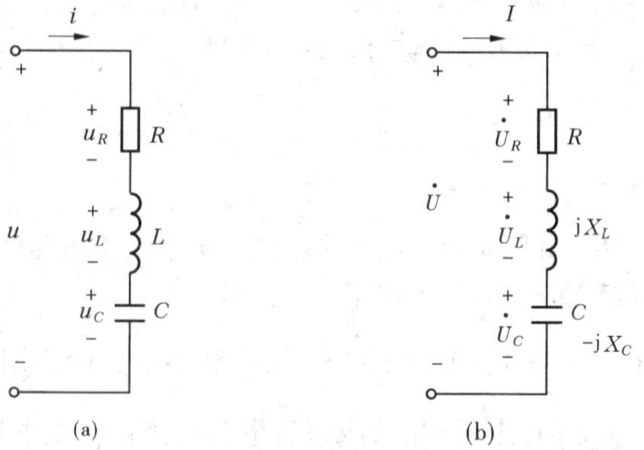

图 5-19 *RLC* 串联电路及其相量模型

对应的相量形式可以表示为

$$\dot{U} = \dot{U}_R + \dot{U}_L + \dot{U}_C$$

电阻、电感、电容元件上的电压可以分别表示为

$$\dot{U}_R = R\dot{I}$$

$$\dot{U}_L = jX_L\dot{I}$$

$$\dot{U}_C = -jX_C\dot{I}$$

因此

$$\begin{aligned}\dot{U} = \dot{U}_R + \dot{U}_L + \dot{U}_C &= R\dot{I} + jX_L\dot{I} - jX_C\dot{I} \\ &= [R + j(X_L - X_C)]\dot{I} = (R + jX)\dot{I} = Z\dot{I}\end{aligned} \tag{5-41}$$

式中,Z 为电路的复阻抗,表征电路中所有元件对电流的阻碍作用,其值为

$$\begin{aligned} Z &= \frac{\dot{U}}{\dot{I}} = \frac{U}{I}e^{j(\psi_u - \psi_i)} \\ Z &= R + jX = |Z|e^{j\varphi} = |Z|\angle\varphi = |Z|\cos\varphi + j|Z|\sin\varphi \end{aligned} \tag{5-42}$$

其中,$|Z|$ 为复阻抗的模,表示电路中总电压和电流的有效值的大小关系;φ 为复阻抗的辐角,又称为阻抗角,它表示了总电压和电流的相位关系,即总电压 $\dot{U}$ 超前于电流 $\dot{I}$ 的角度。

阻抗的模和阻抗角可以表示为

$$|Z| = \sqrt{R^2 + (X_L - X_C)^2} = \sqrt{R^2 + X^2} = \frac{U}{I} \tag{5-43}$$

$$\varphi = \arctan\frac{X}{R} = \arctan\frac{X_L - X_C}{R} = \psi_u - \psi_i \tag{5-44}$$

式(5-41)为 RLC 串联电路欧姆定律的相量形式,也就是伏安特性的相量形式。

从式(5-41)可以看出,复阻抗的实部 R 是电路中的电阻,虚部 X 是电路中感抗与容抗之差,即 $X = X_L - X_C$,称为电抗。复阻抗的单位与电阻的单位相同,都是欧姆。因为复阻抗并不是表示正弦量的复数,不是相量,所以不在符号上加黑点。$|Z|$、R、X 三者之间的关系可以用一个三角形——阻抗三角形表示,如图 5-20 所示。

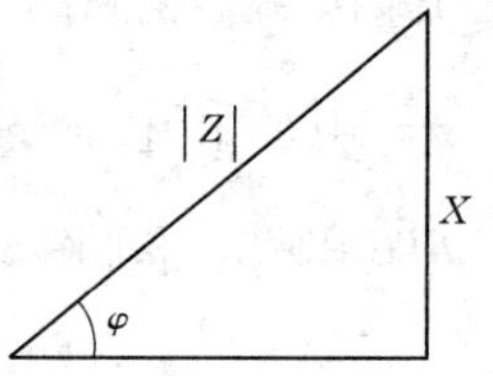

图 5-20　RLC 串联电路的阻抗三角形

二、电路的性质

从式(5-44)可以看出,电压 u 与电流 i 的相位差 φ 取决于电路的参数,也就是说电路参数决定了电流滞后还是超前于电压,决定了电路的性质。

(1)当 $X_L > X_C$,即 $\omega L > \frac{1}{\omega C}$时,$X>0$,$U_L > U_C$,电路中电感的作用大于电容的作用,阻抗角 $\varphi > 0°$,即在相位上电流 i 比电压 u 滞后 φ 角,电路呈感性。以电流 i 为参考相量作出相量图,如图 5-21(a)所示。

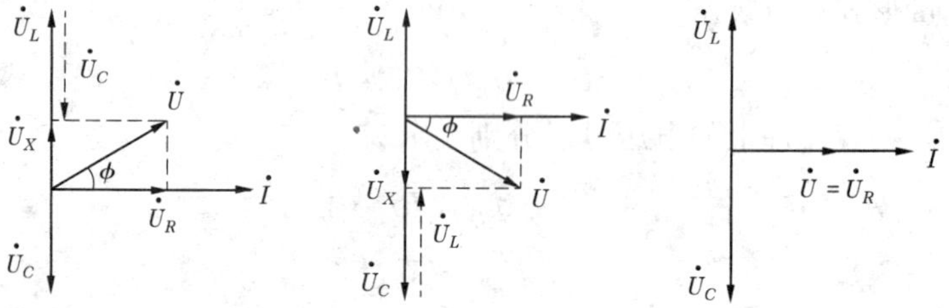

图 5-21　RLC 串联电路的相量图

(2)当 $X_L < X_C$,即 $\omega L < \frac{1}{\omega C}$时,$X<0$,$U_L < U_C$,电路中电容的作用大于电感的作用,阻抗角 $\varphi < 0°$,即在相位上电流 i 比电压 u 超前 φ 角,电路呈容性。以电流 i 为参考相量作出相量图,如图 5-21(b)所示。

(3)当 $X_L = X_C$,即 $\omega L = \frac{1}{\omega C}$ 时,$X=0$,$U_L = U_C$,阻抗角 $\varphi = 0°$。此时,电路中电容的作用和电感的作用相互抵消,电流 $\dot{I}$ 和电压 $\dot{U}$ 同相,电路呈阻性。这是串联电路的一种特殊状态,称为串联谐振。以电流 i 为参考相量作出相量图,如图 5-21(c)所示。

由图 5-21 可以看出,电压相量 $\dot{U}$、$\dot{U}_R$、$\dot{U}_X$ 也可以构成一个直角三角形,称为电压三角形,如图 5-22 所示。如果将电压三角形的三条边同除以电流 I,就得到了阻抗三角形的各边,所以阻抗三角形和电压三角形相似。根据勾股定理可得,总电压和各个分电压之间的关系可以表示为

$$U = \sqrt{U_R^2 + U_X^2} = \sqrt{U_R^2 + (U_L - U_C)^2} \tag{5-45}$$

总电压与电流的相位差 φ 可以表示为

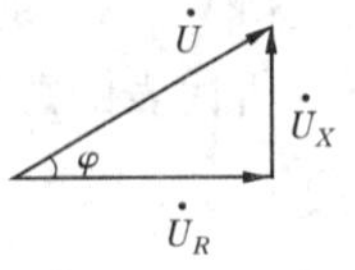

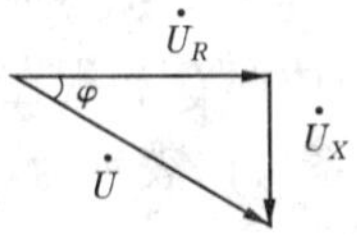

图 5-22　RLC 串联电路的电压三角形

$$\varphi = \arctan\frac{U_X}{U_R} = \arctan\frac{U_L - U_C}{U_R} \tag{5-46}$$

三、RLC 串联电路的功率

对 RLC 串联电路来说,电路中的电阻要消耗能量,电路中有有功功率,同时电感、电容元件与电源之间要进行能量交换,电路中又有无功功率。

(一)有功功率

在电路中,电感、电容元件是储能元件,并不消耗能量,只是与电源之间进行能量交换,即只有电阻元件消耗能量,所以电路的有功功率等于电阻的平均功率,即

$$P = U_R I = RI^2$$

由电压三角形可知

$$U_R = U\cos\varphi$$

因此,有功功率又可以表示为

$$P = UI\cos\varphi \tag{5-47}$$

(二)无功功率

电路中的电感元件和电容元件都与电源之间进行着能量交换。根据前面的分析可知,电路中电感元件的电压 U_L 与电容元件的电压 U_C 反相,即当电感元件吸收能量时,电容元件释放能量;反之,电感元件释放能量时,电容元件吸收能量。因此,电路中电感的磁场能量与电容的电场能量也相互交换,只有它们的差值才与电源进行交换,也就是说电感元件的无功功率与电容元件的无功功率具有相互补偿的作用。电路的无功功率可以表示为

$$Q = Q_L - Q_C = (U_L - U_C)I = U_X I = I^2 X$$

由电压三角形可知

$$U_X = U\sin\varphi$$

因此,无功功率又可以表示为

$$Q = UI\sin\varphi \tag{5-48}$$

(三)视在功率

在交流电路中,平均功率一般不等于电压与电路有效值的乘积,如果将两者的有效值相乘,就得出了视在功率 S,即

$$S = UI \tag{5-49}$$

视在功率反映了电气设备的容量大小。交流电气设备是按照规定了的额定电压 U_N 和额定电流 I_N 来设计和使用的,例如变压器的容量就是指额定电压和额定电流的乘积,即额定视在功率

$$S_N = U_N I_N$$

视在功率的单位是伏·安(V·A)或者千伏·安(kV·A)

由于有功功率 P、无功功率 Q 和视在功率 S 三者所代表的意义不同,所以各采用不同的单位。它们三者之间的关系可以表示为

$$S = \sqrt{P^2 + Q^2} \tag{5-50}$$

很明显,也可以用一个直角三角形——功率三角形来表示,如图 5-23 所示。

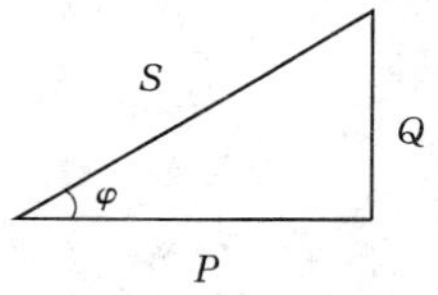

图 5-23 RLC 串联电路的功率三角形

阻抗三角形、电压三角形和功率三角形都是相似三角形,需要注意的是功率 S、P、Q 都不是正弦量,所以不能用相量表示。

由功率三角形可知电路的有功功率 $P = S\cos\varphi$,所以

$$\lambda = \cos\varphi = \frac{P}{S} \tag{5-51}$$

λ 称为电路的功率因数。

【例 5-16】 在电阻、电感与电容串联的电路中,已知(1) $\dot{U} = 100\angle -50°\ \text{V}, Z = 20\angle -20°\ \Omega$;(2) $\dot{U} = 100\angle 50°\ \text{V}, Z = 20\angle 20°\ \Omega$,求电路中的电流 $\dot{I}$,并判断电路的性质。

解:(1) $\dot{I} = \dfrac{\dot{U}}{Z} = \dfrac{100\angle -50°}{20\angle -20°} = 5\angle -30°(\text{A})$

电路的阻抗角小于零,说明电路是容性电路。

(2) $\dot{I} = \dfrac{\dot{U}}{Z} = \dfrac{100\angle 50°}{20\angle 20°} = 5\angle 30°(\text{A})$

电路的阻抗角大于零,说明电路是感性电路。

【例 5-17】 一 RLC 串联电路,外加电压为 $u = 220\sqrt{2}\sin(314t + 30°)\ \text{V}, R = 30\ \Omega, L = 127\ \text{mH}, C = 40\ \mu\text{F}$。求:(1)电路的电流 i;(2)各元件上的电压 u_R、u_L、u_C;(3)电路的有功功率 P、无功功率 Q 和视在功率 S;(4)确定电路的性质;(5)画出相量图。

解:(1)

$$X_L = \omega L = 314 \times 127 \times 10^{-3} = 40(\Omega)$$

$$X_C = \frac{1}{\omega C} = \frac{1}{314 \times 40 \times 10^{-6}} = 80(\Omega)$$

$$Z = R + \text{j}(X_L - X_C) = 30 + \text{j}(40 - 80) = 30 - \text{j}40 = 50\angle -53°(\Omega)$$

电压的相量为

$$\dot{U} = 220\angle 30°(\text{V})$$

$$\dot{I} = \frac{\dot{U}}{Z} = \frac{220\angle 30°}{50\angle -53°} = 4.4\angle 83°(\text{A})$$

所以

$$i = 4.4\sqrt{2}\sin(314t + 83°)\ \text{A}$$

(2)

$$\dot{U}_R = R\dot{I} = 30 \times 4.4\angle 83° = 132\angle 83°(\text{V})$$

所以

$$u_R = 132\sqrt{2}\sin(314t + 83°)\ \text{V}$$

$$\dot{U}_L = \text{j}X_L\dot{I} = 4.4\angle 83° \times 40\angle 90° = 176\angle 173°(\text{V})$$

所以

$$u_L = 176\sqrt{2}\sin(314t + 173°)\ \text{V}$$

$$\dot{U}_C = -\text{j}X_C\dot{I} = 4.4\angle 83° \times 80\angle -90° = 352\angle -7°(\text{V})$$

所以 $u_C = 352\sqrt{2}\sin(314t - 7°)$ V

(3)阻抗角 $\varphi = -53°$

$$P = UI\cos\varphi = 220 \times 4.4 \times \cos(-53°) = 582.6(\text{W})$$

$$Q = UI\sin\varphi = 220 \times 4.4 \times \sin(-53°) = -773.1(\text{var})$$

$$S = UI = 220 \times 4.4 = 968(\text{V} \cdot \text{A})$$

(4)由阻抗角 $\varphi = -53° < 0$ 或 $X_C > X_L$ 可以判断电路呈容性。

(5)相量图如图 5-24 所示。

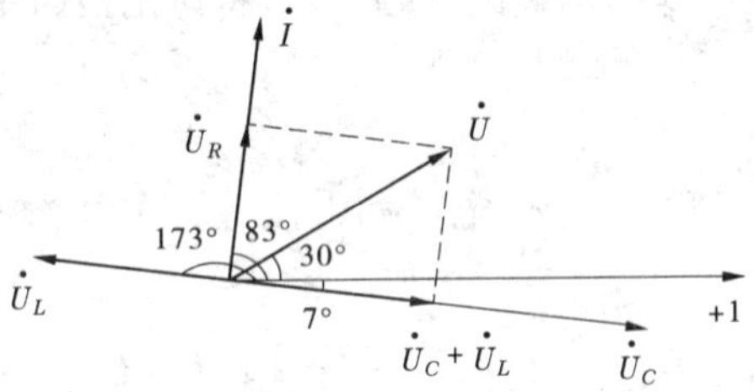

图 5-24 例 5-17 相量图

【例 5-18】 有一 RC 串联电路如图 5-25(a)所示,已知输入电压频率 $f = 50$ Hz,$C = 10$ μF,要使电容器两端的输出电压滞后于输入电压 60°,求电阻 R。

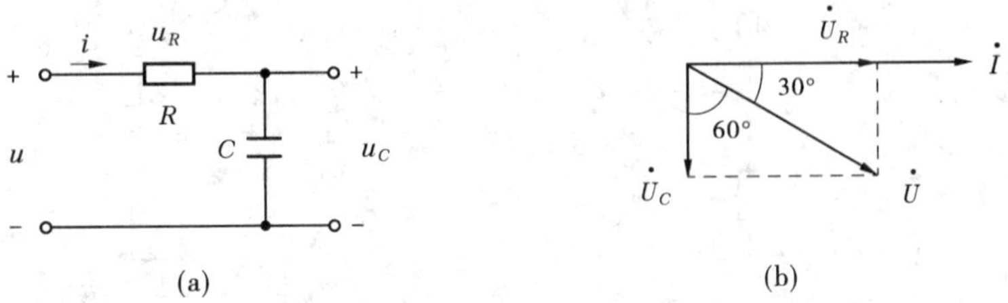

图 5-25 例 5-18 图

解:以电路中电流 $\dot{I}$ 为参考相量,作电流与电压的相量图,如图 5-25(b)所示。

已知输出电压 $\dot{U}_C$ 滞后于输入电压 $\dot{U}$60°,由相量图可知:总电压 $\dot{U}$ 与电流 $\dot{I}$ 的相位差(阻抗角)$\varphi = -30°$, 因为

$$\varphi = \arctan\frac{X}{R} = \arctan\frac{-X_C}{R} = -30°$$

所以

$$R = \frac{X_C}{\tan 30°} = \frac{1}{\omega C \tan 30°}$$

$$= \frac{1}{2\pi \times 50 \times 10 \times 10^{-6} \times 0.577} = 552(\text{k}\Omega)$$

图 5-25(a)实际上是 RC 串联移相电路。电源电压一定时,输出电压与输入电压之间的相位差取决于电路中电阻和容抗,即 $\varphi = \arctan\dfrac{-X_C}{R}$,所以通过改变电阻 R 和电容 C 的数值就能达到移相的目的。

思考与练习题

1. 在 RL 串联电路中,已知 $Z = (4 + \text{j}8)\ \Omega$,试求电路的电阻和感抗以及电路的功率因数。

2. 在 RLC 串联电路中，电路两端电压为 $u=220\sqrt{2}\sin(314t-30°)$ V，若 $R=10\ \Omega$，$L=42$ mH，$C=120\ \mu$F。求：(1)电路的感抗和容抗；(2)电路的电流 i，并确定电路的性质；(3)各元件上的电压 u_R、u_L、u_C；(4)电路的有功功率 P、无功功率 Q 和视在功率 S。

第八节　阻抗串并联

在复杂的交流电路中，阻抗连接的形式是多种多样的。与电阻电路相似，复杂的连接方式其实也是由最简单的串联与并联构成的，因此本节将讨论最简单和最常用的串联与并联。

一、阻抗串联

图 5-26(a)是 n 个阻抗串联的电路，电压和电流选择关联参考方向。根据基尔霍夫电压定律，它的相量表示式为

$$\dot{U}=\dot{U}_1+\dot{U}_2+\cdots+\dot{U}_n=Z_1\dot{I}+Z_2\dot{I}+\cdots+Z_n\dot{I}=(Z_1+Z_2+\cdots+Z_n)\dot{I}$$

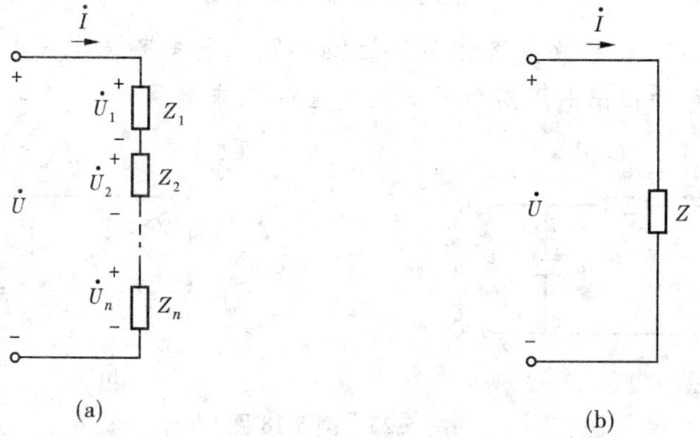

图 5-26　复阻抗的串联以及等效电路

多个串联的复阻抗可以用一个等效复阻抗 Z 来代替，在同样电压的作用下，电路中电流的有效值和相位保持不变。根据图 5-26(b)所示的等效电路图可知

$$\dot{U}=Z\dot{I}$$

比较以上两式可得

$$Z=Z_1+Z_2+\cdots+Z_n \tag{5-52}$$

因为一般情况下

$$U\neq U_1+U_2+\cdots+U_n$$

即

$$|Z|I\neq|Z_1|I+|Z_2|I+\cdots+|Z_n|I$$

所以

$$|Z|\neq|Z_1|+|Z_2|+\cdots+|Z_n|$$

由上面分析可知，等效复阻抗等于各个串联复阻抗之和。但是等效阻抗(模)不等于各个串联阻抗(模)之和。一般情况下，等效复阻抗也可以表示为

$$Z=R+\mathrm{j}X=|Z|\mathrm{e}^{\mathrm{j}\varphi}=|Z|\angle\varphi \tag{5-53}$$

式中,R 为串联电路的等效电阻,$R=R_1+R_2+\cdots+R_n$;X 为串联电路的等效电抗,$X=X_1+X_2+\cdots+X_n$;$|Z|$为串联电路的等效阻抗,$|Z|=\sqrt{R^2+X^2}$;φ 为串联电路的阻抗角,$\varphi=\arctan\dfrac{X}{R}$。

【例5-19】 电路如图5-27所示,已知三个复阻抗分别为 $Z_1=(5+j5)\ \Omega$,$Z_2=-j8\ \Omega$,$Z_3=4\ \Omega$,如果 Z_3 上的电压为 $\dot{U}_3=2\angle30°$ V,求:(1)电路中的电流 $\dot{I}$ 和电路端口电压 $\dot{U}$,并判断电路的性质;(2)复阻抗 Z_1 和 Z_2 两端的电压 $\dot{U}_1$ 和 $\dot{U}_2$;(3)计算 P、Q、S。

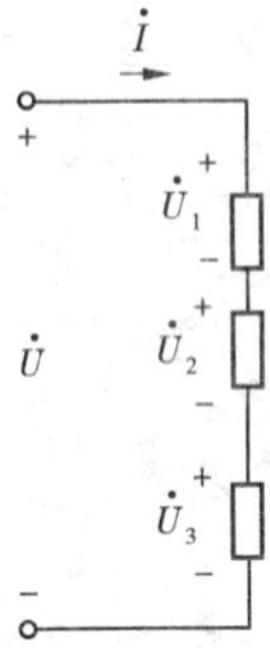

图5-27 例5-19图

解:(1)$\dot{I}=\dfrac{\dot{U}_3}{Z_3}=\dfrac{2\angle30°}{4}=0.5\angle30°(\text{A})$

所以,电路中电流的有效值为0.5 A。

电路的等效复阻抗为

$$Z=5+j5-j8+4=9-j3=9.5\angle-18.4°(\Omega)$$

因为该串联电路的阻抗角 $\varphi=-18.4°$,所以电路呈容性。

$$\dot{U}=Z\dot{I}=9.5\angle-18.4°\times0.5\angle30°=4.75\angle11.6°(\text{V})$$

(2)
$$\dot{U}_1=Z_1\dot{I}=5\sqrt{2}\angle45°\times0.5\angle30°=2.5\sqrt{2}\angle75°(\text{V})$$

$$\dot{U}_2=Z_2\dot{I}=8\angle-90°\times0.5\angle30°=4\angle-60°(\text{V})$$

(3)
$$P=UI\cos\varphi=4.75\times0.5\times0.949=2.25(\text{W})$$

$$Q=UI\sin\varphi=4.75\times0.5\times(-0.315)=-0.75(\text{var})$$

$$S=UI=4.75\times0.5=2.375(\text{V}\cdot\text{A})$$

二、阻抗并联

图5-28(a)是 n 个复阻抗并联的电路。根据基尔霍夫电流定律,它的相量表示式为

$$\dot{I}=\dot{I}_1+\dot{I}_2+\cdots+\dot{I}_n=\frac{\dot{U}}{Z_1}+\frac{\dot{U}}{Z_2}+\cdots+\frac{\dot{U}}{Z_n}=\dot{U}\left(\frac{1}{Z_1}+\frac{1}{Z_2}+\cdots+\frac{1}{Z_n}\right)$$

n 个并联的复阻抗可以用一个等效复阻抗 Z 来代替。根据图5-28(b)所示的等效电路图可知

$$\dot{I}=\frac{\dot{U}}{Z}$$

比较以上两式可得

$$\frac{1}{Z}=\frac{1}{Z_1}+\frac{1}{Z_2}+\cdots+\frac{1}{Z_n} \tag{5-54}$$

因为一般情况下 $I\neq I_1+I_2+\cdots+I_n$

即

$$\frac{U}{|Z|}\neq\frac{U}{|Z_1|}+\frac{U}{|Z_2|}+\cdots+\frac{U}{|Z_n|}$$

所以

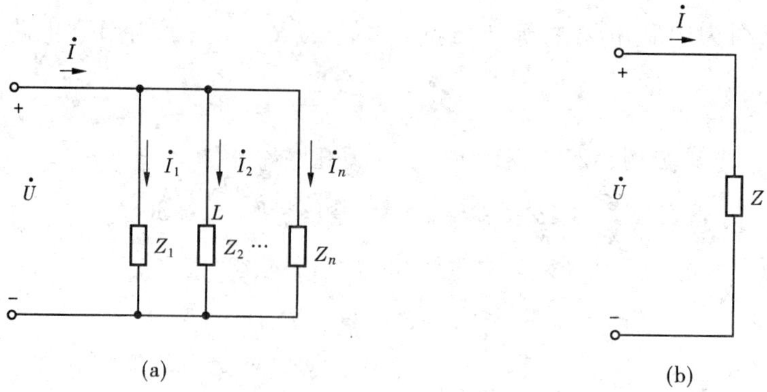

图 5-28　复阻抗的并联及其等效电路

$$\frac{1}{|Z|}\neq\frac{1}{|Z_1|}+\frac{1}{|Z_2|}+\cdots+\frac{1}{|Z_n|}$$

由上面分析可知,并联电路等效复阻抗的倒数等于各个并联复阻抗的倒数之和。但是等效阻抗的倒数不等于各个并联阻抗的倒数之和。

对于有两条支路的并联电路,其等效复阻抗可以表示为

$$\frac{1}{Z}=\frac{1}{Z_1}+\frac{1}{Z_2}\quad 或\quad Z=\frac{Z_1Z_2}{Z_1+Z_2} \tag{5-55}$$

【例 5-20】 两条支路并联的电路如图 5-29 所示,已知 $R=X_L=X_C=10\ \Omega$,端电压 $\dot{U}=220\angle 60°\ \text{V}$,求各支路电流 $\dot{I}_1$、$\dot{I}_2$ 及总电流 $\dot{I}$。

解: $Z_1=\text{j}X_L=\text{j}10=10\angle 90°(\Omega)$

$Z_2=R-\text{j}X_C=10-\text{j}10=10\sqrt{2}\angle -45°(\Omega)$

$$Z=\frac{Z_1Z_2}{Z_1+Z_2}=\frac{10\angle 90°\times 10\sqrt{2}\angle -45°}{\text{j}10+10-\text{j}10}=10\sqrt{2}\angle 45°(\Omega)$$

$$\dot{I}_1=\frac{\dot{U}}{Z_1}=\frac{220\angle 60°}{10\angle 90°}=22\angle -30°(\text{A})$$

$$\dot{I}_2=\frac{\dot{U}}{Z_2}=\frac{220\angle 60°}{10\sqrt{2}\angle -45°}=11\sqrt{2}\angle 105°(\text{A})$$

$$\dot{I}=\frac{\dot{U}}{Z}=\frac{220\angle 60°}{10\sqrt{2}\angle 45°}=11\sqrt{2}\angle 15°(\text{A})$$

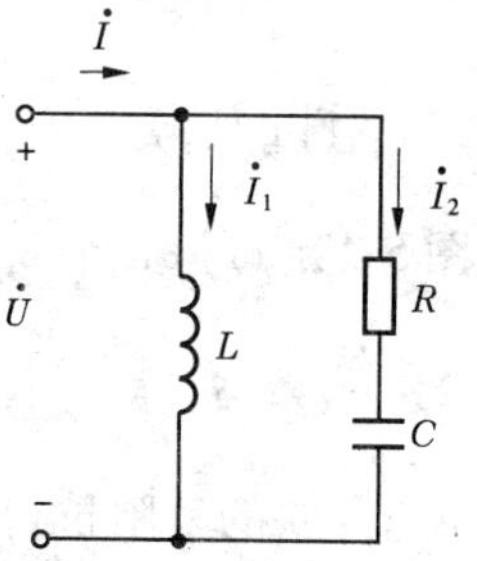

图 5-29　例 5-20 图

思考与练习题

电路如图 5-30 所示,已知 $R=3\ \Omega$,$X_L=4\ \Omega$,$X_C=5\ \Omega$,端电压 $\dot{U}=220\angle 45°\text{V}$,求各支路电流 $\dot{I}_1$、$\dot{I}_2$ 及总电流 $\dot{I}$,并画出相量图。

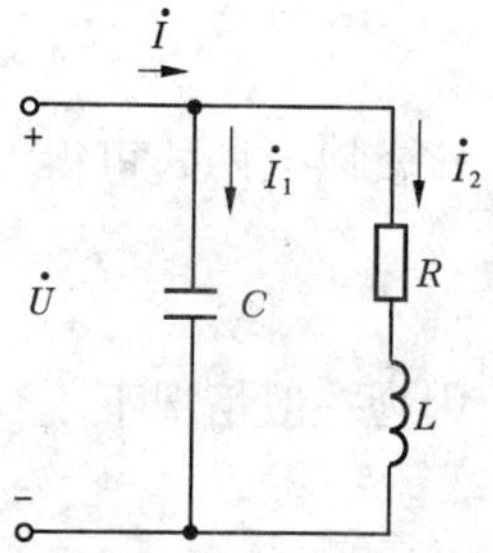

图 5-30　思考与练习题图

第九节　RLC 并联电路的相量分析

当电路中并联支路较多时，应用式(5-55)计算电路的等效复阻抗并不简单。因此，对三条支路以上的并联电路，常引用复导纳进行分析和计算。

一、导纳法分析并联电路

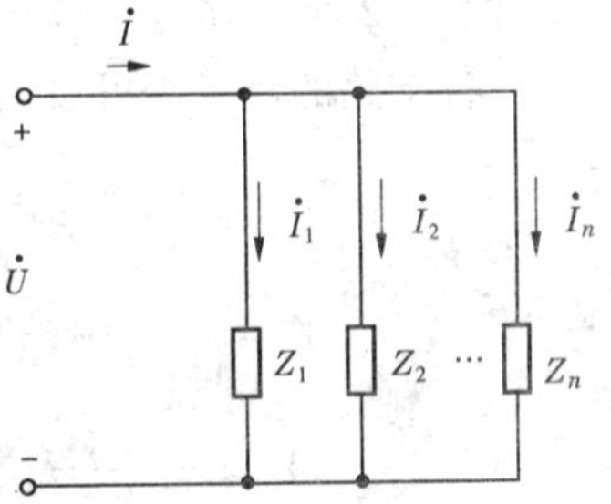

图 5-31　多复阻抗并联电路

假设图 5-31 中第一条并联支路的复阻抗为

$$Z_1 = R_1 + jX_1 = |Z_1|e^{j\varphi_1}$$

复导纳是复阻抗的倒数，所以上述支路的复导纳可以表示为

$$Y_1 = \frac{1}{Z_1} = \frac{1}{R_1 + jX_1} = \frac{R_1 - jX_1}{R_1^2 + X_1^2} = \frac{R_1}{|Z_1|^2} - j\frac{X_1}{|Z_1|^2}$$

$$= G_1 - jB_1 = |Y_1|e^{-j\varphi_1} = |Y_1|\angle -\varphi_1 \tag{5-56}$$

式中，G_1 为该支路的电导，$G_1 = \frac{R_1}{|Z_1|^2}$；$B_1$ 为该支路的电纳，$B_1 = \frac{X_1}{|Z_1|^2}$；$|Y_1|$为该支路的导纳，$|Y_1| = \sqrt{G_1^2 + B_1^2}$；$\varphi_1$ 为该支路中电压与电流之间的相位差，即该支路的阻抗角，$\varphi_1 = \arctan\frac{B_1}{G_1} = \arctan\frac{X_1}{R_1}$。

在国际单位制中，电导、电纳、导纳的单位都是西门子(S)。

同理，第二条支路的导纳为

$$Y_2 = \frac{1}{Z_2} = G_2 - jB_2 = |Y_2|e^{-j\varphi_2} = |Y_2|\angle -\varphi_2$$

第 n 条支路的导纳为

$$Y_n = \frac{1}{Z_n} = G_n - jB_n = |Y_n|e^{-j\varphi_n} = |Y_n|\angle -\varphi_n$$

将图 5-31 所示各支路中的复阻抗都转换为复导纳后，各条支路中的电流可以表示为

$$\dot{I}_1 = \frac{\dot{U}}{Z_1} = Y_1\dot{U}$$

$$\dot{I}_2 = \frac{\dot{U}}{Z_2} = Y_2\dot{U}$$

$$\vdots$$

$$\dot{I}_n = \frac{\dot{U}}{Z_n} = Y_n\dot{U}$$

总电流可以表示为

$$\dot{I} = \dot{I}_1 + \dot{I}_2 + \cdots + \dot{I}_n = (Y_1 + Y_2 + \cdots + Y_n)\dot{U} = Y\dot{U} \tag{5-57}$$

因此，等效复导纳可以表示为

$$Y = Y_1 + Y_2 + \cdots + Y_n = G_1 - jB_1 + G_2 - jB_2 + \cdots + G_n - jB_n = G - jB \tag{5-58}$$

其中 $$G=\sum_{i=1}^{n}G_i,B=\sum_{i=1}^{n}B_i$$

注意，一般情况下，$|Y| \neq |Y_1|+|Y_2|+\cdots+|Y_n|$。

二、RLC 并联电路的分析

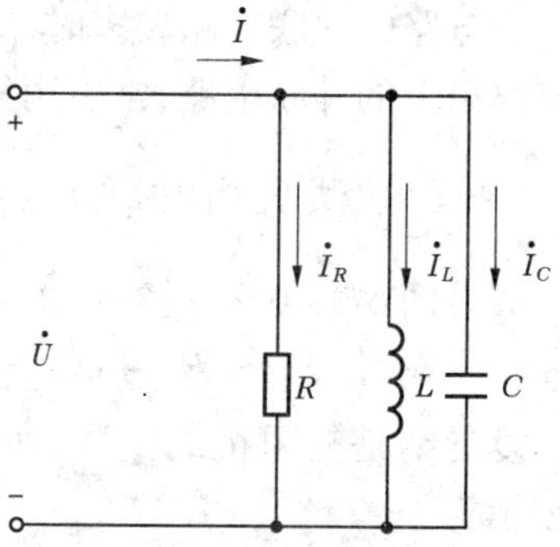

图 5-32 RLC 并联电路

如图 5-32 所示 RLC 并联电路，各量的参考方向如图所示，各支路的复导纳可以表示为

$$Y_1=\frac{1}{R}=G$$

$$Y_2=\frac{1}{\mathrm{j}X_L}=-\mathrm{j}\frac{1}{X_L}=-\mathrm{j}B_L$$

$$Y_3=\frac{1}{-\mathrm{j}X_C}=\mathrm{j}\frac{1}{X_C}=\mathrm{j}B_C$$

各条支路的电流为

$$\dot{I}_R=Y_1\dot{U}=G\dot{U}$$

$$\dot{I}_L=Y_2\dot{U}=-\mathrm{j}B_L\dot{U}$$

$$\dot{I}_C=Y_3\dot{U}=\mathrm{j}B_C\dot{U}$$

根据基尔霍夫电流定律

$$\dot{I}=\dot{I}_R+\dot{I}_L+\dot{I}_C=[G-\mathrm{j}(B_L-B_C)]\dot{U}=(G-\mathrm{j}B)\dot{U}=Y\dot{U} \tag{5-59}$$

式(5-59)即为 RLC 并联电路欧姆定律的相量形式。式中 $Y=G-\mathrm{j}B$，它还可以表示为

$$Y=\frac{\dot{I}}{\dot{U}}=\frac{I}{U}\mathrm{e}^{\mathrm{j}(\psi_i-\psi_u)}=|Y|\mathrm{e}^{\mathrm{j}(-\varphi)}$$

【例 5-21】 荧光灯管可等效为电阻元件 R 与电感 L 串联的形式，等效电路如图 5-33 所示。已知电源电压 $U=220$ V，频率 $f=50$ Hz，测得 $U_R=100$ V，$P=40$ W。求：

(1)荧光灯的电流和功率因数；

(2)在荧光灯两端并联一个 3.9 μF 的电容时，求电流 I 和电路的功率因数。

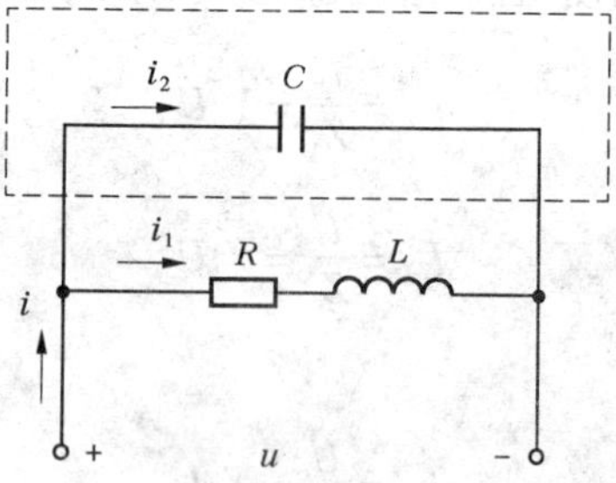

图 5-33 例 5-21 图

解：(1)通过荧光灯灯管的电流为

$$I_1=\frac{P}{U_R}=\frac{40}{100}=0.4(\mathrm{A})$$

荧光灯的功率因数为

$$\cos\varphi_1 = \frac{P}{S} = \frac{P}{UI_1} = \frac{40}{220 \times 0.4} = 0.45$$

(2)由(1)可知荧光灯的等效电阻为

$$R = \frac{U_R}{I_1} = \frac{100}{0.4} = 250(\Omega)$$

荧光灯的等效阻抗为

$$|Z| = \frac{U}{I_1} = \frac{220}{0.4} = 550(\Omega)$$

荧光灯的等效感抗为

$$X_L = \sqrt{|Z|^2 - R^2} = \sqrt{550^2 - 250^2} = 489.9(\Omega)$$

并联电容后,含有电容支路的导纳为

$$Y_2 = \frac{1}{-\mathrm{j}X_C} = \mathrm{j}\omega C = \mathrm{j}100\pi \times 3.9 \times 10^{-6} = \mathrm{j}1.22 \times 10^{-3}(\mathrm{S})$$

原荧光灯电路的导纳为

$$Y_1 = \frac{1}{R + \mathrm{j}X_L} = \frac{R - \mathrm{j}X_L}{R^2 + X_L^2} = (0.83 - \mathrm{j}1.62) \times 10^{-3}(\mathrm{S})$$

电路的复导纳为

$$\begin{aligned} Y &= Y_1 + Y_2 = (\mathrm{j}1.22 + 0.83 - \mathrm{j}1.62) \times 10^{-3} \\ &= (0.83 - \mathrm{j}0.4) \times 10^{-3} = 0.92 \times 10^{-3} \angle -25.7^\circ(\mathrm{S}) \end{aligned}$$

电路的阻抗角为 $\varphi_2 = 25.7^\circ$

所以功率因数为 $\cos\varphi_2 = 0.9$

电源提供电流 $I = U|Y| = 220 \times 0.92 \times 10^{-3} = 0.2(\mathrm{A})$

在交流电路中,一般负载为感性负载,通常它们的功率因数都比较低。电源设备(如发电机、变压器等)的容量也就是视在功率,都是根据额定电压和额定电流设计的。例如一台100 kV·A 的变压器,若负载功率因数 $\lambda = 0.9$,变压器可输出 90 kW 的有功功率;若负载的功率因数 $\lambda = 0.4$,则变压器就只能输出 40 kW 的有功功率。因此,负载的功率因数低时,电源设备的容量就得不到充分的利用。另外,当发电设备的输出电压和功率一定时,电流 I 与功率因数成反比($I = P/(U\cos\varphi)$)。功率因数 λ 越低,输出线路的电流 I 就越大,线路的压降就越大,会使负载上电压降低,从而影响负载的正常工作,并且输电线路中的功率损耗也要增加。比较上例接入电容前后电路的功率因数和电源提供的电流可知,对于感性电路,并联电容的方法不仅可以提高电路的功率因数,使电源设备的容量得到充分的利用,而且能减小电源提供的电流,减小输电线路上的功率损耗。用电容器与感性负载并联是最简单、最常用的提高功率因数的方法。假设电路有功功率为 P,电源角频率为 ω,电源电压有效值为 U,原功率因数 $\lambda_1 = \cos\varphi_1$,希望提高功率因数至 $\lambda_2 = \cos\varphi_2$,那么应该并联的电容的大小为

$$C = \frac{P}{\omega U^2}(\tan\varphi_1 - \tan\varphi_2)$$

此处不再作推导。

用并联电容来提高功率因数,一般提高至 0.9 左右即可,因为提高功率因数接近 1 时,所需电容量大,反而不经济。

思考与练习题

在如图 5-34 所示电路中，已知电源电压 $\dot{U}=220\angle 0°\text{V}$，$R_1=50\ \Omega$，$R_2=100\ \Omega$，$R_3=200\ \Omega$，$X_L=100\ \Omega$，$X_C=200\ \Omega$，求：(1) 电路的总导纳 Y；(2) 各支路电流 $\dot{I}_1$、$\dot{I}_2$、$\dot{I}_3$ 以及总电流 $\dot{I}$；(3) 电路的有功功率、无功功率以及视在功率。

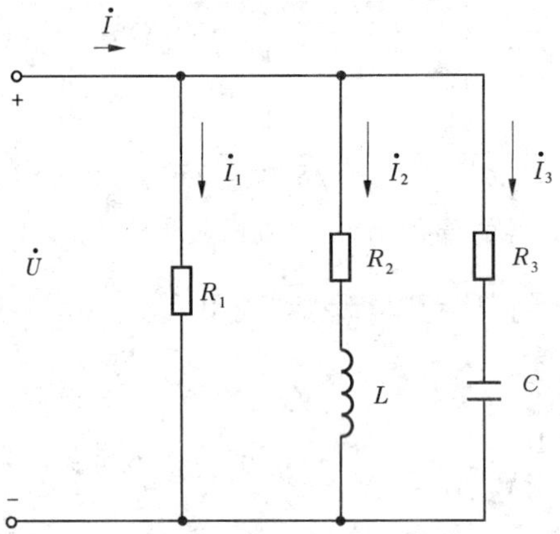

图 5-34　思考与练习题图

第十节　正弦稳态电路的相量分析

在前面几节中，介绍了用相量表示法对由电阻、电感和电容元件组成的简单串、并联交流电路的分析与计算。在此基础上，进一步研究复杂正弦稳态交流电路的分析和计算。如果构成正弦交流电路的电阻、电感和电容都是线性的，而且电路中的电源都是同频率的，那么电路中各部分电压和电路也都是同频率的正弦量，因此就可以用相量法进行分析。

与分析复杂直流电路一样，复杂交流电路也可以用网孔电流法、节点电压法、戴维南定理和叠加定理等进行分析与计算。不同的是，电路中的电阻、电感和电容应该用复阻抗或者是复导纳表示，而电压和电流应该用相量形式表示。

一、支路电流法分析正弦交流电路

【例 5-22】 在图 5-35 所示电路中，已知 $Z_1=Z_2=(0.1+\text{j}0.5)\ \Omega$，$Z_3=(5+\text{j}5)\ \Omega$，$\dot{U}_1=227\angle 0°\ \text{V}$，$\dot{U}_2=230\angle 0°\ \text{V}$。试用支路电流法求电流 $\dot{I}_3$。

解：各电流与电压的参考方向如图所示。根据基尔霍夫电流定律，对节点 b 有

$$\dot{I}_1-\dot{I}_2+\dot{I}_3=0 \quad ①$$

根据基尔霍夫电压定律，对网孔 A、B 有

$$-\dot{I}_2Z_2-\dot{I}_3Z_3-\dot{U}_2=0 \quad ②$$

$$\dot{I}_3Z_3-\dot{I}_1Z_1+\dot{U}_1=0 \quad ③$$

将数据带入式①、式②、式③可得

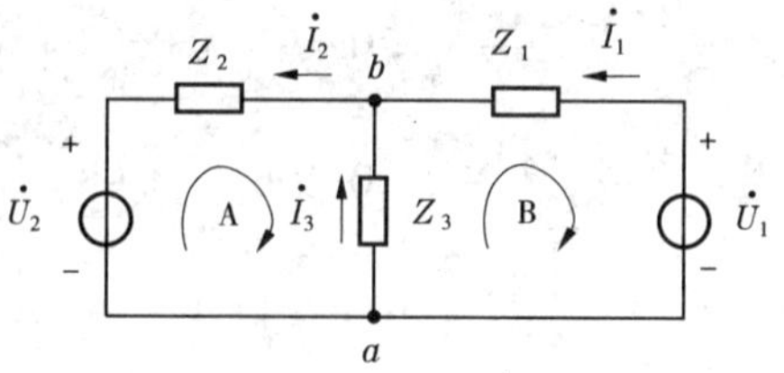

图 5-35 例 5-22 图

$$\left.\begin{aligned}&\dot{I}_1-\dot{I}_2+\dot{I}_3=0\\&-(0.1+j0.5)\dot{I}_2-(5+j5)\dot{I}_3-230\angle 0^\circ=0\\&(5+j5)\dot{I}_3-(0.1+j0.5)\dot{I}_1+227\angle 0^\circ=0\end{aligned}\right\}$$

解方程组得

$$\dot{I}_3=31.3\angle 133.9^\circ\ \text{A}$$

二、网孔电流法分析正弦交流电路

【例 5-23】 用网孔电流法分析计算例 5-22 中的电流 $\dot{I}_3$。

解:各电流与电压的参考方向如图 5-36 所示。选网孔方向与电流参考方向一致。列网孔方程:

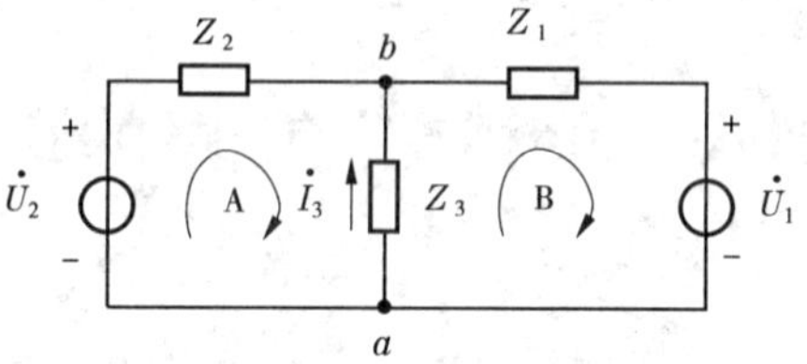

图 5-36 例 5-23 图

对网孔 A $\qquad (Z_2+Z_3)\dot{I}_A-Z_3\dot{I}_B=\dot{U}_2 \qquad$ ①

对网孔 B $\qquad -Z_3\dot{I}_A+(Z_1+Z_3)\dot{I}_B=-\dot{U}_1 \qquad$ ②

将数据代入式①、式②可得

$$\left.\begin{aligned}&(0.1+j0.5+5+j5)\dot{I}_A-(5+j5)\dot{I}_B=230\angle 0^\circ\\&-(5+j5)\dot{I}_A+(0.1+j0.5+5+j5)\dot{I}_B=-227\angle 0^\circ\end{aligned}\right\}$$

又
$$\dot{I}_3=\dot{I}_B-\dot{I}_A$$

解方程组得

$$\dot{I}_3=31.3\angle 133.9^\circ\ \text{A}$$

三、节点电压法分析正弦交流电路

【例 5-24】 用节点电压法分析计算例 5-23 中的电流 $\dot{I}_3$。

解:设 a 点为参考点。

$$Y_1=\frac{1}{Z_1}=\frac{1}{0.1+\mathrm{j}0.5}=\frac{0.1-\mathrm{j}0.5}{0.51}=0.196-\mathrm{j}0.98=0.1\angle-78.69°(\mathrm{S})$$

$$Y_2=\frac{1}{Z_2}=\frac{1}{0.1+\mathrm{j}0.5}=\frac{0.1-\mathrm{j}0.5}{0.51}=0.196-\mathrm{j}0.98=0.1\angle-78.69°(\mathrm{S})$$

$$Y_3=\frac{1}{Z_3}=\frac{1}{5+\mathrm{j}5}=\frac{5-\mathrm{j}5}{50}=0.1-\mathrm{j}0.1=0.14\angle-45°(\mathrm{S})$$

$$\dot{U}_{ba}=\frac{\dot{U}_1Y_1+\dot{U}_2Y_2}{Y_1+Y_2+Y_3}$$

又

$$\dot{I}_3=-\dot{U}_{ba}Y_3$$

带入数据可得

$$\dot{I}_3=31.3\angle133.9°\ \mathrm{A}$$

思考与练习题

在图 5-37 所示电路中，已知 $\dot{U}_1=7.07\angle0°\mathrm{V}$，$\dot{U}_2=14.14\angle30°\ \mathrm{V}$，$Z_1=\mathrm{j}20\ \Omega$，$Z_2=(6+\mathrm{j}8)\ \Omega$，$Z_3=\mathrm{j}40\ \Omega$，$Z_4=(20-\mathrm{j}40)\ \Omega$。分别用节点电压法和网孔电流法求出电流 $\dot{I}_1$。

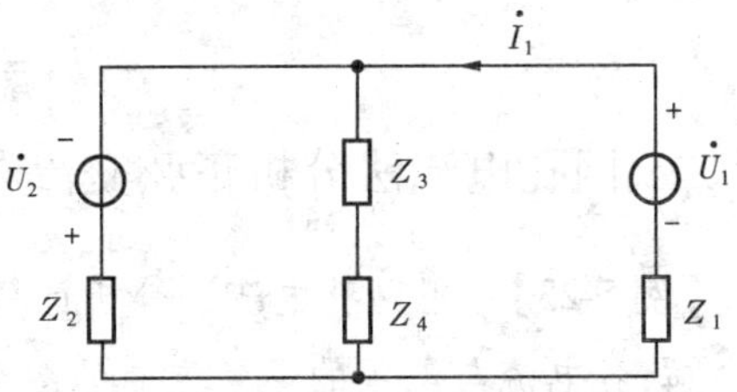

图 5-37　思考与练习题图

实训八　单相交流电路的认识

一、实训目的

研究单相正弦稳态交流电路中电压、电流相量之间的关系。

二、原理说明

在如图 5-38 所示的 RC 串联电路中，在正弦稳态信号 $\dot{U}$ 的激励下，$\dot{U}_R$ 与 $\dot{U}_C$ 保持 90°的相位差，也就是当 R 阻值改变时，$\dot{U}_R$ 的轨迹是一个半圆。$\dot{U}$、$\dot{U}_C$、$\dot{U}_R$ 三者形成一个直角三角形的电压三角形，如图 5-39 所示。当 R 值改变时，可以改变 φ 角的大小，从而达到移相的目的。

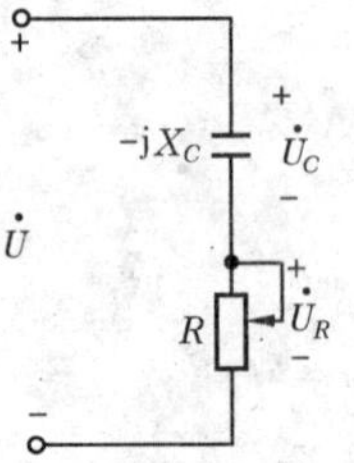

图 5-38　RC 串联电路

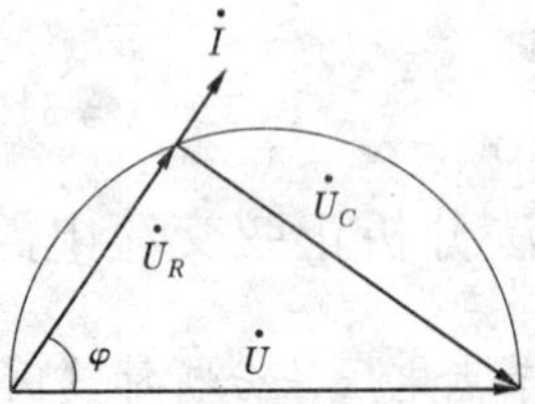

图 5-39　RC 串联电路电压三角形

三、实训内容与步骤

(1)按图5-38 连接电路。R 为可调电阻,电源为频率为50 Hz 有效值为220 V 的正弦交流电。

(2)接通电源,改变 R 的阻值。分别用电压表测量各 $\dot{U}$、$\dot{U}_R$ 和 $\dot{U}_C$ 的值,并将测量结果记录下来,填到表5-1 内,验证电压三角形的关系。

表5-1　电压实验数据记录

测量值			计算值		
U(V)	U_R(V)	U_C(V)	U'($U'=\sqrt{U_R^2+U_C^2}$)(V)	$\Delta U=U'-U$(V)	$\Delta U/U$(%)

本章小结

1. 正弦量的基本概念

随时间按正弦规律变化的交流电称为正弦交流电,又称为正弦量。正弦交流电的瞬时值表达式为 $i=I_m\sin(\omega t+\psi)$。

2. 正弦量的三要素

(1)最大值(幅值、峰值、振幅),用字母加下标 m 表示,如 U_m、I_m;

(2)角频率 ω、频率 f、周期 T,三者之间的关系为 $\omega=2\pi f,\omega=2\pi/T$;

(3)初相 ψ,$|\psi|\leqslant\pi$。

两个同频率正弦量的相位差 φ 等于两个正弦量的初相之差,即 $\varphi=\psi_1-\psi_2$,且 $|\varphi|\leqslant\pi$。根据相位差 φ 的大小可以比较两个同频率正弦量的相位关系。$0°<\varphi_{12}<\pi$:第一个正弦量超前于第二个正弦量;$-\pi<\varphi_{12}<0°$:第一个正弦量滞后于第二个正弦量;$\varphi_{12}=0°$:两个正弦量同向;$\varphi_{12}=\pm\pi$,两个正弦量反相;$\varphi_{12}=\pm\frac{\pi}{2}$,两个正弦量正交。

3. 交流电的有效值和平均值

(1)正弦交流电有效值和最大值的关系为:$U_m=\sqrt{2}U,I_m=\sqrt{2}I$。

(2)正弦交流电的平均值与最大值的关系为:$I_{av}=\frac{2}{\pi}I_m=0.637I_m$。

4. 正弦信号的相量表示法

(1)复数的表示方法以及四则运算。

复数的代数形式:$A=a+\mathrm{j}b$

复数的指数形式:$A=r\mathrm{e}^{\mathrm{j}\varphi}$

复数的三角函数形式:$A=r\cos\varphi+\mathrm{j}r\sin\varphi$

复数的极坐标形式:$A=r\angle\varphi$

复数的加减:$A_1\pm A_2=(a_1\pm a_2)+\mathrm{j}(b_1\pm b_2)$

复数的乘除：$A_1 \times A_2 = r_1 r_2 e^{j(\varphi_1+\varphi_2)} = r_1 r_2 \angle(\varphi_1+\varphi_2)$；$\dfrac{A_1}{A_2} = \dfrac{r_1}{r_2} e^{j(\varphi_1-\varphi_2)} = \dfrac{r_1}{r_2}\angle(\varphi_1-\varphi_2)$

(2)正弦量的相量表示法。

有效值向量 $\dot{I} = I\angle\psi_i$，最大值向量 $\dot{I}_m = I_m\angle\psi_i$。

只有同频率的正弦量其相量才能画在同一复平面上，画在同一复平面上表示相量的图称为相量图。

为了简化正弦交流电路的分析计算，在研究几个同频率正弦量时，可以选择某一正弦量为参考正弦量，即假设其初相位为零，其他正弦量与参考正弦量的相位差即为它们的初相位。画相量图时，可先画出参考相量的相量，再根据相量与参考相量之间的相位差画出其他相量。

5. 理想电路元件在正弦电路中的相量特性如表 5-2 所示。

表 5-2　正弦交流电路中电压与电流的关系表

电路	一般形式	相位关系	大小关系	相量形式
R	$u = Ri$	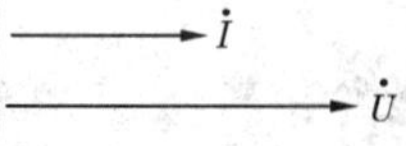 $\varphi = 0°$	$U = IR$	$\dot{U} = R\dot{I}$
L	$u = L\dfrac{di}{dt}$	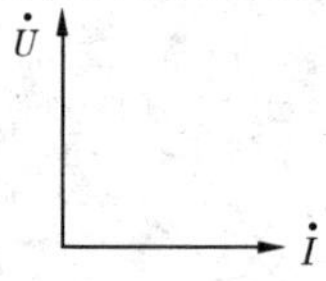 $\varphi = 90°$	$U = X_L I(X_L = \omega L)$	$\dot{U} = jX_L\dot{I}$
C	$u = \dfrac{1}{C}\int i dt$	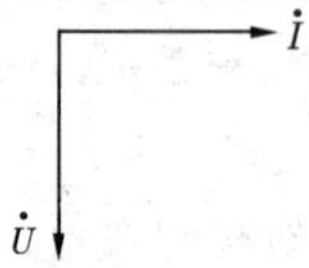 $\varphi = -90°$	$U = X_C I\left(X_C = \dfrac{1}{\omega C}\right)$	$\dot{U} = -jX_C\dot{I}$
RL 串联	$u = Ri + L\dfrac{di}{dt}$	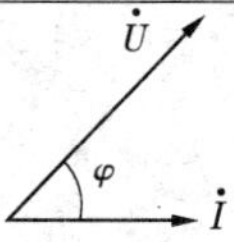 $\varphi > 0°$	$U = \sqrt{R^2 + X_L^2} \cdot I$	$\dot{U} = (R + jX_L) \cdot \dot{I}$
RC 串联	$u = Ri + \dfrac{1}{C}\int i dt$	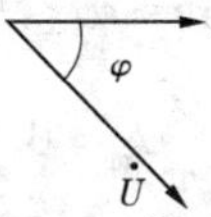 $\varphi < 0°$	$U = \sqrt{R^2 + X_C^2} \cdot I$	$\dot{U} = (R - jX_C) \cdot \dot{I}$
RLC 串联	$u = Ri + L\dfrac{di}{dt} + \dfrac{1}{C}\int i dt$	$\varphi\begin{cases} > 0° \\ = 0° \\ < 0° \end{cases}$	$U = \sqrt{R^2 + (X_L - X_C)^2} \cdot I$	$\dot{U} = [R + j(X_L - X_C)] \cdot \dot{I}$

6. 相量形式的基尔霍夫定律

基尔霍夫电流定律：$\sum \dot{I} = 0$

基尔霍夫电压定律：$\sum \dot{U}=0$

7. *RLC* 串联电路的分析

复阻抗可以表示为：$Z=R+\mathrm{j}X=R+\mathrm{j}(X_L-X_C)=|Z|\angle\varphi$

式中：阻抗 $|Z|=\sqrt{R^2+X^2}$，阻抗角 $\varphi=\arctan\dfrac{X}{R}$。

在关联参考方向下，电压与电流的关系：$\dot{U}=Z\dot{I}$。

阻抗角 $\varphi>0°$，电路呈感性；阻抗角 $\varphi<0°$，电路呈容性；阻抗角 $\varphi=0°$，电路呈阻性。

RLC 串联电路的有功功率、无功功率以及视在功率可以分别表示为：

有功功率 $P=UI\cos\varphi=I^2R$

无功功率 $Q=UI\sin\varphi=I^2X$

视在功率 $S=UI=\sqrt{P^2+Q^2}$

功率因数 $\lambda=\cos\varphi=\dfrac{P}{S}$

8. 阻抗串并联

阻抗串联时，等效复阻抗等于各个串联复阻抗之和，即 $Z=Z_1+Z_2+\cdots+Z_n$。

阻抗并联时，等效复阻抗的倒数等于各个并联复阻抗的倒数之和，即 $\dfrac{1}{Z}=\dfrac{1}{Z_1}+\dfrac{1}{Z_2}+\cdots+\dfrac{1}{Z_n}$。

9. *RLC* 并联电路的相量分析

复导纳为 $Y=\dfrac{1}{Z}$

电路的等效复导纳为

$$\begin{aligned}Y&=Y_1+Y_2+\cdots+Y_n\\&=G_1-\mathrm{j}B_1+G_2-\mathrm{j}B_2+\cdots+G_n-\mathrm{j}B_n=G-\mathrm{j}B\end{aligned}$$

其中，$G=\sum_{i=1}^{n}G_i$；$B=\sum_{i=1}^{n}B_i$。

导纳法 $\dot{I}=Y\dot{U}$

习　题

5-1　已知正弦电压 $u(t)=110\sin(100t+60°)$ V，试写出其角频率、频率、周期、最大值和初相。

5-2　已知某正弦电流的周期为 10 ms，初相位为 30°，当 $t=1$ ms 时，瞬时值为 10 V。试写出它的瞬时值表达式。

5-3　已知两个正弦电压分别为 $u_1(t)=10\sin(100t-60°)$ V，$u_2(t)=20\cos(100t+150°)$ V。试确定它们的相位关系。

5-4　试写出下列各相量对应的瞬时值表达式（设角频率为 314 rad/s）：

(1) $\dot{I}_{\mathrm{m}}=10\angle18°$ A　　(2) $\dot{U}_{\mathrm{m}}=31\angle240°$ V

(3) $\dot{I}=(10+j10)$ A　　　　　　　　(4) $\dot{U}=(-10+j10)$ V

5-5　已知 $i_1=100\sin(\omega t+20°)$ A，$i_2=100\cos(\omega t-10°)$ A。试写出 i_1、i_2 的相量，画出相量图并用相量法求 $i=i_1+i_2$。

5-6　假设正弦电压 u_A、u_B、u_C 的有效值均为 220 V，频率均为 50 Hz，已知 u_A 超前 u_B 60°，u_C 滞后 u_B 120°，试以 u_A 为参考正弦量分别写出三个电压的解析式，并计算 $u=u_A+u_B+u_C$。

5-7　在 20 Ω 的电阻上加上 $u=155\sin(1\ 000t)$ V 的电压，写出通过电阻的电流瞬时值表达式，并求出电阻消耗的功率大小。

5-8　将一个 220 V、1 000 W 的电吹风接在电压最大值为 310 V 的正弦交流电源上，试求通过电吹风的电流和电阻。

5-9　在 $L=10$ mH 的电感上通有 $i=10\sqrt{2}\sin(314t+30°)$ mA 的电流，求此时电感的感抗 X_L、电感两端的电压相量形式 $\dot{U}_L$、电路的无功功率 Q_L；若电源频率增加 5 倍，则以上量值有何变化？

5-10　在一个 5 μF 的电容器上加有 60 V、50 Hz 的正弦电压，问此时的容抗 X_C 有多大？写出该电容上电压、电流的瞬时值表达式及相量表达式，画出相量图，并求电容电路的无功功率 Q_C。

5-11　在 RLC 串联电路中，已知 $R=10$ Ω，$L=16$ mH，$C=150$ μF，电源电压 $u=310\sin(314t)$ V。试求：

(1) 此电路的复阻抗 Z；

(2) 电流 i 和电压 u_R、u_L、u_C，并画出相量图；

(3) 该电路的 P、Q、S 及功率因数 $\cos\varphi$。

5-12　一电感线圈接到 240 V 的直流电源上，电流为 40 A；若接到 50 Hz、220 V 的交流电源上，则电流为 28.2 A，求该线圈的电阻和电感。

5-13　如图 5-40 所示电路中，已知交流电源频率 $f=100$ Hz，$R=5$ kΩ。如果要求电容器两端的电压 u_C 与电路端电压 u 的相位差为 30°，则电容 C 应为多少？

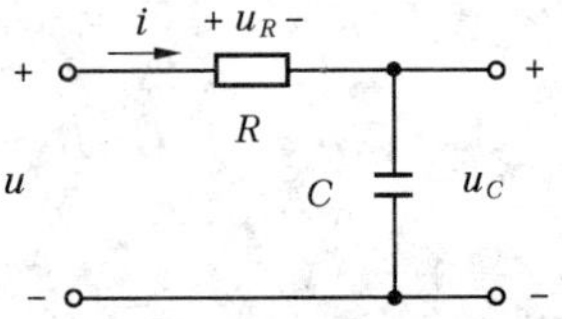

图 5-40　习题 5-13 图

5-14　在如图 5-41 所示电路中，电流表 A_1 和 A_2 的示数都为 10 A，电压表 V_1 的示数为 100 V，V_2 的示数为 80 V。求电流表 A_0 和电压表 V_0 的示数。

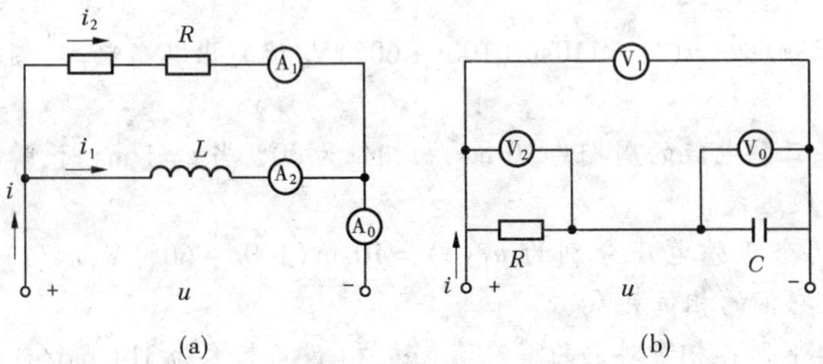

图 5-41　习题 5-14 图

5-15　如图 5-42 所示电路中，已知元件 1 和元件 2 的端电压分别为 $u_1 = 20\sin\omega t$ V，$u_2 = 20\sin(\omega t + 90°)$ V。求：

(1) $\dot{U}_1$、$\dot{U}_2$、$\dot{U}$，并画出相量图；

(2) 各电压表的读数。

5-16　如图 5-43 所示电路中，流过元件 1 和元件 2 的电流分别为 $i_1 = 10\sin\omega t$ A，$i_2 = 10\sin(\omega t + 120°)$ A。求：

(1) $\dot{I}_1$、$\dot{I}_2$、$\dot{I}$，并画出相量图；

(2) 各电流表的读数。

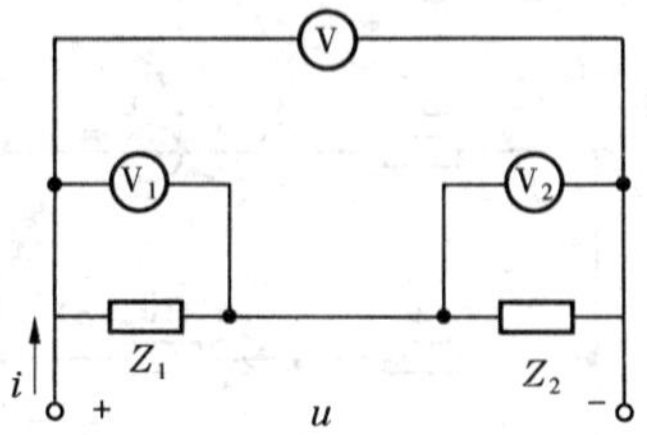

图 5-42　习题 5-15 图

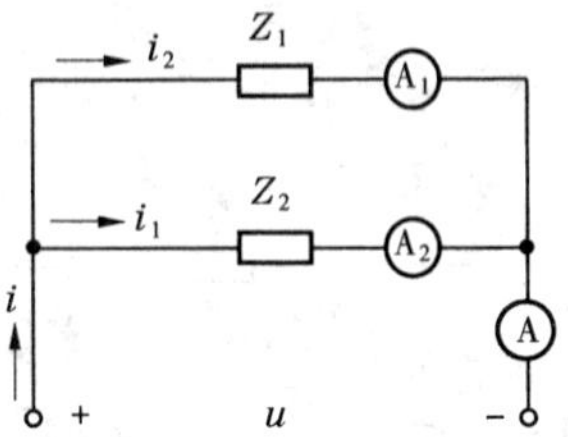

图 5-43　习题 5-16 图

5-17　RLC 并联电路如图 5-44 所示，已知 $u = 310\sin(1\ 000t + 50°)$ V，$R = 150\ \Omega$，$L = 0.2$ H，$C = 1\ \mu$F。

(1) 求 i_R、i_L、i_C，并画出相量图；

(2) 求等效导纳 Y 和电流 $\dot{I}$；

(3) 求电路的有功功率、无功功率和视在功率。

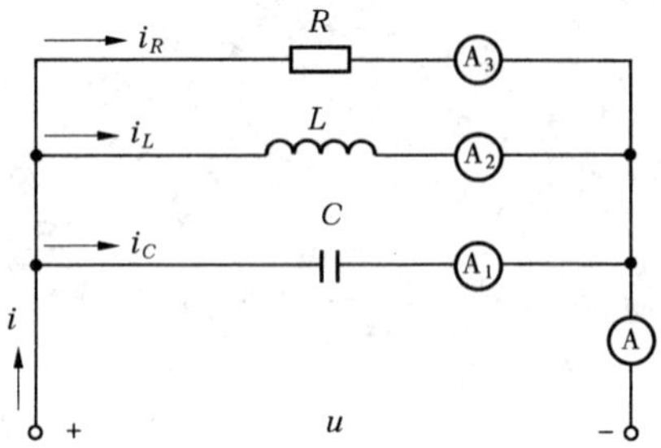

图 5-44　习题 5-17 图

5-18　为提高日光灯电路的功率因数，常在日光灯电路（等效为 RL 电路）两端并上一个电容 C，如图 5-45 所示。已知 $R = 4\ \Omega$，$L = 3$ mH，$C = 100\ \mu$F，$\dot{U} = 310\angle 0°$ V，$\omega = 1\ 000$ rad/s。试求：

(1) 电路的等效复阻抗 Z 为多大？

(2) 电容 C 并联前后电路中的有功功率、无功功率及视在功率（电源电压不变）。

5-19　列出图 5-46 所示电路的节点电压方程。已知 $\dot{U} = 5\angle 0°$ V，$\dot{I}_S = 4\angle 0°$ A，$Z_1 = -\mathrm{j}20\ \Omega$，$Z_2 = (8 + \mathrm{j}6)\ \Omega$，$Z_3 = \mathrm{j}8\ \Omega$。

5-20　列出图 5-47 所示电路的网孔电流方程。已知 $\dot{U}_1 = 50\angle 45°$ V，$\dot{U}_2 = 15\angle 45°$ V，

$Z_1 = \text{j}20\ \Omega, Z_2 = -\text{j}20\ \Omega, Z_3 = 12\ \Omega, Z_4 = 5\ \Omega, Z_5 = \text{j}12\ \Omega$。

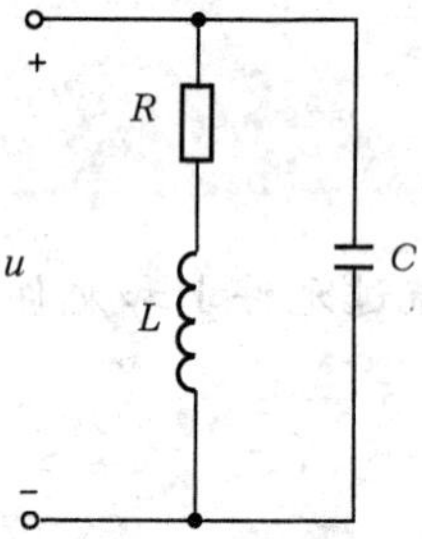

图 5-45　习题 5-18 图

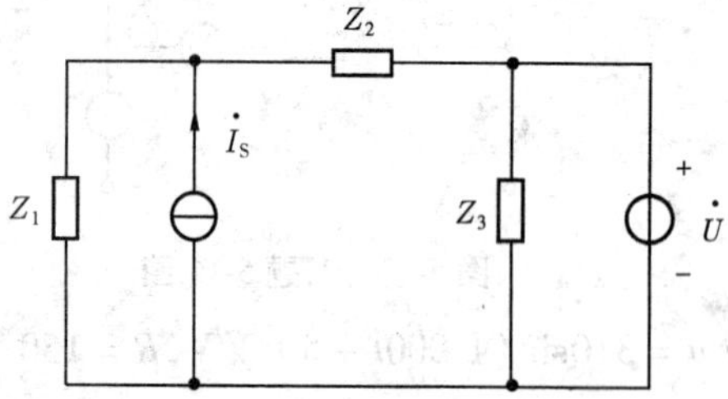

图 5-46　习题 5-19 图

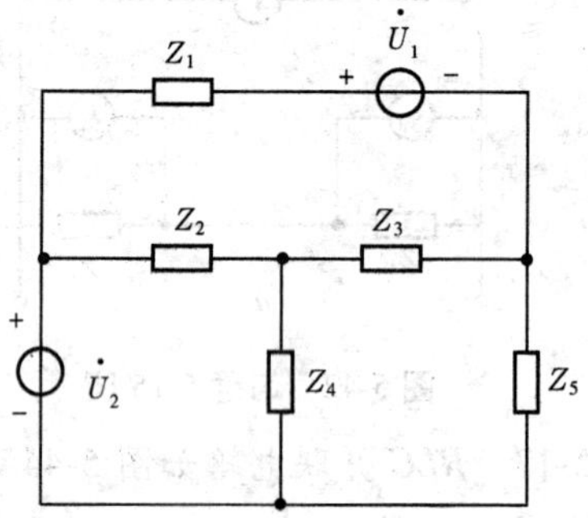

图 5-47　习题 5-20 图

第六章　三相交流电路

广泛应用的交流电几乎都是由三相发电机产生和用三相输电线输送的。所谓三相电路,就是由三个频率相同而相位不同的正弦电压源与三组负载按一定的方式连接组成的电路。三相制供电系统无论是在发电和输配电方面,还是在用电方面都具有明显的优点。如在发电方面,三相发电机比相同体积的单相发电机的输出功率高;在输电方面,采用三相制可以节约大量导电材料;在配电方面,三相变压器比单相变压器的经济效益高;在用电方面,当电动机尺寸相同时,三相电动机比单相电动机功率大并且运行更平稳。日常生活中常用的单相交流电也是从三相制供电系统中得到的。

第一节　三相电源及连接

三相电路的基本结构为三相电源和三相负载通过输电线相连的电路。三相电源由三相发电机产生,经升压变压器升高电压以后输送到各地,然后根据不同用户的需要,由各地变电所(站)利用降压变压器把高电压降到适当数值(如 380 V 或 220 V)等再使用。目前,国内外工农业生产的各部门都无一例外地应用这种三相供电系统。

一、对称三相电源的概念

对称三相电源是指三个频率相同、幅值相等、相位依次相差 120°的一组正弦电压源。一般取 A 相作为参考量,其初相为零,B 相滞后 A 相 120°,C 相滞后 B 相 120°,具有上述特点的一组交流电压或电流统称为三相对称正弦量。三相电源由三相正弦电压源组成,电压源的首端称为相首,标以 A、B、C;末端称为相尾,标以 X、Y、Z,并规定参考正极性标在首端,负极性标在末端,如图 6-1 所示。

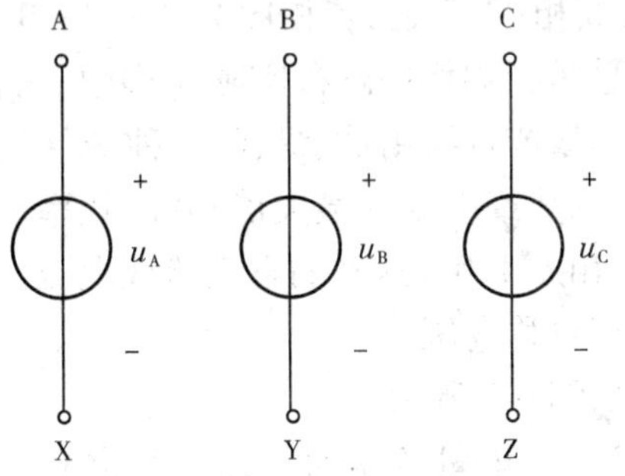

图 6-1　三相电源电路符号

三相电网的电动势是由三相发电机产生的。发电机主要由固定的定子和转动的转子两部分组成。定子铁芯由硅钢片叠压而成,内圆表面有凹槽,槽内安放的线圈称为绕组。三相发电机有三组独立的绕组,总称为三相绕组。各绕组的首端与首端之间,以及末端与末端之间都是相隔 120°安放,各相绕组的匝数和形状都相同。

采用适当的磁极极面形状可使定子与转子之间气隙中的磁通密度呈正弦形状分布。这样，当转子以恒定转速旋转时，定子绕组中感应出来的就是正弦电动势。

以电压为例，其解析式为

$$\left.\begin{aligned} u_A &= \sqrt{2}U_A\sin\omega t \\ u_B &= \sqrt{2}U_B\sin(\omega t - 120°) \\ u_C &= \sqrt{2}U_C\sin(\omega + 120°) \end{aligned}\right\} \tag{6-1}$$

由于每相绕组的匝数和形状相同，而且是由同一个磁极旋转时产生的，所以三个电动势的有效值或最大值彼此相等。图 6-2 所示为上述三相对称电压的波形图。

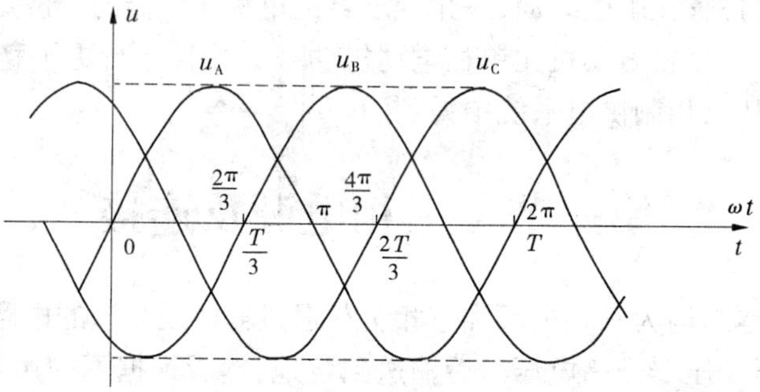

图 6-2 三相对称电压波形图

三相正弦电压用相量表示时为

$$\left.\begin{aligned} \dot{U}_A &= U_A\angle 0° \\ \dot{U}_B &= U_B\angle -120° \\ \dot{U}_C &= U_C\angle 120° \end{aligned}\right\} \tag{6-2}$$

从计时点开始，三相正弦交流电压依次出现正向最大值或零值的顺序称为相序。如图 6-2 所示，三相正弦交流电压的相位次序就是 A—B—C—A，即 u_A 超前 u_B120°，u_B 超前 u_C120°，u_C 超前 u_A120°，称为顺相序；反之，若相序为 A—C—B—A，则称为逆相序。如无特别说明，三相电动势、电压等总是指顺相序。在实际工程中，三相交流发电机就是一个常见的三相电源。三相发电机引出线或母线用黄、绿、红三种颜色分别表示 A、B、C 三相。

在三相发电机中，三个电动势或电压的最大值相等，频率都是相同的，在相位上依次互相差 120°，这样的电动势或电压就称为三相对称电动势或三相对称电压。

三相对称电压的相量图如图 6-3 所示。

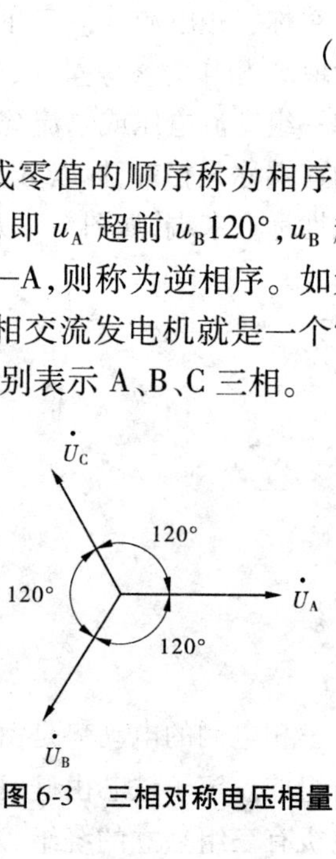

图 6-3 三相对称电压相量图

凡是对称三相正弦量，其三个电量的瞬时值或相量之和都为零，即

$$\left.\begin{aligned} u_A + u_B + u_C &= 0 \\ \dot{U}_A + \dot{U}_B + \dot{U}_C &= 0 \end{aligned}\right\} \tag{6-3}$$

二、三相电源的星形连接与三角形连接

在三相制的电力系统中，电源的三个绕组连接的方式有星形（Y 形）和三角形（△形）两种，如图 6-4 所示。

在星形连接中，三相绕组的三个末端 X、Y、Z 连接在一起，成为一个公共点，称为中性点，用字母 N 表示。从中性点引出的导线，称为中性线。低压系统的中性点通常接地，故中性点又称零点，中性线又称零线或地线。

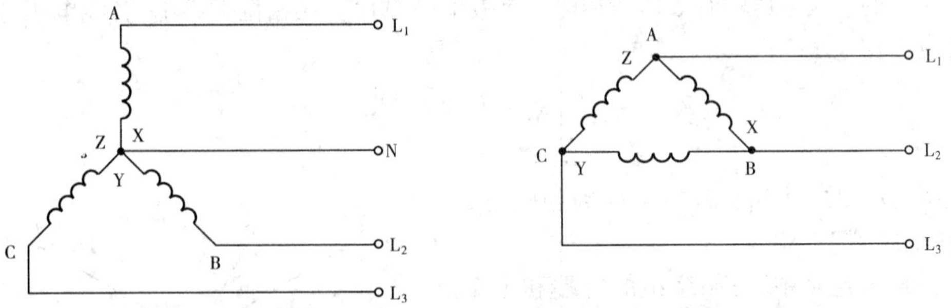

(a) Y形连接　　(b) △形连接

图 6-4　三相电源的连接方法

从三相绕组的三个首端 A、B、C 引出的导线称为相线或端线，又称为火线。三条引出的相线在电路图中分别用 L_1、L_2、L_3 表示。

三根相线和一根中性线都引出的供电方式称为三相四线制供电，中性线不引出的方式称为三相三线制供电。

在三相四线制供电系统中，相线与中线之间的电压称为相电压，用 $\dot{U}_1$、$\dot{U}_2$ 和 $\dot{U}_3$ 表示；相线与相线之间的电压称为线电压，用 $\dot{U}_{12}$、$\dot{U}_{23}$ 和 $\dot{U}_{31}$ 表示，线电压的脚码符合顺相序。相电压的参考方向规定为由相线指向中性线，线电压的参考方向符合顺相序，如图 6-5 所示。

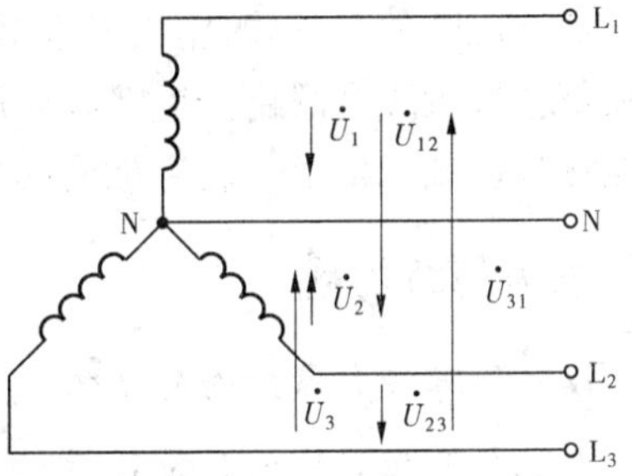

图 6-5　星形连接的相电压与线电压

忽略三相电源绕组以及导线中的阻抗，那么三个相电压就等于对应的三个电动势值。因为三个电动势是对称的，所以三个相电压也是对称的，故得

$$\left.\begin{aligned}\dot{U}_1 &= U_1\angle 0^\circ \\ \dot{U}_2 &= U_2\angle -120^\circ \\ \dot{U}_3 &= U_3\angle 120^\circ\end{aligned}\right\} \tag{6-4}$$

按图 6-5 所设的电压参考方向，有

$$\left.\begin{aligned}\dot{U}_{12} &= \dot{U}_1 - \dot{U}_2 \\ \dot{U}_{23} &= \dot{U}_2 - \dot{U}_3 \\ \dot{U}_{31} &= \dot{U}_3 - \dot{U}_1\end{aligned}\right\} \tag{6-5}$$

将式(6-4)代入式(6-5),再将相电压的有效值用 U_p 表示,得

$$\left.\begin{aligned} U_1 &= U_2 = U_3 = U_p \\ \dot{U}_{12} &= \sqrt{3}\dot{U}_p\angle 30^\circ \\ \dot{U}_{23} &= \sqrt{3}\dot{U}_p\angle -90^\circ \\ \dot{U}_{31} &= \sqrt{3}\dot{U}_p\angle 150^\circ \end{aligned}\right\} \tag{6-6}$$

星形连接时相电压和线电压的相量图如图6-6所示。由图可见,当相电压对称时,线电压也是对称的。线电压的有效值为相电压有效值的$\sqrt{3}$倍。在相位关系上,各线电压分别超前于相应的相电压30°。若将线电压用 U_l 表示,则

$$\left.\begin{aligned} \dot{U}_l &= \sqrt{3}\dot{U}_p\angle 30^\circ \\ U_l &= \sqrt{3}U_p \end{aligned}\right\} \tag{6-7}$$

我国低压供电线路的标准电压为相电压220 V,故线电压等于380 V。

在三角形连接中,三相绕组的首端和末端依次连接在一起,从三相绕组的首端分别引出导线,称为相线或端线,又称为火线,如图6-4(b)所示。对应两条相线之间的电压称为线电压。由于电源△形连接的三个相电压是对称的,因此三个线电压也是对称的。线电压的有效值就等于一相电源的电压有效值,即

$$U_l = U_p \tag{6-8}$$

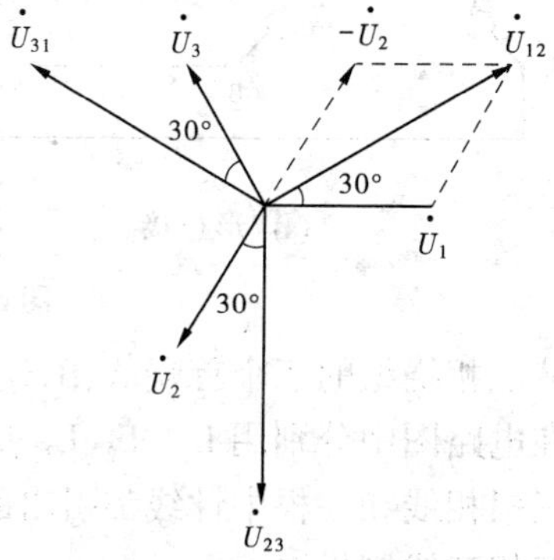

图6-6　星形连接电压相量图

必须说明的是,电源作△形连接时,各个单相电源必须得依次连接。若是任何一相绕组接反都会导致闭合回路产生极大的短路电流,损坏有关设备。因此,在生产实践中,发电机绕组很少接成三角形。较为常见的是星形连接三相四线制供电系统,其接法见图6-4(a)。

思考与练习题

1. 对称三相电源指的是什么?

2. 已知三相对称电源的 L_1 相电动势为 $e_1 = 220\sqrt{2}\sin(314t + 45^\circ)$ V,写出其他两相电动势的瞬时值表达式。

3. 三相电源作三角形连接时,如果有一相绕组接反,后果如何?试用相量图加以分析说明。

4. 三相发电机绕组接成三相四线制,测得三个相电压 $U_A = U_B = U_C = 220$ V,三个线电压 $U_{AB} = 380$ V,$U_{BC} = U_{CA} = 220$ V,这说明什么?

第二节　星形负载的三相对称电路

三相电路中,负载也是三相的,即由三个负载阻抗以一定的方式连接组成,而每一个负载阻抗称为三相负载的一相。三相电路中负载的连接方法有两种:星形连接和三角形连接。

三相负载接成星形还是三角形取决于电源电压和负载的额定相电压。当负载的额定相电压等于电源的相电压时，负载应接成星形，此时每相负载承受电源的相电压。当负载的额定相电压等于电源的线电压时，负载就应接成三角形，此时每相负载承受电源的线电压。

三相负载可以根据要求连接成星形，这种接法的特点是各单相负载（如电灯泡）的一端连接在相线上，另一端都连接在中性线上。图 6-7 为三相四线制供电线路上的星形接法的负载。三相负载（常见的如三相电动机）有星形和三角形两种接法，图 6-7 中为三个绕组作星形接法的电动机示意图。

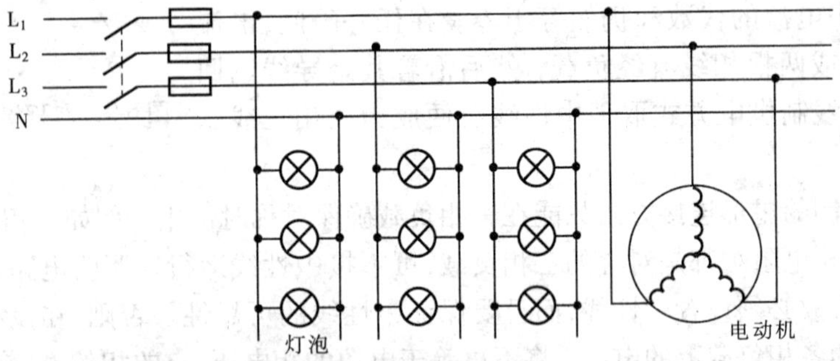

图 6-7　负载的星形接法

三相负载作星形连接时的电路可画成图 6-8 所示的形式。图中 Z_1、Z_2 和 Z_3 为各相负载的复阻抗。

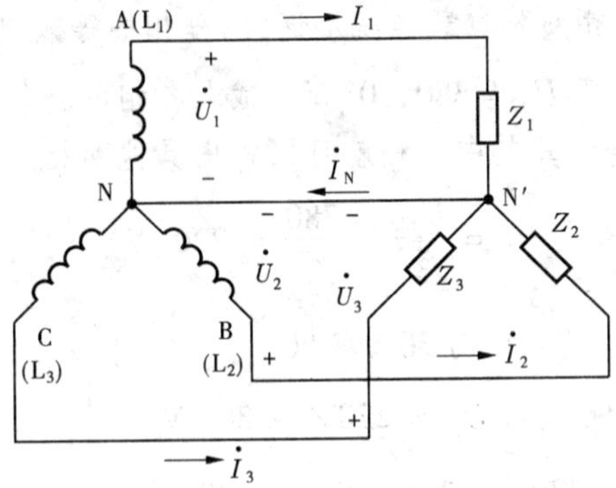

图 6-8　三相负载的星形连接

如果不计连接导线的阻抗，负载承受的电压就等于电源的相电压，而且每相负载与电源构成一个单独回路，任何一相负载的工作都不受其他两相工作的影响，所以各相电流的计算方法和单相电路一样，设定各相电流的参考方向由电源指向对应负载，即

$$\left.\begin{aligned}\dot{I}_1 &= \frac{\dot{U}_1}{Z_1}\\ \dot{I}_2 &= \frac{\dot{U}_2}{Z_2}\\ \dot{I}_3 &= \frac{\dot{U}_3}{Z_3}\end{aligned}\right\} \tag{6-9}$$

设定中性线电流的参考方向由 N′指向 N，如图 6-8 所示，则中性线电流

$$\dot{I}_N = \dot{I}_1 + \dot{I}_2 + \dot{I}_3 \tag{6-10}$$

如果三相负载是对称的，即复阻抗 Z_1、Z_2 和 Z_3 彼此相等，则各相电流的有效值也相等，在相位上依次相差 120°，是一组对称的三相电流，如图 6-9 所示。所以，中性线电流

$$\dot{I}_N = \dot{I}_1 + \dot{I}_2 + \dot{I}_3 = 0$$

在图 6-9 中，三相负载为感性负载，相电流滞后于相电压一个角度 φ。既然中性线电流等于零，就可以取消中性线。此时，三根导线中电流的代数和仍然等于零。在任一瞬间，电流总是沿着一根或两根相线流经负载，然后沿着其余导线返回电源。三相四线制供电方式取消中性线后便成为三相三线制供电方式。

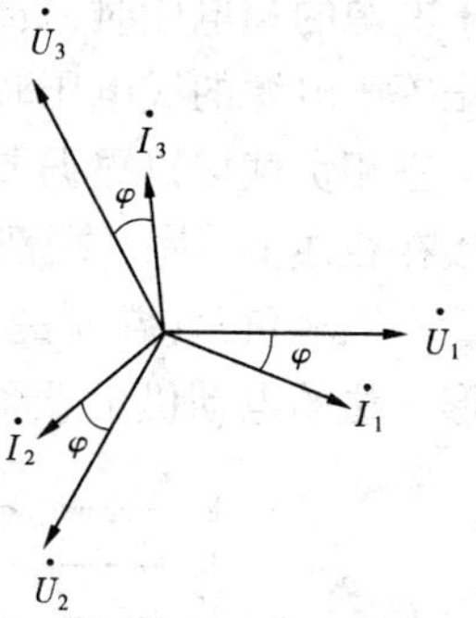

图 6-9　对称星形负载相量图

三相三线制的星形连接方式只能在三相负载确保对称时使用。例如三相电动机和各相电阻相等的三相电阻炉都是对称的三相负载，可不接中性线运行。照明电路因为不能保证三相负载对称，故必须设置中性线，而且要保证中性线的可靠性。否则，在没有中性线的情况下，不对称的各相负载上的电压，将不再等于电源的相电压，有的相偏高，有的相偏低，这将使负载损坏或不能正常工作。

所以，中性线的作用是保证星形连接负载的相电压等于电源的相电压。在供电线路的连线上，中性线上不设熔断器和闸刀开关。

【例 6-1】 今有一组三相对称负载作星形连接，每相的等效电阻为 $R = 16\ \Omega$，每相等效感抗为 $X_L = 12\ \Omega$，电源线电压 $\dot{U}_{12} = 380\angle 0°\ \text{V}$。试求各相电流。

解：因为负载对称，只需计算其中一相就可以推出其他两相。

$$U_1 = \frac{U_{12}}{\sqrt{3}} = \frac{380}{\sqrt{3}} = 220(\text{V})$$

因 $\dot{U}_1$ 在相位上滞后 $\dot{U}_{12}$ 的角度为 30°，所以

$$\dot{U}_1 = 220\angle -30°\ \text{V}$$

则

$$\dot{I}_1 = \frac{\dot{U}_1}{Z_1} = \frac{220\angle -30°}{16 + \text{j}12} = \frac{220\angle -30°}{20\angle 37°} = 11\angle -67°(\text{A})$$

其余两相的相电流为

$$\dot{I}_2 = 11\angle -67° - 120° = 11\angle -187°(\text{A})$$

$$\dot{I}_3 = 11\angle -67° + 120° = 11\angle 53°(\text{A})$$

【例 6-2】 对称负载星形连接，已知 $R = 6\ \Omega$，$X_L = 8\ \Omega$，$u_{AB} = 380\sqrt{2}\sin(\omega t + 30°)\ \text{V}$。求各相电流 i_A、i_B、i_C。

解：

$$u_A = 220\sqrt{2}\sin\omega t\ \text{V} \quad \dot{U}_A = 220\angle 0°\ \text{V}$$

$$\dot{I}_A = \frac{\dot{U}_A}{Z} = \frac{220\angle 0°}{6 + \text{j}8} = \frac{220\angle 0°}{10\angle 53°} = 22\angle -53°(\text{A})$$

$$i_A = 22\sqrt{2}\sin(\omega t - 53°)\ \text{A}$$

$$i_B = 22\sqrt{2}\sin(\omega t - 53° - 120°) = 22\sqrt{2}\sin(\omega t - 173°)\ A$$

$$i_C = 22\sqrt{2}\sin(\omega t - 53° + 120°) = 22\sqrt{2}\sin(\omega t + 67°)\ A$$

【例 6-3】 如图 6-10 电路中，电源电压对称，每相电压 $U_p = 220$ V，负载为电灯组，若(1)U 相短路时；(2)U 相短路而中性线又断开时；(3)U 相断开时；(4)U 相断开而中性线也断开时。试求各相负载两端的电压。

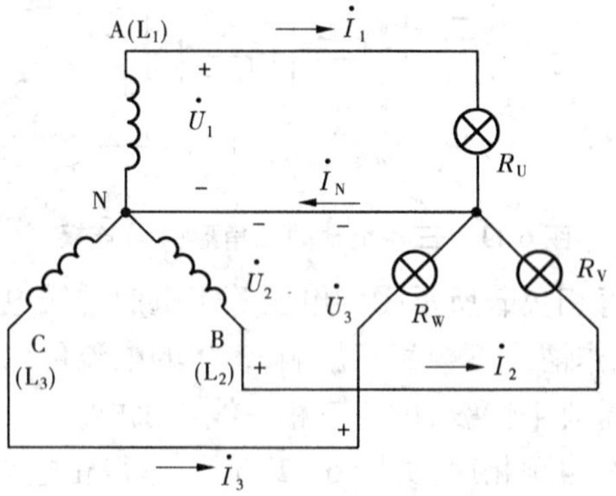

图 6-10 例 6-3 图

解：(1)U 相短路时 U 相的短路电流很大，将 U 相中的熔断器熔断，但 V 相和 W 相不受影响，它们的相电压仍然为 220 V。

(2)此时 V 相和 W 相的电灯组都承受 380 V 的电源线电压，远超过了电灯的额定电压值(220 V)，这是不允许的。

(3)V 相和 W 相都不受影响。

(4)V 相和 W 相的电灯组串联，接在电源的线电压 380 V 上，两相电流相等。各相分的电压与各相的电阻值成正比。如果 V 相比 W 相的电阻小，则 V 相电压低于电灯的额定电压，而 W 相的电压则很有可能超过电灯的额定电压值。这也是不允许的。

思考与练习题

1. 在三相四线制电路中，中性线的作用是什么？

2. 已知某星形连接的对称三相负载，每相电阻为 11 Ω，电流为 20 A，求三相负载的线电压。

3. 在线电压为 380 V 的三相四线制电源上，接有额定电压为 220 V、功率为 100 W 的白炽灯。设 L_1 相和 L_2 相各接 20 盏，L_3 相接 30 盏，求相电流和中性线电流。

第三节　三角形负载的三相对称电路

图 6-11 所示为三相电网中负载的三角形接法。在线电压为 380 V 的三相电源上，如果单相负载的额定电压为 380 V，如交流电焊机等，就要连接在电源的两根相线之间。若是这样的单相负载较多，就要分别接在各相线之间，使电网的三相负载比较均衡。负载的这种接法称为三角形连接。三相负载(常见的如三相电动机)有星形和三角形两种接法，图 6-11 中

画出了三个绕组作三角形接法的电动机示意图,它的三个绕组也是分别跨接在三根相线之间。

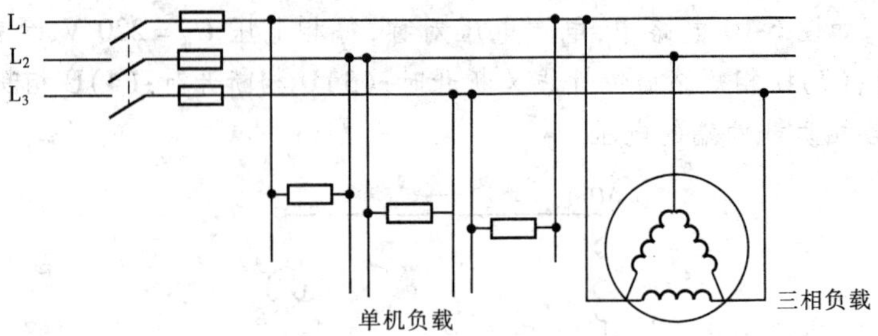

图 6-11　三相负载的三角形(△)连接

三角形连接的特点是每相负载所承受的电压等于电源的线电压。由于各相负载的电压是固定的,故各相负载的工作情况不会相互影响,各相的电流可以按单相电路的方法进行计算。三角形接法的负载不需要中性线,可由三相三线制供电。

设相电流的参考方向按照顺相序,如图 6-12 所示,可得相电流为

$$\left.\begin{aligned}\dot{I}_{12} &= \frac{\dot{U}_{12}}{Z_{12}} \\ \dot{I}_{23} &= \frac{\dot{U}_{23}}{Z_{23}} \\ \dot{I}_{31} &= \frac{\dot{U}_{31}}{Z_{31}}\end{aligned}\right\} \tag{6-11}$$

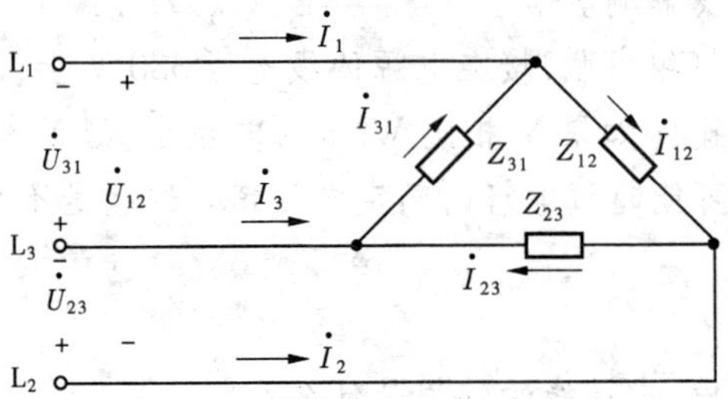

图 6-12　三相负载的三角形连接

设线电流的参考方向由电源输出,如图 6-12 所示,根据基尔霍夫电流定律得线电流为

$$\left.\begin{aligned}\dot{I}_1 &= \dot{I}_{12} - \dot{I}_{31} \\ \dot{I}_2 &= \dot{I}_{23} - \dot{I}_{12} \\ \dot{I}_3 &= \dot{I}_{31} - \dot{I}_{23}\end{aligned}\right\} \tag{6-12}$$

如果是三相对称负载,即　$Z_{12} = Z_{23} = Z_{31}$

那么相电流和线电流一定也是对称的,即

$$\dot{I}_1 = \dot{I}_2 = \dot{I}_3, \dot{I}_{12} = \dot{I}_{23} = \dot{I}_{31}$$

它们的有效值相等,即

$$I_1 = I_2 = I_3 = I_l, I_{12} = I_{23} = I_{31} = I_p$$

且在相位上依次互差 120°。图 6-13 为对称三角形负载的电压以及电流的相量图。

从相量图可以看出，三相对称三角形负载的线电流滞后于相应的相电流 30°，在数值上，线电流 I_1 为相电流 I_p 的 $\sqrt{3}$ 倍，即

$$\left.\begin{aligned}\dot{I}_1 &= \sqrt{3}\dot{I}_p\angle -30^\circ \\ I_1 &= \sqrt{3}I_p\end{aligned}\right\} \qquad (6\text{-}13)$$

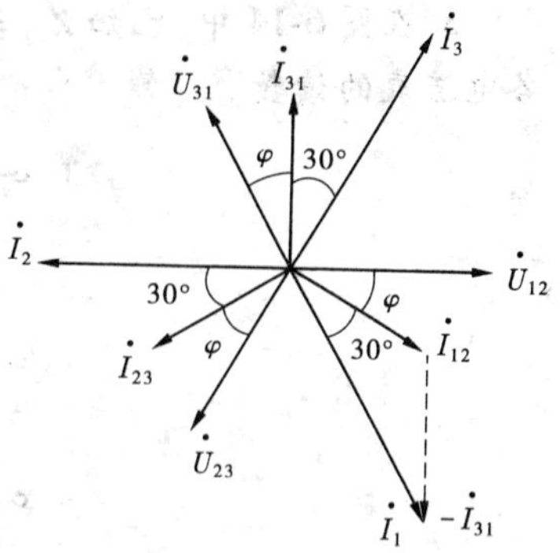

图 6-13　对称三角形负载相量图

【例 6-4】　三相对称电路中，电源线电压为 380 V，△连接的对称负载每相阻抗 $Z=(30+j40)\ \Omega$。试求电路的各相电流和线电流。

解：因为是对称负载，所以相、线电流均对称，计算一相可推出其余各相、线电流。

$$\dot{I}_{AB}=\frac{\dot{U}_{AB}}{Z}=\frac{380\angle 0^\circ}{30+j40}=7.6\angle -53^\circ(A)$$

根据相序，推知其他两相电流为

$$\dot{I}_{BC}=7.6\angle(-53^\circ-120^\circ)=7.6\angle -173^\circ(A)$$

$$\dot{I}_{CA}=7.6\angle(-53^\circ+120^\circ)=7.6\angle 67^\circ(A)$$

线电流　$\dot{I}_A=\sqrt{3}\times 7.6\angle(-53^\circ-30^\circ)=13.2\angle -83^\circ(A)$

其他两线电流为

$$\dot{I}_B=13.2\angle(-83^\circ-120^\circ)=13.2\angle -203^\circ=13.2\angle 157^\circ(A)$$

$$\dot{I}_C=13.2\angle(-83^\circ+120^\circ)=13.2\angle 37^\circ(A)$$

【例 6-5】　已知三角形负载 $Z_{12}=(16+j12)\ \Omega$，$Z_{23}=20\ \Omega$，$Z_{31}=(6+j8)\ \Omega$，接在三相对称电源 $U_1=380$ V 上，试求负载相电流。

解：设以 $\dot{U}_{12}$ 为参考相量，则有

$$\dot{U}_{12}=380\angle 0^\circ\ V,\dot{U}_{23}=380\angle -120^\circ\ V,\dot{U}_{31}=380\angle 120^\circ\ V$$

负载相电流为

$$\dot{I}_{12}=\frac{\dot{U}_{12}}{Z_{12}}=\frac{380\angle 0^\circ}{16+j12}=\frac{380\angle 0^\circ}{20\angle 37^\circ}=19\angle -37^\circ(A)$$

$$\dot{I}_{23}=\frac{\dot{U}_{23}}{Z_{23}}=\frac{380\angle -120^\circ}{20}=19\angle -120^\circ(A)$$

$$\dot{I}_{31}=\frac{\dot{U}_{31}}{Z_{31}}=\frac{380\angle 120^\circ}{6+j8}=\frac{380\angle 120^\circ}{10\angle 53^\circ}=38\angle 67^\circ(A)$$

思考与练习题

1. 三相负载有几种接法？

2. Y 形连接的对称三相负载与线电压为 380 V 的对称三相电源相接，线电流为 2 A。若将负载改为△形连接，与线电压为 220 V 的三相电源相接，求此时的线电流。

3. 在图 6-14 中,已知 $Z_{12}=Z_{31}=(16+j12)\ \Omega$,$Z_{23}=(8+j6)\ \Omega$,电源电压为 380 V。求各电流表的读数。

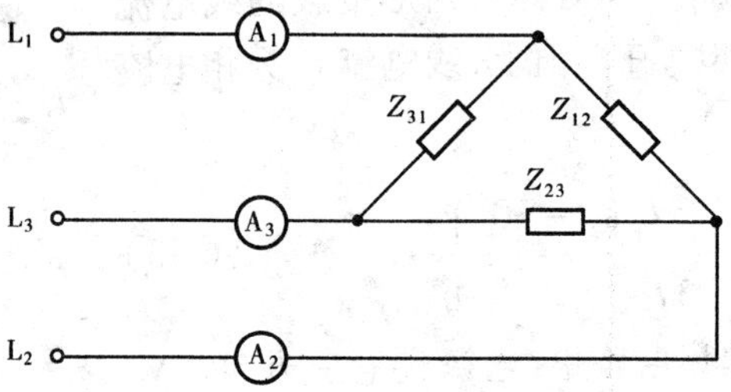

图 6-14　思考与练习题 3 图

第四节　三相电路的功率

三相电路的功率与单相电路一样,分为有功功率、无功功率和视在功率。不论负载是星形(Y 形)连接还是三角形(△形)连接,总的有功功率一定等于各相的有功功率的和,即

$$P = P_u + P_v + P_w \tag{6-14}$$

当负载对称时,每相的有功功率是相等的。所以,三相的总功率为

$$P = 3P_p = 3U_pI_p\cos\varphi \tag{6-15}$$

式中,φ 为相电压 U_p 与相电流 I_p 之间的相位差。

当对称负载是 Y 形连接时,有

$$U_l = \sqrt{3}U_p, I_l = I_p \tag{6-16}$$

当对称负载是△形连接时,有

$$U_l = U_p, I_l = \sqrt{3}I_p \tag{6-17}$$

不论对称负载是星形(Y 形)连接还是三角形(△形)连接,如果将式(6-16)、式(6-17)代入式(6-15),则可得

$$P = \sqrt{3}U_lI_l\cos\varphi \tag{6-18}$$

式中,φ 角仍然是相电压 U_p 与相电流 I_p 之间的相位差。

当负载对称时,式(6-15)和式(6-18)都可以用来计算三相有功功率,但因为线电压和线电流的数值非常容易测量出来,或者是已知的,所以通常使用式(6-18)。

同样的,可得出三相无功功率和视在功率的表达式为

$$Q = 3U_pI_p\sin\varphi = \sqrt{3}U_lI_l\sin\varphi \tag{6-19}$$

$$S = 3U_pI_p = \sqrt{3}U_lI_l \tag{6-20}$$

【例 6-6】　一个 3 kW 的三相电动机,绕组连接成星形,接在 $U_l = 380$ V 的三相电源上,$\lambda = \cos\varphi = 0.8$。试求负载的相电压以及相电流。

解:绕组为星形连接,则

$$I_p = I_l = \frac{P}{\sqrt{3}U_l\cos\varphi} = \frac{3\ 000}{\sqrt{3}\times 380\times 0.8} = 5.7(\text{A})$$

$$U_p = \frac{U_l}{\sqrt{3}} = \frac{380}{\sqrt{3}} = 220(\text{V})$$

【例 6-7】 有一台三相电动机，每相的等效电阻 $R=16\ \Omega$，等效感抗 $X_L=12\ \Omega$，试求在：(1)绕组连接成星形，接在 $U_1=380$ V 的三相电源上；(2)绕组连接成三角形，接在 $U_1=220$ V 的三相电源上，两种情况下电动机的相电流、线电流以及电源输入的功率，并且比较一下所得结果。

解：(1)

$$U_p=\frac{U_1}{\sqrt{3}}=220\ \text{V}$$

$$I_p=\frac{U_p}{|Z|}=\frac{220}{\sqrt{16^2+12^2}}=11(\text{A})$$

$$I_1=I_p=11(\text{A})$$

$$P=\sqrt{3}U_1I_1\cos\varphi=\sqrt{3}\times380\times11\times\frac{16}{\sqrt{16^2+12^2}}$$

$$=\sqrt{3}\times380\times11\times0.8=5\ 792(\text{W})=5.792(\text{kW})$$

(2)

$$I_p=\frac{U_p}{|Z|}=\frac{220}{\sqrt{16^2+12^2}}=11(\text{A})$$

$$I_1=\sqrt{3}I_p=\sqrt{3}\times11=19(\text{A})$$

$$P=\sqrt{3}U_1I_1\cos\varphi=\sqrt{3}\times220\times19\times\frac{16}{\sqrt{16^2+12^2}}$$

$$=\sqrt{3}\times220\times19\times0.8=5\ 792(\text{W})=5.792(\text{kW})$$

比较(1)、(2)的结果可知：一些三相电动机具有两种额定电压，例如220/380 V。这表明如果电源电压（线电压）是220 V，电动机的绕组应该连接为三角形方式；如果电源电压（线电压）是380 V，电动机的绕组应该连接为星形方式。在这两种连接方式中，相电流、相电压以及从电源输入的功率都没有改变，仅仅是线电流在情况(2)下增大为情况(1)时的$\sqrt{3}$倍。

思考与练习题

1. 在图6-15中，星形连接和三角形连接负载的每相阻抗都为$(4+\text{j}3)\ \Omega$，电源的线电压为380 V。分别计算两种接法三相负载的总功率。

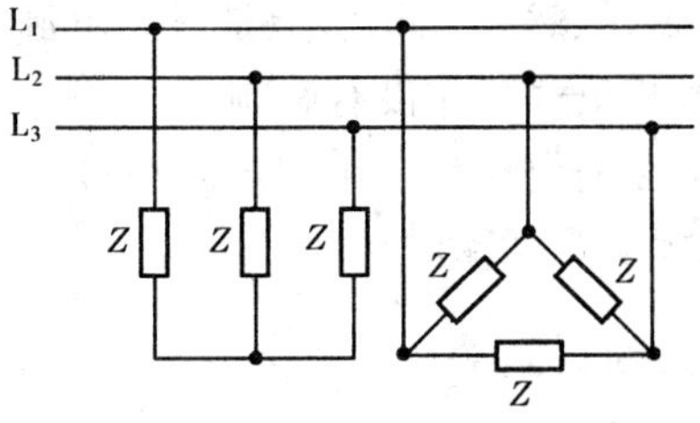

图6-15　思考与练习题1图

2. 一台△连接三相异步电动机的功率因数为0.86，效率 $\eta=0.88$，额定电压为380 V，输出功率为2.2 kW。求电动机向电源取用的电流为多少。

3. 对称△连接的负载，每相复阻抗 $Z=(16+j12)\ \Omega$，接到线电压为380 V的三相电源上。试求相电流和线电流，并画出相量图。

实训九 三相正弦交流电路电压、电流的测量

一、实训目的

(1)掌握三相负载的星形连接和三角形连接方法。

(2)了解三相负载两种接法下的线电压与相电压、线电流与相电流之间的关系。

(3)充分理解在三相四线制供电系统里中线的作用。

(4)观察了解线路故障时的情况。

二、实训仪器或设备

(1)三相交流电源。

(2)三相调压器1个。

(3)交流电压表(0~500 V)1个。

(4)交流电流表(0~5 A)1个。

(5)220 V/40 W白炽灯10只。

三、实训原理

电源用三相四线制向负载供电，三相负载可接成星形(又称Y形)或三角形(又称△形)。

(1)当三相对称负载作Y形连接时，线电压 U_l 是相电压 U_p 的 $\sqrt{3}$ 倍，线电流 I_l 等于相电流 I_p，即 $U_l=\sqrt{3}U_p$，$I_l=I_p$，流过中线的电流 $I_N=0$，所以可以省去中线；作△形连接时，线电压 U_l 等于相电压 U_p，线电流 I_l 是相电流 I_p 的 $\sqrt{3}$ 倍，即 $U_l=U_p$，$I_l=\sqrt{3}I_p$。

(2)不对称三相负载作Y连接时，必须采用 Y_0 接法，即中线必须牢固连接，以保证三相不对称负载的每相电压等于电源的相电压(三相对称电压)。若中线断开，会导致三相负载电压的不对称，致使负载轻的那一相的相电压过高，使负载遭受损坏，负载重的那一相相电压过低，使负载不能正常工作，尤其是对于三相照明负载，无条件的一律必须采用 Y_0 接法。

对于不对称负载作△连接时，虽然 $I_l\neq\sqrt{3}I_p$，但是只要电源的线电压 U_l 对称，加在三相负载上的电压仍是对称的，对各相负载工作没有影响。

本实训中，用三相调压器调压输出作为三相交流电源，用三组白炽灯作为三相负载，线电流、相电流、中线电流用电流插头和插座测量。

四、实训步骤

1. 三相负载星形连接(三相四线制供电)

实验电路如图6-16所示，将白炽灯组按图所示连接成星形接法。用三相调压器调压输出作为三相交流电源。首先将三相调压器的旋钮置于三相电压输出为0 V的位置(即逆时

针旋到底的位置)，经指导老师检查后，方可合上三相电源开关，旋转三相调压器的旋钮，使三相调压器输出的三相线电压为 220 V。然后按以下的步骤完成各项实训内容，分别测量三相负载的线电压、相电压、线电流、相电流、中线电流、电源与负载中性点间的电压，将所测得的数据记入表 6-1 中，并观察各相灯组亮暗的变化程度，特别要注意观察中线的作用。

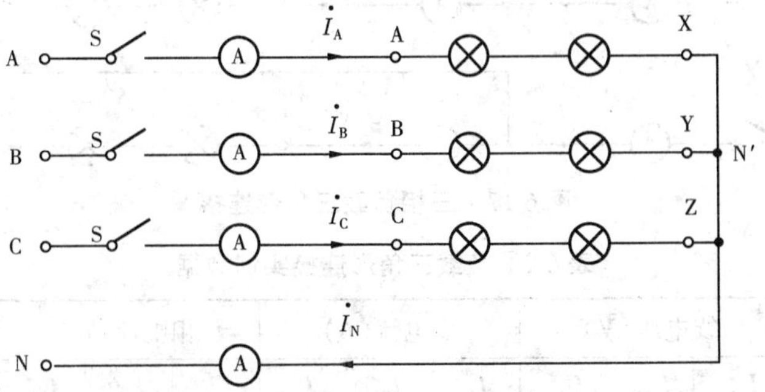

图 6-16　三相负载星形连接(三相四线制供电)

(1)在有中线的情况下，用高压电流取样导线测量三相负载对称和不对称时的实训数据，将数据记入表 6-1 中：

①负载对称(各相开 2 盏灯)时接通中线，合上电源观察各灯泡亮度。按表 6-1 测量三相负载各相电压各相电流、中线电流，记入表 6-1 中，并记录各灯的亮度。

②负载不对称(各相开灯数分别为 2、2、4 盏和 2、0、4 盏)时接通中线，合上电源观察各灯泡亮度。按表 6-1 测量三相负载各相电压各相电流、中线电流，记入表 6-1 中，并记录各灯的亮度。根据实训结果来分析中线的作用。

(2)在无中线的情况下(即将中线拆去)，重复步骤(1)，测量三相负载对称和不对称时的各相电流、各相电压和电源中点 N 到负载中点 N′的电压 $U_{NN'}$，将数据记入表 6-1 中，并记录各灯的亮度。

表 6-1　负载星形连接实训数据

中线连接	每相灯盏数			负载相电压(V)			相电流(A)			中线电流(A)	$U_{NN'}$(V)	亮度比较 A、B、C
	A	B	C	U_A	U_B	U_C	I_A	I_B	I_C	I_N		
有	2	2	2									
	2	2	4									
	2	断开(0)	4									
无	2	2	2									
	2	2	4									
	2	断开(0)	4									

2. 三相负载三角形连接

实训电路如图 6-17 所示，将白炽灯组按图所示连接成三角形接法。经指导老师检查合格后接通三相电源，并调节三相调压器的输出电压，使输出的三相线电压为 220 V。测量三相负载对称和不对称时的各相电流、线电流和各线电压，将数据记入表 6-2 中，并记录各灯的亮度。

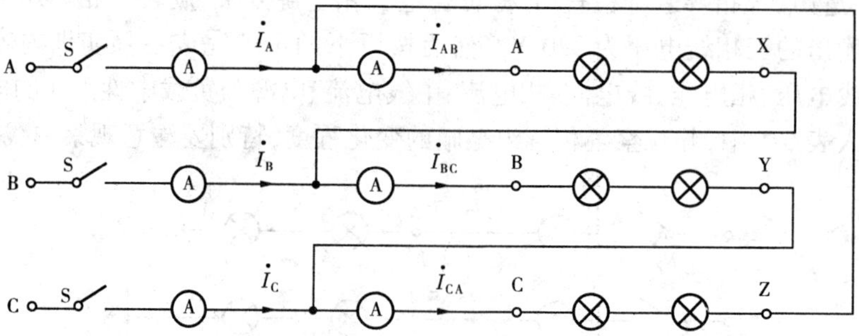

图 6-17　三相负载三角形连接

表 6-2　负载三角形连接实训数据

每相灯盏数			线电压(V)			线电流(A)			相电流(A)			亮度比较
A－B	B－C	C－A	U_{AB}	U_{BC}	U_{CA}	I_A	I_B	I_C	I_{AB}	I_{BC}	I_{CA}	AB、BC、CA
2	2	2										
2	4	2										

五、实训注意事项

(1)本实训采用交流市电，线电压是 380 V，应穿绝缘鞋进入实验室，实验时要注意人身安全。这项实训所用电压较高，测量时人体不要触及带电部分，防止意外事故发生。

(2)每次接线完毕，同组同学应自查一遍，然后由指导教师检查后，方可接通电源，必须严格遵守先接线后通电、先断电后拆线的实训操作原则。

(3)星形负载做短路实验时，必须首先断开中线，以免发生短路事故。

(4)测量、记录各电压、电流时，注意分清它们是哪一相、哪一线，防止记错。

(5)每次实训完毕，均需将三相调压器旋钮调回零位，如改变接线，均需断开三相电源，以确保人身安全。

六、实训思考题

(1)三相负载根据什么条件作星形或三角形连接？

(2)试分析三相星形连接不对称负载在无中线情况下，当某相负载开路或短路时会出现什么情况？如果接上中线，情况又如何？

(3)三相四线制中线内可否接入熔断丝？为什么？

(4)在三相 380 V 电源上为什么照明负载只能采用三相四线制星形连接，而不能采用三角形连接？如果用三角形连接时有什么问题？为什么本实训中电灯可以接成三角形？

七、实训报告

(1)根据实验数据和观察到的现象，总结三相四线制供电中中线的作用。

(2)根据实验结果，验证对称三相电路的关系。

(3)不对称三角形连接的负载，能否正常工作？实验是否能证明这一点？

本章小结

1. 三相对称电源提供三个频率相同、有效值相等、在相位上彼此之间有120°相位差的电动势。三相对称电源作星形连接，可以形成三相四线制和三相三线制两种供电系统。以三相对称电源的相电压$\dot{U}_A$为参考相量时，有

$$\dot{U}_A = U_p\angle 0°$$

$$\dot{U}_B = U_p\angle -120°$$

$$\dot{U}_C = U_p\angle 120°$$

因为

$$\dot{U}_l = \sqrt{3}\dot{U}_p\angle 30°$$

即对应电源线电压分别为

$$\dot{U}_{AB} = U_l\angle 30°$$

$$\dot{U}_{BC} = U_l\angle -90°$$

$$\dot{U}_{CA} = U_l\angle 150°$$

我国低压供电线路的标准电压为相电压220 V，线电压等于380 V。

三相对称电源作三角形连接时，线电压的有效值等于相电压有效值，即

$$U_l = U_p$$

2. 三相负载有两种连接方式，即星形连接和三角形连接。

(1)负载星形连接且有中线时，负载的相电流等于线电流。

中线电流

$$\dot{I}_N = \dot{I}_A + \dot{I}_B + \dot{I}_C$$

若三相负载对称，则相电流对称，只需计算一相电流，即可推得另外两相电流，此时中线电流为$\dot{I}_N = 0$，中性线则可以拆去。

若三相负载不对称，则按照一般电路分析方法仍可计算，而为了保证各相负载都能正常工作，中性线必须存在。

(2)负载三角形连接时，各相负载两端承受的相电压等于电源的线电压。

若三相负载对称，则相电流对称，线电流也对称，而且

$$\dot{I}_l = \sqrt{3}\dot{I}_p\angle -30°$$

3. 无论负载为Y连接或△连接，每相有功功率都应为$P_p = U_pI_p\cos\varphi_p$。三相电路的总的有功功率为各相有功功率之和，即$P = P_u + P_v + P_w$。

若三相负载对称，不论对称负载是星形连接或是三角形连接，都有

总有功功率为 $P = 3U_pI_p\cos\varphi = \sqrt{3}U_lI_l\cos\varphi$

总无功功率为 $Q = 3U_pI_p\sin\varphi = \sqrt{3}U_lI_l\sin\varphi$

总视在功率为 $S = \sqrt{P^2 + Q^2} = 3U_pI_p = \sqrt{3}U_lI_l$

三相电路的有功功率可以用功率表测定。三相四线制供电时可以用一瓦特表法，三相三线制供电时可以用二瓦特表法。

习　题

6-1　三相电路如图 6-18 所示，已知电源线电压为 380 V 的工频电，求各相负载的相电流、中线电流及三相有功功率 P，画出相量图。

6-2　三相四线制电路，已知 $\dot{I}_A = 10\angle 20°$ A，$\dot{I}_B = 10\angle -100°$ A，$\dot{I}_C = 10\angle 140°$ A，则中线电流 $\dot{I}_N$ 为多少？

6-3　已知在三角形连接的三相对称负载中，每相负载为 30 Ω 电阻与 40 Ω 感抗串联，电源线电压为 380 V。求相电流和线电流的数值。

6-4　在图 6-19 中，已知每相阻抗都是 38 Ω，线电压为 380 V，以线电压 $\dot{U}_{12}$ 为参考相量，求各相电流和线电流。

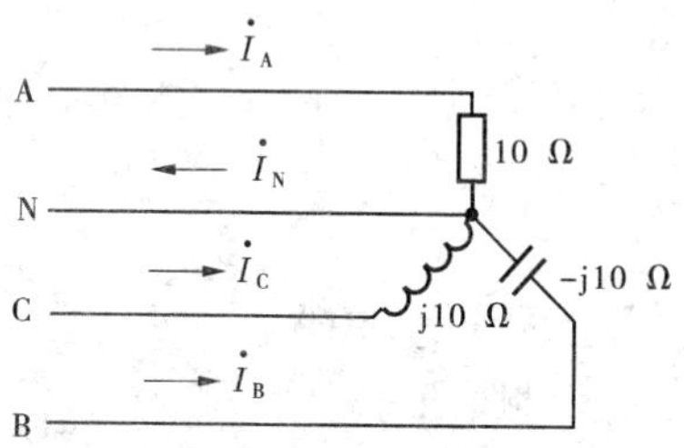

图 6-18　习题 6-1 图

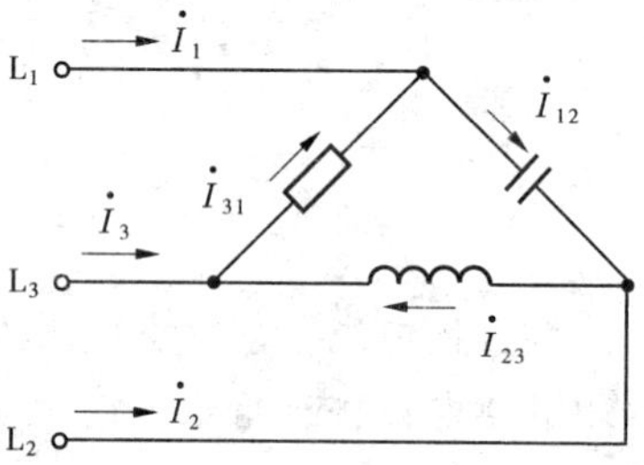

图 6-19　习题 6-4 图

6-5　有一三相对称负载，其各电阻等于 10 Ω，负载的额定相电压为 220 V，现将它接成星形，接在 $U_l = 380$ V 的三相电源上，求 I_p、I_l 和总功率 P。

6-6　有一三相对称负载，总功率为 5.5 kW，按三角形连接接到线电压为 380 V 的线路上，设此时负载的线电流为 19.5 A，求负载的相电流、功率因数和每相的阻抗值。

6-7　已知对称三相电源 A、B 火线间的电压解析式为 $u_{AB} = 380\sqrt{2}\sin(314t + 30°)$ V，试写出其余各线电压和相电压的解析式。

6-8　星形连接的对称三相负载，每相阻抗为 $Z = (12 + j16)$ Ω，接于线电压 $U_l = 380$ V 的对称三相电源。试求线电流、有功功率 P、无功功率 Q 和视在功率 S。

6-9　已知对称三相负载各相复阻抗均为 $(8 + j6)$ Ω，星形连接于工频 380 V 的三相电源上，若 u_{AB} 的初相为 60°，求各相电流。

6-10　有一台三相电动机绕组为 Y 连接，从配电盘电压表读出线电压为 380 V，电流表读出线电流为 6.1 A，已知其总功率为 3.3 kW，试求电动机每相绕组的功率因数。

6-11　三相对称负载，每相阻抗为 $(6 + j8)$ Ω，接于线电压为 380 V 的三相电源上。试分别计算出三相负载 Y 连接和△连接时电路的总功率。

第七章　谐振电路与频率响应

在具有电感和电容元件的电路中，电路两端的电压和电流一般是不同相的。如果由于电路参数或电源频率发生改变而使电路呈阻性，即电路的电压与电流同相，这时电路中就发生谐振现象，简称谐振。谐振现象的物理本质是电路中无功功率完全补偿，自给自足，无需与外界交换能量。谐振现象在电工和无线电技术中应用广泛，而在电力输配电系统中发生谐振，又可能破坏系统的正常工作状态。所以，研究谐振既要在生产中充分利用谐振的特征，同时又要预防它产生的危害。

按电路连接形式的不同，谐振现象可分为串联谐振和并联谐振两种。本章主要介绍两种谐振电路的谐振特性及简单 RC 电路、RLC 串联电路的频率特性。

第一节　串联电路的谐振特性

一、串联谐振电路的条件

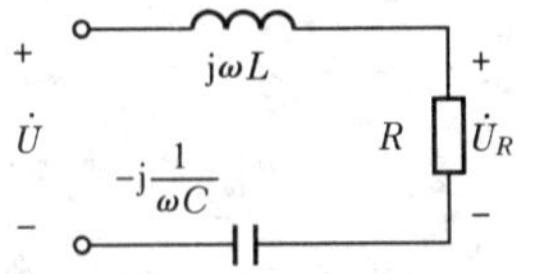

图 7-1　串联谐振电路

在图 7-1 所示的 RLC 串联电路中，电路的复阻抗为

$$Z = R + \mathrm{j}(\omega L - \frac{1}{\omega C})$$

由谐振的定义，得出串联谐振的条件为 $\omega L - \dfrac{1}{\omega C} = 0$

即
$$\omega L = \frac{1}{\omega C} \tag{7-1}$$

在这种情况下，整个电路呈阻性，电源电压与电路中的电流同相位，电路中发生谐振现象，因为是串联电路，所以称为串联谐振。由式(7-1)可得

$$\omega_0 = \frac{1}{\sqrt{LC}} \quad 或 \quad f_0 = \frac{1}{2\pi\sqrt{LC}} \tag{7-2}$$

f_0 称为 RLC 串联电路的固有谐振频率，它只与电路的参数有关，与信号源无关，反映了电路的一种固有性质。由此得到使电路发生谐振的方法有：

(1) 调整信号源的频率，使之等于电路的固有频率；

(2) 信号源的频率不变时，可以改变电路中 L 或 C 的大小，使电路的固有频率等于信号源的频率。

这种通过调节而达到谐振的过程称为调谐。

二、串联谐振电路的谐振特性

串联谐振电路有以下谐振特性：

(1) 串联谐振时，电路的复阻抗最小，且呈电阻特性。

由上面分析可知，串联谐振时电抗 $X=0$，即

$$|Z|=\sqrt{R^2+X^2}=R$$

电路呈纯电阻性，且阻抗最小。

(2)串联谐振时，回路中的电流最大，且与外加电压相位相同。

谐振时，复阻抗的模最小，在输入不变的情况下，电路中的电流最大；又因为谐振时的复阻抗为一纯电阻，所以电路中的电流与电压同相。

$$I=I_0=\frac{U}{R}$$

(3)串联谐振时，电感的感抗等于电容的容抗，即

$$\omega_0 L=\frac{1}{\omega_0 C}$$

将式(7-2)代入，得

$$\omega_0 L=\frac{1}{\omega_0 C}=\frac{1}{\sqrt{LC}}\times L=\sqrt{\frac{L}{C}}$$

令

$$\rho=\sqrt{\frac{L}{C}} \tag{7-3}$$

式(7-3)中 ρ 称为串联谐振电路的特性阻抗，单位是 Ω。它是一个由电路的 L 或 C 的参数所决定的量，与信号频率无关。

(4)串联谐振时，电感两端的电压和电容两端的电压大小相等，相位相反，其数值为输入电压的 Q 倍。

谐振时，电感和电容两端的电压相等，即 $U_{L0}=U_{C0}$，而 $\dot{U}_{L0}=\dot{U}_{C0}$ 在相位上相反，互相抵消，因此电源电压 $\dot{U}=\dot{U}_R$，即电源电压等于电阻两端电压。

$$\dot{U}_{L0}=\frac{\dot{U}}{R}X_L=\frac{\omega_0 L}{R}\dot{U}=Q\dot{U}$$

令

$$Q=\frac{\omega_0 L}{R}=\frac{1}{\omega_0 CR}=\frac{\rho}{R} \tag{7-4}$$

式(7-4)中 Q 称为串联谐振回路的品质因数，是谐振电路的一个重要参数。Q 值的大小可达几十甚至几百，一般为 50～200。电路在谐振状态下，感抗或容抗比电阻要大得多，电抗元件上的电压通常是外加电压的几十倍甚至几百倍。因此，串联谐振也称为电压谐振。

串联谐振在无线电工程中应用很多，例如收音机的输入回路就是电容可调的等效串联谐振回路，用以接收所需频率的信号。但在电力电路中，如发生谐振，部分电压会大大高于电源电压，将会击穿电器绝缘，造成重大事故。

【例 7-1】 已知 RLC 串联电路中的 $L=0.1$ mH，$C=1\ 000$ pF，$R=10\ \Omega$，电源电压 $U_S=0.1$ mV，若电路发生谐振，求电路的谐振频率、特性阻抗、品质因数、电容器两端的电压和回路中的电流各是多少？

解：

$$f_0=\frac{1}{2\pi\sqrt{LC}}=\frac{1}{2\pi\sqrt{0.1\times10^{-3}\times1\,000\times10^{-12}}}=\frac{1}{2\pi\sqrt{10^{-13}}}\approx500(\text{kHz})$$

$$\rho=\sqrt{\frac{L}{C}}=\sqrt{\frac{0.1\times10^{-3}}{1\,000\times10^{-12}}}\approx316(\Omega)$$

$$Q=\frac{\rho}{R}=\frac{316}{10}=31.6$$

$$U_{C0}=QU_S=31.6\times0.1=3.16(\text{mV})$$

$$I=\frac{U_S}{R}=\frac{0.1\times10^{-3}}{10}=10(\mu\text{A})$$

思考与练习题

1. *RLC* 串联电路发生谐振的条件是什么？如何使 *RLC* 串联电路发生谐振？
2. 串联谐振电路谐振时的谐振特性有哪些？
3. 为什么把串联谐振称为电压谐振？

第二节　并联电路的谐振特性

在工业生产和家用电器中常见的电动机或线圈，在一定条件下都可以用理想电阻与理想电感串联的电路模型表示，这类电器称为电感性负载，简称 *RL* 电路。*RL* 电路与电容并联，在实际应用中有很重要的意义，其电路如图 7-2 所示。

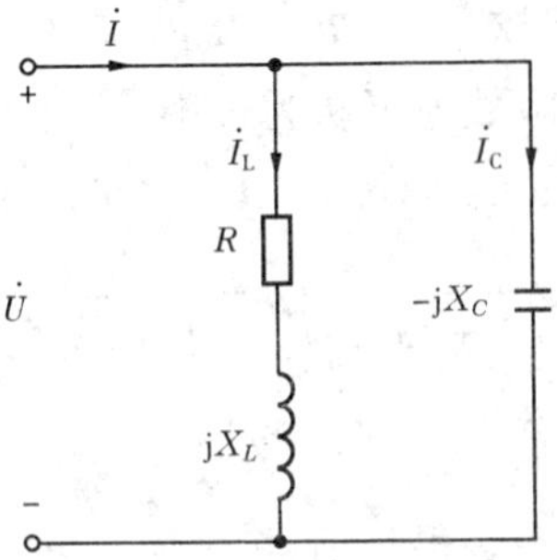

图 7-2　并联谐振电路

一、并联谐振电路的谐振条件

由图 7-2 可知，电路的导纳为

$$Y=\frac{1}{R+j\omega L}+j\omega C=\frac{R}{R^2+(\omega L)^2}+j\left[\omega C-\frac{\omega L}{R^2+(\omega L)^2}\right]$$

则谐振条件为

$$\omega C=\frac{\omega L}{R^2+(\omega L)^2}$$

即

$$C=\frac{L}{R^2+(\omega L)^2} \tag{7-5}$$

从式(7-5)求得谐振角频率为

$$\omega_0 = \sqrt{\frac{1}{LC} - \frac{R^2}{L^2}}$$

实际应用的并联谐振电路,线圈本身的电阻很小,在工作频率范围内一般都能满足

$$\omega L \gg R$$

即

$$\frac{R^2}{L^2} \to 0$$

所以并联谐振电路的频率为

$$\omega_0 \approx \frac{1}{\sqrt{LC}} \quad 或 \quad f_0 \approx \frac{1}{2\pi\sqrt{LC}} \tag{7-6}$$

二、并联谐振电路的谐振特性

并联电路的特性阻抗 ρ 和品质因数 Q 仍定义为

$$\rho = \sqrt{\frac{L}{C}}$$

并联谐振电路的谐振特性为:

$$Q = \frac{\omega_0 L}{R} = \frac{1}{\omega_0 CR} = \frac{\rho}{R}$$

(1)电路发生并联谐振时,导纳最小(阻抗最大),且呈电阻性,即

$$Y_0 = \frac{R}{R^2 + (\omega_0 L)^2} \tag{7-7}$$

因为 $\omega L \gg R$,所以 Y_0 的实际数值可认为很小,而且 Q 的值越大,Y_0 越小。因此,并联谐振时,网络的阻抗最大或接近最大。

$$Y_0 = \frac{R}{R^2 + (\omega_0 L)^2} = \frac{R}{(\omega_0 L)^2} = \frac{RC}{L} \tag{7-8}$$

即

$$Z_0 = \frac{L}{CR}$$

(2)电路处于谐振状态,总电流为最小值,即

$$I_0 = \frac{U}{Z_0}$$

(3)并联谐振时,电感支路的电流与电容支路的电流大小相等,相位相反,且为输入电流的 Q 倍。

谐振时 $X_{L0} \approx X_{C0}$,则电感 L 支路电流 I_{L0} 与电容 C 支路电流 I_{C0} 为

$$I_{L0} \approx I_{C0} = \frac{U}{X_{L0}} \approx \frac{U}{X_{C0}} = QI_0$$

即谐振时各支路电流为总电流的 Q 倍,所以 LC 并联谐振又叫做电流谐振。

如果利用电压源向并联谐振回路供电,则在谐振状态下电压源流入电路的电流最小。因此,谐振在电力传输方面应用广泛。例如,电力网利用并联电容的方法增加功率因数,提高发电设备的利用率。

并联谐振在无线电工程和工业电子技术中也常应用,例如利用并联谐振时阻抗高的特点来选择或消除干扰。

思考与练习题

1. 并联电路发生谐振的条件是什么?如何使并联电路发生谐振?

2. 并联谐振电路谐振时的谐振特性有哪些?

3. 一个电感为 0.25 mH、电阻为 13.7 Ω 的线圈与 85 pF 的电容器并联,求该并联电路的谐振频率及谐振时的阻抗。

第三节 简单 *RC* 电路的频率特性

简单 *RC* 电路可以分为 *RC* 低通电路和 *RC* 高通电路。在放大电路中应用广泛,可以实现各种滤波。

所谓滤波,就是容抗或感抗随频率而改变的特性,对不同频率的输入信号产生不同的响应,让需要的某一频带的信号通过,而抑制不需要的其他频率的信号。

一、低通滤波电路

低通滤波电路的作用主要是滤掉输入信号的高频成分,通过低频成分。低通滤波电路如图 7-3 所示。

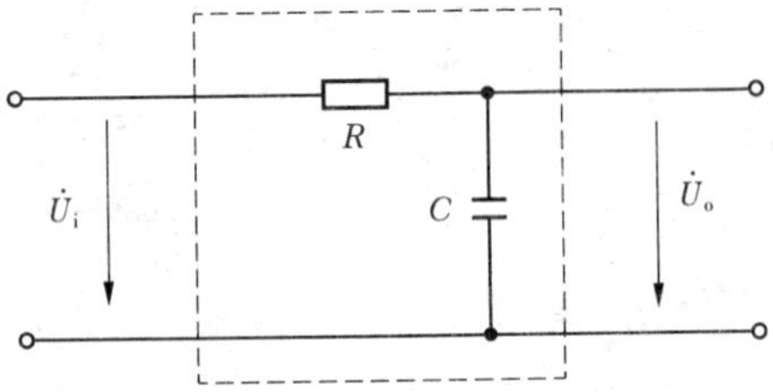

图 7-3 低通滤波电路

(一)低通滤波电路的传递函数

电路输出电压与输入电压的比值称为电路的传递函数,即

$$T(j\omega) = \frac{\dot{U}_o}{\dot{U}_i} \tag{7-9}$$

低通滤波电路的传递函数

$$\begin{aligned}T(j\omega) &= \frac{\dot{U}_o}{\dot{U}_i} = \frac{\frac{1}{j\omega C}}{R + \frac{1}{j\omega C}} = \frac{1}{1 + j\omega RC} \\ &= \frac{1}{\sqrt{1 + (\omega RC)^2}}\angle -\arctan\omega RC \\ &= T(\omega)\angle\varphi(\omega)\end{aligned} \tag{7-10}$$

式中,$T(\omega)$为幅频特性,即输出与输入有效值之比与频率的关系;$\varphi(\omega)$为相频特性,即输出

与输入相位差与频率的关系。

幅频特性和相频特性统称为频率特性,它描述了响应与频率之间的关系。

(二)低通滤波电路的频率特性

1. 幅频特性

$$T(\omega) = \frac{1}{\sqrt{1 + (\omega RC)^2}} \tag{7-11}$$

低通滤波电路的幅频特性曲线如图 7-4 所示。

在实际应用中,输出电压不能下降太多。通常规定:当输出电压下降到输入电压的 70.7%($1/\sqrt{2}$)时,把 $0 < \omega < \omega_0$ 的频率范围称为低通滤波电路的通频带。ω_0 称为截止频率(或半功率点频率、3dB 频率)。

2. 相频特性

$$\varphi(\omega) = -\arctan\omega RC \tag{7-12}$$

低通滤波电路的相频特性曲线如图 7-5 所示。

当 $0° < \omega < \omega_0$ 时,传递函数 $|T(j\omega)|$ 变化不大,接近于 1;当 $\omega > \omega_0$ 时,$|T(j\omega)|$ 明显下降。这表明 RC 电路具有使低频信号较易通过而抑制较高频率信号的作用,所以一阶 RC 低通滤波电路具有低通滤波特性。

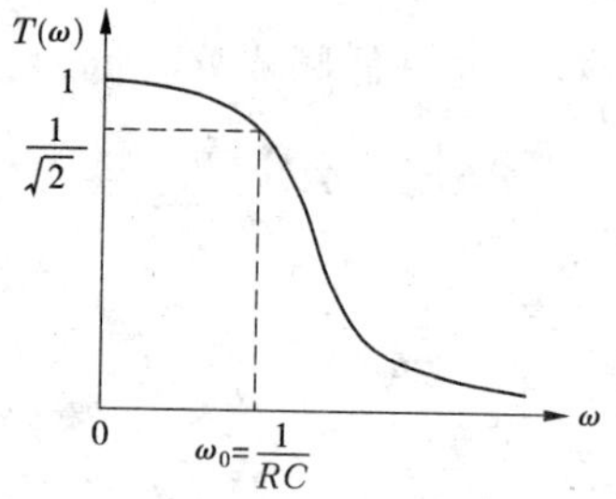

图 7-4　低通滤波电路幅频特性曲线

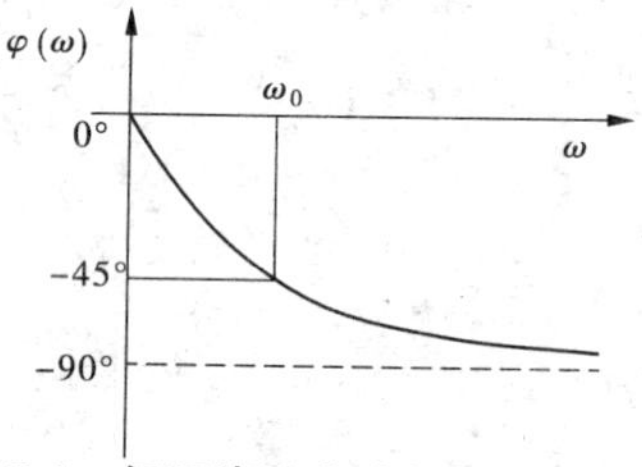

图 7-5　低通滤波电路相频特性曲线

二、高通滤波电路

高通滤波电路的作用主要是滤掉输入信号的低频成分,通过高频成分。高通滤波电路如图 7-6 所示。

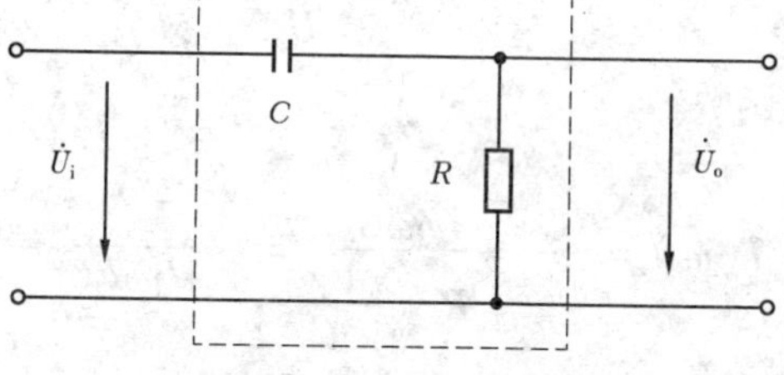

图 7-6　高通滤波电路

高通滤波电路的频率特性如下所述。

高通滤波电路的传递函数

$$T(j\omega)=\frac{\dot{U}_o}{\dot{U}_i}=\frac{R}{R+\frac{1}{j\omega C}}=\frac{j\omega CR}{1+j\omega CR} \tag{7-13}$$

1. 幅频特性

$$T(\omega)=\frac{\omega CR}{\sqrt{1+(\omega CR)^2}} \tag{7-14}$$

2. 相频特性

$$\varphi(\omega)=90°-\arctan\omega CR \tag{7-15}$$

由图7-7、图7-8可知，上述 *RC* 电路具有使高频信号较容易通过而抑制较低频率信号的作用，所以称为高通滤波电路。

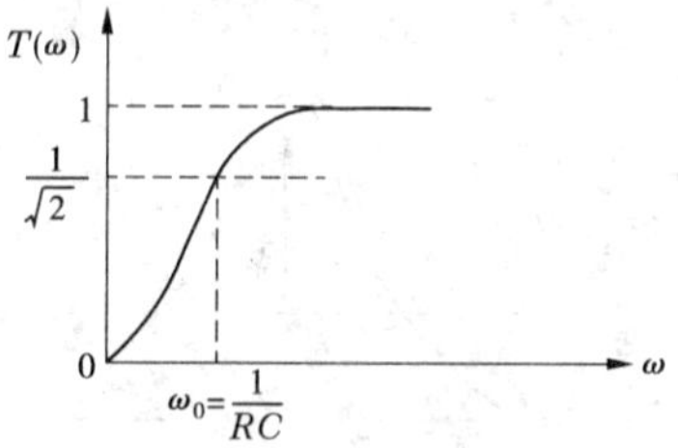

图7-7　高通滤波电路幅频特性曲线

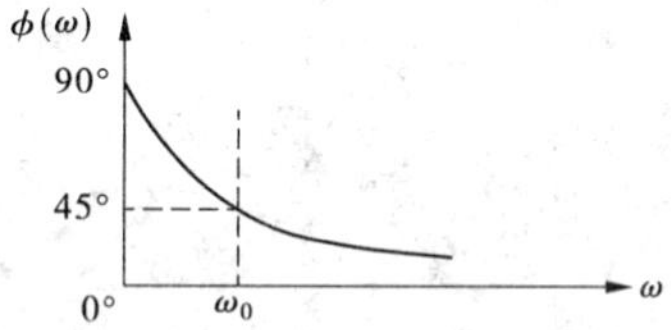

图7-8　高通滤波电路相频特性曲线

思考与练习题

1. 说明什么是 *RC* 电路的截止频率？

2. 说明低通滤波电路与高通滤波电路有什么不同？

第四节　*RLC* 电路的频率特性

一、串联谐振电路的频率特性

（一）幅频特性

串联谐振回路中电流的大小为

$$I=\frac{U}{|Z|}=\frac{U}{\sqrt{R^2+\left(\omega L-\frac{1}{\omega C}\right)^2}}=\frac{U}{R\sqrt{1+\left[\frac{\omega_0 L}{R}\left(\frac{\omega}{\omega_0}-\frac{\omega_0}{\omega}\right)\right]^2}}$$

当 $\omega=\omega_0$ 时，电路发生谐振，电路中的电流最大，$I=I_0=\frac{U}{R}$。

为了便于比较不同参数的 *RLC* 串联电路的特性，通常用 I/I_0 表示电流的频率特性。

$$\frac{I}{I_0}=\frac{1}{\sqrt{1+Q^2\left(\frac{\omega}{\omega_0}-\frac{\omega_0}{\omega}\right)^2}}=\frac{1}{\sqrt{1+Q^2\left(\frac{f}{f_0}-\frac{f_0}{f}\right)^2}} \tag{7-16}$$

式(7-16)表示的谐振特性曲线见图7-9。从谐振特性曲线可以看出，$I\sim\omega$ 曲线最大值

出现在 $\omega=\omega_0$ 处。ω 偏离 ω_0 越远，I 也就越小。Q 值越大，曲线越尖锐，回路选择信号的能力越强，选择性越好。所以，Q 值高时电路对非谐振频率下的电流具有较强的抑制能力。

信号在传输的过程中，不可避免地要受到一定的干扰，使信号中混入了一些不需要的干扰信号。利用谐振的特性，可以将大部分干扰信号滤去。

（二）通频带

在无线电技术中，要求电路具有较好的选择性，常常就要求采用较高 Q 值的谐振电路。但是实际的信号都具有一定的频率范围。如音乐的频率是 30 Hz ~ 15 kHz，这说明实际的信号都占有一定的频带宽度。为了不失真地传输信号，保证信号中的各个频率分量都能顺利地通过电路，通常规定当电流衰减到最大值的 $\frac{1}{\sqrt{2}}$ 时，$\frac{I}{I_0}\geqslant\frac{1}{\sqrt{2}}$ 所对应的频率范围称为谐振电路的通频带 B。如图 7-10 所示，$B=f_2-f_1$，其中 f_2、f_1 称为通频带的上、下边界频率。

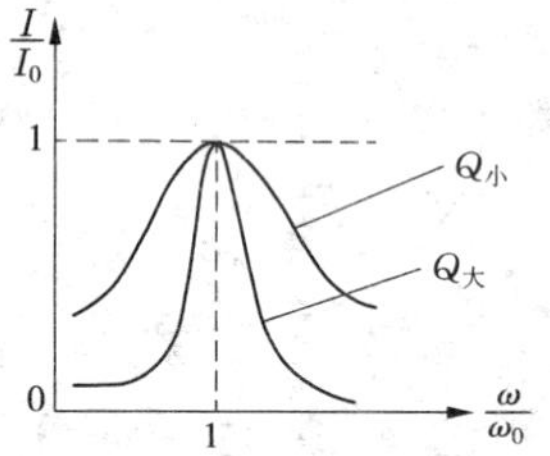

图 7-9　$I\sim\omega$ 谐振曲线

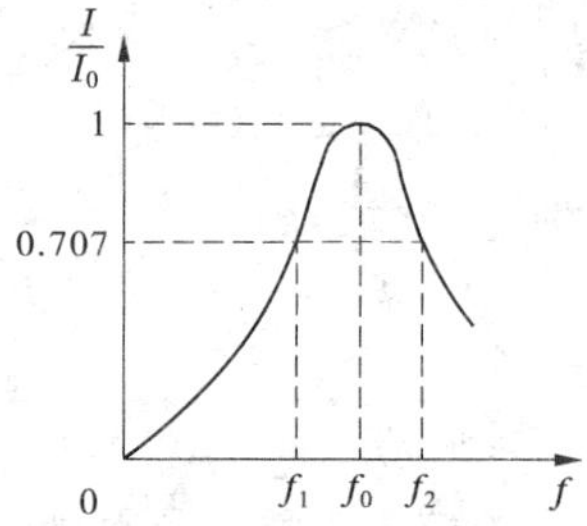

图 7-10　串联谐振电路的通频带

通频带与品质因数 Q 的关系为

$$B=f_2-f_1=\frac{f_0}{Q} \tag{7-17}$$

由以上分析可知，Q 值越高，谐振曲线越尖锐，电路的选择性越好，但电路的通频带也就越窄；反之，Q 值越低，谐振曲线越平滑，选择性越差，但电路的通频带越宽。在无线电技术中，往往是从不同的角度来评价通频带带宽的。当强调电路的选择性时，就希望通频带窄一些；当强调电路的信号通过能力时，则希望通频带宽一些。在实际选择电路的 Q 值时，就需要兼顾这两方面的要求。

【例 7-2】 RLC 串联调谐回路的电感 $L=4$ mH，电阻 $R=50$ Ω，电容 $C=160$ pF，电源电压 $U=25$ V。(1) 当 $f=200$ kHz 时发生谐振，求电流与电容器上的电压以及电路的品质因数；(2) 当频率增加 10% 时，求电流与电容上的电压。

解：(1) 当 $f=200$ kHz 时发生谐振，有

$$X_L=2\pi fL=2\times3.14\times200\times10^3\times4\times10^{-3}\approx5\,000(\Omega)$$

$$X_C=\frac{1}{2\pi fC}=\frac{1}{2\times3.14\times200\times10^3\times160\times10^{-12}}\approx5\,000(\Omega)$$

$$I_0=\frac{U}{R}=\frac{25}{50}=0.5(\text{A})$$

$$U_{C0}=I_0X_C=0.5\times5\,000=2\,500(\text{V})$$

电路的品质因数为

$$Q=\frac{U_{C0}}{U}=\frac{2\,500}{25}=100$$

(2)当频率增加10%时，有

$$X_L \approx 5\ 500\ \Omega, X_C \approx 4\ 500\ \Omega$$

$$|Z| = \sqrt{50^2 + (5\ 500 - 4\ 500)^2} \approx 1\ 000(\Omega)$$

$$I = \frac{U}{|Z|} = \frac{25}{1\ 000} = 0.025(\mathrm{A})$$

$$U_C = X_C I \approx 4\ 500 \times 0.025 = 112.5(\mathrm{V})$$

由上可知，$|Z| > R$，$I < I_0$，$U_C < U_{C0}$，可见偏离谐振频率10%时，I和U_C都大大减小，该电路选择性较好。

二、并联电路的频率特性

并联电路的等效阻抗为

$$Z = \frac{1}{Y} = \frac{1}{G + \mathrm{j}\left(\omega C - \frac{1}{\omega L}\right)} = \frac{1}{G + \mathrm{j}\left(\frac{\omega}{\omega_0}\omega_0 C - \frac{\omega_0}{\omega}\frac{1}{\omega_0 L}\right)}$$

并联谐振电路两端的电压为

$$\dot{U} = \frac{\dot{I}}{Y} = \frac{\dot{I}}{G + \mathrm{j}\left(\omega C - \frac{1}{\omega L}\right)} = \frac{\dot{I}}{G\left[1 + \mathrm{j}Q\left(\frac{\omega}{\omega_0} - \frac{\omega_0}{\omega}\right)\right]} = \frac{U_0}{1 + \mathrm{j}Q\left(\frac{\omega}{\omega_0} - \frac{\omega_0}{\omega}\right)}$$

所以，并联谐振电路两端的电压有效值与谐振时的电压有效值之比为

$$\frac{U}{U_0} = \frac{1}{\sqrt{1 + Q^2\left(\frac{\omega}{\omega_0} - \frac{\omega_0}{\omega}\right)^2}} = \frac{1}{\sqrt{1 + Q^2\left(\frac{f}{f_0} - \frac{f_0}{f}\right)^2}} \tag{7-18}$$

式(7-18)是并联谐振电路的电压幅频特性曲线表示式，幅频特性曲线的形状与图7-9相同。

当激励的电流源有一定内阻时，将降低并联谐振回路的并联等效电阻，降低Q值，使电路的选择性变坏，所以并联谐振电路适宜配合高内阻信号源工作。

思考与练习题

1. 串联谐振电路的品质因数Q与电路的频率特性曲线有什么关系？是否影响通频带？

2. RLC串联谐振电路的品质因数$Q=210$，当电路发生谐振时，L和C上的电压都大于电源电压。这是否与基尔霍夫定律有矛盾？

3. RLC并联谐振电路的两端并联一个负载电阻R_L时，是否会改变电路的Q值？

实训十　测定*RLC*串联电路谐振频率

一、实验目的

(1)学习用实验方法绘制R、L、C串联电路的幅频特性曲线。

(2)加深理解电路发生谐振的条件、特点，了解电路的品质因数(电路Q值)对谐振曲线的影响。

二、原理说明

(1)在图 7-11 所示的 R、L、C 串联电路中,当正弦交流信号源的频率 f 改变时,电路中的感抗、容抗随之而变,电路中的电流 i 也随频率 f 而变。取电阻 R 上的电压 u_o 作为响应,当输入电压 u_i 的幅值维持不变时,在不同频率的信号激励下,测出 U_o 值,然后以 f 为横坐标,以 U_o/U_i 为纵坐标(因 U_i 不变,故也可直接以 U_o 为纵坐标),绘出光滑的曲线,此即为幅频特性曲线,亦称谐振曲线,如图 7-12 所示。

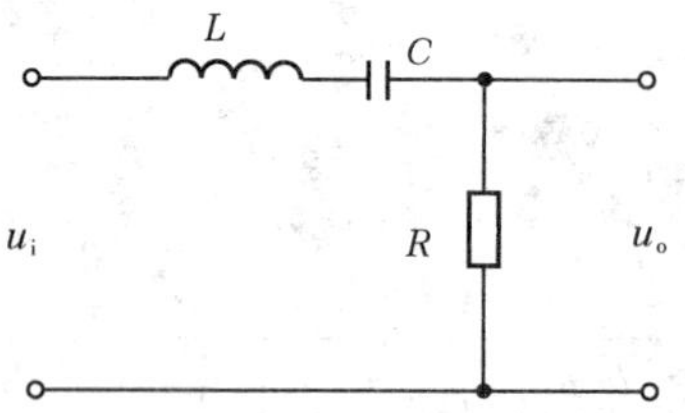

图 7-11　串联谐振电路

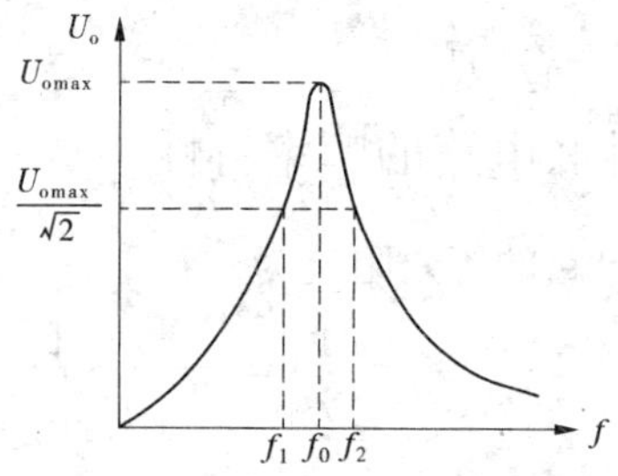

图 7-12　幅频特性曲线

(2)在 $f=f_0=\dfrac{1}{2\pi\sqrt{LC}}$ 处($X_L=XC$),即幅频特性曲线尖峰所在的频率点,该频率称为谐振频率,此时电路呈纯阻性,电路阻抗的模为最小。在输入电压 u_i 为定值时,电路中的电流达到最大值,且与输入电压 u_i 同相位。从理论上讲,此时 $U_i=U_R=U_o$,$U_L=U_C=QU_i$,式中的 Q 称为电路的品质因数。

(3)电路品质因数 Q 值对谐振曲线的影响。

电路的品质因数 Q 对谐振曲线的形状起着决定作用,在 L、C 不变条件下,电阻 R 值越小,Q 值越大,曲线越尖锐,通频带越窄,电路的选择性越好。在恒压源供电时,电路的品质因数、选择性与通频带只取决于电路本身的参数,而与信号源无关。

三、实验设备

(1)低频函数信号发生器　XD1

(2)交流毫伏表　100 μV ~ 300 V

(3)双踪示波器　SR8

(4)频率计　DG03

(5)实验电路板

四、实验内容

(1)按图 7-13 组成监视、测量电路。先选用 R_1。用电子管毫伏表测电压,监视信号源输出。令信号源输出电压 $U_i=3$ V,并保持不变。

(2)找出电路的谐振频率 f_0。

方法是:将毫伏表接在 R_1 两端,令信号源的频率由小逐渐变大(注意要维持信号源的输出幅度不变),当 U_o 的读数为最大时,读得频率计上的频率值即为电路的谐振频率 f_0,并测量 U_C 与 U_L 值(注意此时 $U_C=U_L$)。

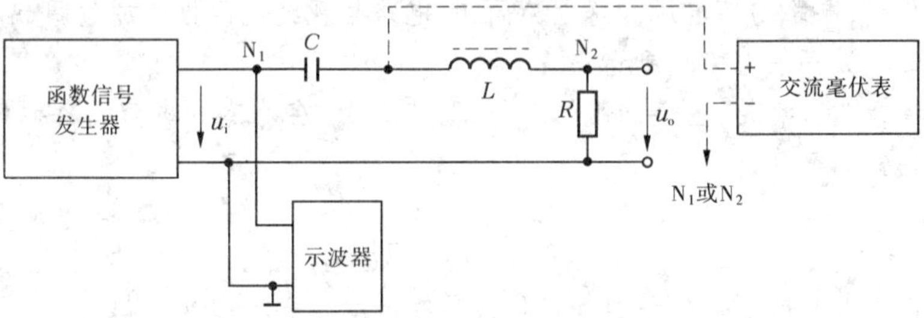

图 7-13　串联谐振电路连接图

(3)在谐振点两侧,按频率递增或递减 500 Hz 或 1 kHz,依次各取 6 个测量点,逐点测出 U_o,U_L,U_C 值,将数据记入表 7-1 中。

表 7-1　R、L、C 串联谐振(R_1)

f(kHz)												
U_o(V)												
U_L(V)												
U_C(V)												

(4)将电阻改为 R_2,重复步骤(2)、(3)的测量过程,测出 U_o,U_L,U_C 值,将数据记入表 7-2 中。

表 7-2　R、L、C 串联谐振(R_2)

f(kHz)												
U_o(V)												
U_L(V)												
U_C(V)												

五、实验注意事项

(1)测试频率点的选择应在靠近谐振频率附近多取几点。在变换频率测试前,应调整信号输出幅度,使其维持在 3 V。

(2)测量 U_C 和 U_L 数值前,应将毫伏表的量程改大,而且在测量 U_L 与 U_C 时毫伏表的"+"端应接 L 与 C 的公共点,其接地端应分别触及 L 和 C 的近地端 N_2 或 N_1。

(3)实验中,信号源的外壳应与毫伏表的外壳绝缘(不共地)。

六、思考题

(1)改变电路的哪些参数可以使电路发生谐振,电路中 R 的数值是否影响谐振频率值?

(2)如何判别电路是否发生谐振? 测试谐振点的方案有哪些?

(3)本实验在谐振时,对应的 U_L 与 U_C 是否相等? 如有差异,原因何在?

本章小结

1. 谐振现象是同时含有电感 L 和电容 C 的正弦交流电路中的一种特殊现象。当电路满足一定条件时,电路的端电压和总电流同相,电路呈现纯电阻性。通过调节电源频率或改变电抗元件的参数可使电路达到谐振。

2. 串联谐振的特点是:电路的阻抗最小,电流最大,在电感和电容元件两端出现过电压现象。串联谐振频率为

$$f_0 = \frac{1}{2\pi \sqrt{LC}}$$

3. 串联谐振电路的品质因数等于谐振时线圈的感抗和电阻的比值,即

$$Q = \frac{\omega_0 L}{R} = \frac{1}{\omega_0 CR} = \frac{\rho}{R}$$

品质因数越高,电路的选择性越好,但不能无限制地加大品质因数,否则通频带会变窄,致使接收的信号产生失真。

4. 并联谐振的特点是电路呈现高阻抗特性,因此电流最小,在电感和电容支路上出现过电流现象。并联谐振频率与串联谐振的频率相似。

5. 简单 *RC* 电路可以分为 *RC* 低通滤波电路和 *RC* 高通滤波电路。在放大电路中应用广泛,可以实现各种滤波。*RC* 低通滤波电路的作用主要是滤掉输入信号的高频成分,通过低频成分。*RC* 高通滤波电路的作用主要是滤掉输入信号的低频成分,通过高频成分。

习　题

7-1　在 *RLC* 串联电路中,电源电压 $U=15$ V,$\omega=1\ 000$ rad/s。当回路电流达到最大值 100 mA 时,电感电压为 200 V。求:(1)电阻 R 的值;(2)电感 L 的值;(3)电容 C 的值;(4)品质因数 Q 的值。

7-2　在 *RLC* 串联电路中,若电源电压为 1 mV,电源频率为 2 MHz,当电路达到谐振时,谐振电流为 0.1 mA,电感电压为 50 mV。求:(1)电阻 R 和电感 L 的值;(2)品质因数 Q 的值;(3)通频带 B 的值。

7-3　在 *RLC* 串联电路中,若电阻为 20 Ω,电感为 100 μH,电容为 150 pF,电源电压为 2 V,求:(1)谐振频率 f_0;(2)品质因数 Q;(3)通频带 B;(4)电感电压 U_L。

7-4　已知 *RLC* 串联电路的谐振频率为 2 000 Hz,若其通频带为 200 Hz,电感为 100 mH。求:(1)电容 C 的值;(2)品质因数 Q 的值;(3)电阻 R 的值。

7-5　有一电感线圈,其电阻为 15 Ω,电感为 0.2 mH,当它与电容为 120 pF 的电容器分别接成串联和并联谐振电路时,求在两种谐振情况下谐振频率 f_0 与电路的总阻抗。

7-6　在 *RLC* 串联电路中,已知电阻为 10 Ω,电感为 100 μH,电容为 500 pF,电源电压为 15 V,求电路的:(1)谐振频率 f_0;(2)品质因数 Q;(3)谐振电流 I_0;(4)谐振时电感电压 U_L。

7-7　在 *RLC* 串联电路中,电感为 150 mH,电容为 60 μF,品质因数为 30,电源电压为 1 V,求:(1)谐振时电阻 R;(2)谐振电流 I_0;(3)谐振时电容电压 U_C。

7-8　有一线圈与电容并联,其中线圈电感为 150 μH,电阻为 10 Ω。电路在 600 kHz 时发生谐振,求此时:(1)电容 C 的值;(2)品质因数 Q 的值。

第八章　互感耦合与变压器

第一节　耦合互感元件

一、互感现象

图 8-1 表示两个线圈的互感应现象，两个线圈的匝数分别为 N_1、N_2。在线圈 1 中通以交变电流 i_1，使线圈 1 产生的磁通 Φ_{11} 叫自感磁通，Ψ_{11}（$\Psi_{11}=N_1\Phi_{11}$）叫做自感磁链。由于线圈 2 处在 i_1 所产生的磁场之中，Φ_{11} 的一部分穿过线圈 2，使线圈 2 产生的磁通 Φ_{21} 叫做互感磁通，Ψ_{21}（$\Psi_{21}=N_2\Phi_{21}$）叫做互感磁链。这种由于一个线圈电流的磁场使另一个线圈产生的磁通、磁链分别叫做互感磁通、互感磁链。

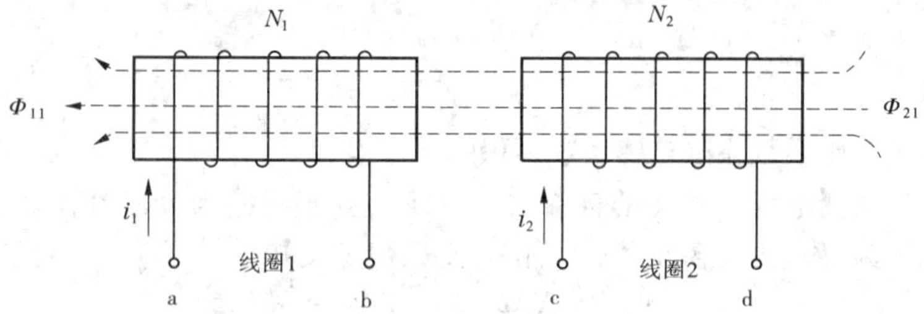

图 8-1　互感应现象

由于 i_1 的变化引起 Ψ_{21} 的变化，从而在线圈 2 中产生的电压叫做互感电压。同理，线圈 2 中电流 i_2 的变化也会在线圈 1 中产生互感电压。这种由一个线圈的交变电流在另一个线圈中产生感应电压的现象叫做互感现象。

为明确起见，磁通、磁链、感应电压等应用双下标表示。第一个下标代表该量所在线圈的编号，第二个下标代表产生该量的原线圈的编号。例如 Ψ_{21} 表示由线圈 1 产生的穿过线圈 2 的磁链。

二、互感系数

在非铁磁性的介质中，电流产生的磁通与电流成正比，当匝数一定时，磁链也与电流大小成正比。选择电流的参考方向与它产生的磁通的参考方向满足右手螺旋关系时，可得

$$\Psi_{21} \propto i_1$$

设比例系数为 M_{21}，则

$$\Psi_{21} = M_{21} i_1$$

或

$$M_{21} = \frac{\Psi_{21}}{i_1} \tag{8-1}$$

M_{21}叫做线圈 1 对线圈 2 的互感系数,简称互感。

同时,线圈 2 对线圈 1 的互感为

$$M_{12} = \frac{\Psi_{12}}{i_2} \tag{8-2}$$

可以证明,$M_{12} = M_{21}$,今后讨论时无需区分 M_{12} 和 M_{21}。两线圈间的互感系数用 M 表示,即

$$M = M_{12} = M_{21}$$

互感 M 的国际标准单位是亨利,简称亨(H)。

线圈间的互感 M 不仅与两线圈的匝数、形状及尺寸有关,还与线圈间的相对位置和磁介质有关。当用铁磁性材料作为介质时,M 将不是常数。本书只讨论 M 为常数的情况。

三、耦合系数

为了描述两个线圈磁通链相互铰链的情况,通常引入耦合系数。一般情况下,两耦合线圈的电流所产生的磁通只有部分相铰链;两耦合线圈相铰链的磁通越多,说明两个线圈耦合越紧密。耦合系数 k 用来表示磁耦合线圈的耦合程度。

耦合系数定义为

$$k = \frac{M}{\sqrt{L_1 L_2}} \tag{8-3}$$

即耦合系数等于互感系数除以自感系数乘积的平方根。

设线圈 1 的交变电流 i_1 产生的自感磁链为 Ψ_{11},互感磁链为 Ψ_{21},线圈 2 的交变电流 i_2 产生的自感磁链为 Ψ_{22},互感磁链为 Ψ_{12},由自感系数定义知

$$L_1 = \frac{\Psi_{11}}{i_1} = \frac{N_1 \Phi_{11}}{i_1}, L_2 = \frac{\Psi_{22}}{i_2} = \frac{N_2 \Phi_{22}}{i_2}$$

由互感系数定义知

$$M_{12} = \frac{\Psi_{12}}{i_2} = \frac{N_1 \Phi_{12}}{i_2}, M_{21} = \frac{\Psi_{21}}{i_1} = \frac{N_2 \Phi_{21}}{i_1}$$

所以

$$k = \frac{M}{\sqrt{L_1 L_2}} = \sqrt{\frac{M_{21} M_{12}}{L_1 L_2}} = \sqrt{\frac{\Psi_{21} \Psi_{12}}{\Psi_{11} \Psi_{22}}} = \sqrt{\frac{\Phi_{21} \Phi_{12}}{\Phi_{11} \Phi_{22}}}$$

而

$$\Phi_{21} \leqslant \Phi_{11}, \Phi_{12} \leqslant \Phi_{22}$$

所以有

$$0 \leqslant k \leqslant 1$$

$$0 \leqslant M \leqslant \sqrt{L_1 L_2}$$

影响耦合系数 k 值大小的主要因素是线圈结构、两线圈相互位置及线圈周围磁介质的性质。如果两线圈靠得很近或紧密绕在一起,则 k 值接近于 1;如果两线圈相隔很远或者它们的轴线相互垂直,则 k 值很小甚至为零。

若 $k = 1$,则 $M = \sqrt{L_1 L_2}$,称为全耦合。所以,改变两线圈的相互位置可以相应地改变 M 的大小。

四、互感电压

互感电压与互感磁链的关系也遵循电磁感应定律。与讨论自感现象相似，选择互感电压与互感磁链两者的参考方向符合右手螺旋关系，因线圈 1 中电流 i_1 的变化在线圈 2 中产生的互感电压为

$$u_{21} = \frac{\mathrm{d}\Psi_{21}}{\mathrm{d}t} = M\frac{\mathrm{d}i_1}{\mathrm{d}t} \tag{8-4}$$

同样，因线圈 2 中的电流 i_2 的变化在线圈 1 中产生的互感电压为

$$u_{12} = \frac{\mathrm{d}\Psi_{12}}{\mathrm{d}t} = M\frac{\mathrm{d}i_2}{\mathrm{d}t} \tag{8-5}$$

由式(8-4)和式(8-5)可看出，互感电压的大小取决于电流的变化率。当$\frac{\mathrm{d}i}{\mathrm{d}t}>0$ 时，互感电压为正值，表示互感电压的实际方向与参考方向一致；当$\frac{\mathrm{d}i}{\mathrm{d}t}<0$ 时，互感电压为负值，表明互感电压的实际方向与参考方向相反。

当线圈中通过的电流为正弦交流电时，如

$$i_1 = I_{\mathrm{m1}}\sin\omega t, i_2 = I_{\mathrm{m2}}\sin\omega t$$

则

$$u_{21} = M\frac{\mathrm{d}i_1}{\mathrm{d}t} = M\frac{\mathrm{d}(I_{\mathrm{m1}}\sin\omega t)}{\mathrm{d}t}$$

$$= \omega MI_{\mathrm{m1}}\cos\omega t = \omega MI_{\mathrm{m1}}\sin(\omega t + \frac{\pi}{2})$$

同理，有

$$u_{12} = \omega MI_{\mathrm{m2}}\cos\omega t = \omega MI_{\mathrm{m2}}\sin(\omega t + \frac{\pi}{2})$$

互感电压也可用相量表示，即

$$\dot{U}_{21} = \mathrm{j}\omega M\dot{I}_1 = \mathrm{j}X_M\dot{I}_1 \tag{8-6}$$

$$\dot{U}_{12} = \mathrm{j}\omega M\dot{I}_2 = \mathrm{j}X_M\dot{I}_2 \tag{8-7}$$

式中，$X_M=\omega M$ 称为互感抗，单位为欧姆(Ω)。

思考与练习题

1. 互感系数 M 的大小与哪些因素有关？
2. 两耦合线圈的 $L_1=0.01$ H、$L_2=0.04$ H、$M=0.01$ H，试求其耦合系数 k。

第二节 互感线圈的同名端

分析线圈的自感电压和电流的方向关系时，只要选择自感电压 u_L 与电流 i 为关联参考方向，其元件约束关系 $u_L=L\frac{\mathrm{d}i}{\mathrm{d}t}$就成立，不必考虑线圈的实际绕向。当线圈电流增加($\frac{\mathrm{d}i}{\mathrm{d}t}>$

0)时,自感电压的实际方向与电流实际方向一致;当线圈电流减小($\frac{di}{dt}<0$)时,自感电压的实际方向与电流的实际方向相反。

分析互感线圈时,需要知道线圈的绕向。如图 8-2 所示,线圈 b 和线圈 c 只是线圈的绕向不同,其他情况相同。当线圈 a 中通以实际电流 i_1,并且 i_1 正在增加,即$\frac{di_1}{dt}>0$时,根据楞次定律可知线圈 b 和线圈 c 的互感电压的实际方向不同,线圈 b 中互感电压方向由标“*”号的一端指向另一端,在线圈 c 中互感电压方向由标“*”号的一端指向另一端。可见,要确定互感电压的实际方向时,需要知道线圈的绕向。

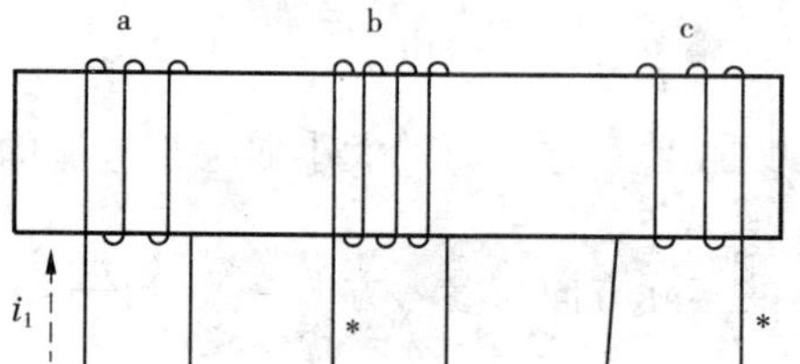

图 8-2 互感电压与线圈绕向的关系

一、同名端

用同名端来反映磁耦合线圈的相对绕向,从而在分析互感电压时不需要考虑线圈的实际绕向及相对位置。如图 8-3 所示,当两个线圈的电流分别从端钮 a 和端钮 c 流进时,每个线圈的自感磁通和互感磁通的方向一致,就认为磁通相助,则端钮 a、c 就称为同名端。

如图 8-3 中的两个线圈,i_1、i_2 分别从端钮 a、c 流入,线圈 1 的自感磁通 Φ_{11} 和互感磁通 Φ_{12} 方向一致,线圈 2 的自感磁通 Φ_{22} 和互感磁通 Φ_{21} 方向一致,则线圈 1 的端钮 a 和线圈 2 的端钮 c 为同名端。显然,端钮 b 和端钮 d 也是同名端。而 a、d 端钮及 b、c 端钮则称异名端。

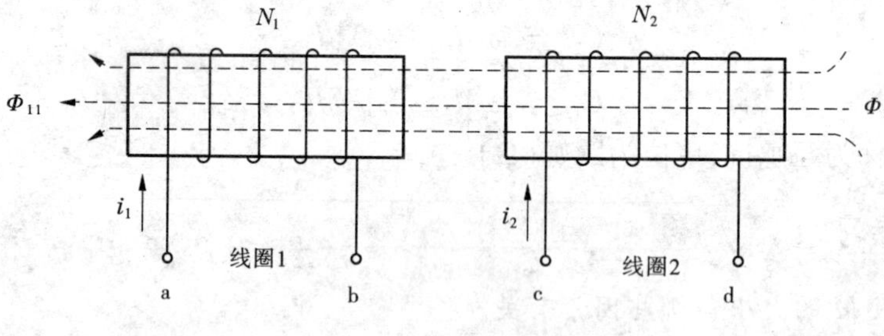

图 8-3 线圈的同名端

同名端用相同的符号“*”、“·”或“△”标记。为了便于区别,仅在两个线圈的一对同名端用标记标出,另一对同名端不需标注。

在电路理论中,把有互感的一对电感元件称为耦合电感元件,简称耦合电感。图 8-4 表示耦合电感的电路模型,其中两线圈的互感为 M,自感分别为 L_1、L_2。图中“·”号表示它们的同名端。

二、同名端的测定

如果已知磁耦合线圈的绕向及相对位置，很容易根据概念判定其同名端。但是，实际的磁耦合线圈的绕向一般是无法确定的，因而同名端就很难判别。在生产实践中，经常用实验的方法来进行同名端的判断。

实验测定同名端比较常用的一种方法为直流法，其接线方式如图 8-5 所示。当开关 S 接通瞬间，线圈 1 的电流 i_1 经图示方向流入且增加，若此时直流电压表指针正偏（不必读出指示值），则电压表“+”接线柱所接线圈 2 端钮和线圈 1 接电源正极的端钮为同名端，如图 8-5所示。反之，若电压表指针反偏，则电压表“-”接线柱所接线圈 2 端钮与线圈 1 接电源正极的端钮为同名端。

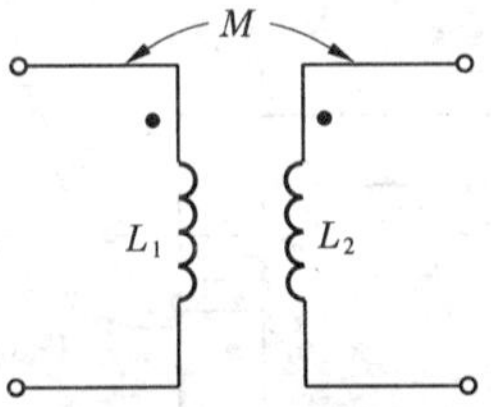

图 8-4　耦合电感的电路模型

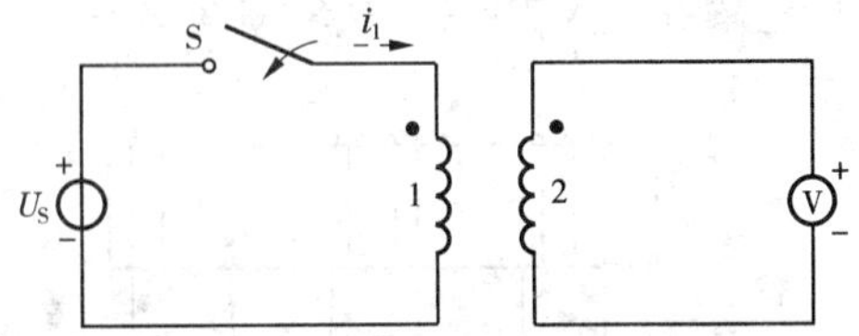

图 8-5　同名端的测定

通过该实验可得到一个很有用的结论：当随时间增大的电流从一线圈的同名端流入时，会引起另一线圈同名端电位升高。

判别互感线圈的同名端不仅在理论分析中很重要，在实际应用中也非常重要。如在变压器使用中，经常根据需要用同名端标记各绕组的绕向关系，在电子技术中广泛应用的互感线圈，许多情况下也必须考虑互感线圈的同名端。

三、同名端原则

当两个线圈的同名端确定后，如图 8-6 所示，选择一个线圈的互感电压参考方向与引起该电压的另一线圈的电流的参考方向遵循对同名端一致的原则下，有

$$u_{12} = M\frac{\mathrm{d}i_2}{\mathrm{d}t}$$

$$u_{21} = M\frac{\mathrm{d}i_1}{\mathrm{d}t}$$

其中，若$\frac{\mathrm{d}i_2}{\mathrm{d}t}>0$，按照同名端的概念，$u_{12}>0$，与实际情况相符。同时，若$\frac{\mathrm{d}i_1}{\mathrm{d}t}>0$，则 $u_{21}>0$。因此，利用同名端的概念在分析互感电路时，不必考虑线圈的绕向及相对位置，但对参考方向所遵循的原则必须理解和掌握。

在正弦交流电路中，互感电压与引起它的电流为同频率的正弦量，当其相量的参考方向满足上述原则时，有

$$\dot{U}_{21} = \mathrm{j}\omega M\dot{I}_1 = \mathrm{j}X_M\dot{I}_1$$

$$\dot{U}_{12} = \mathrm{j}\omega M\dot{I}_2 = \mathrm{j}X_M\dot{I}_2$$

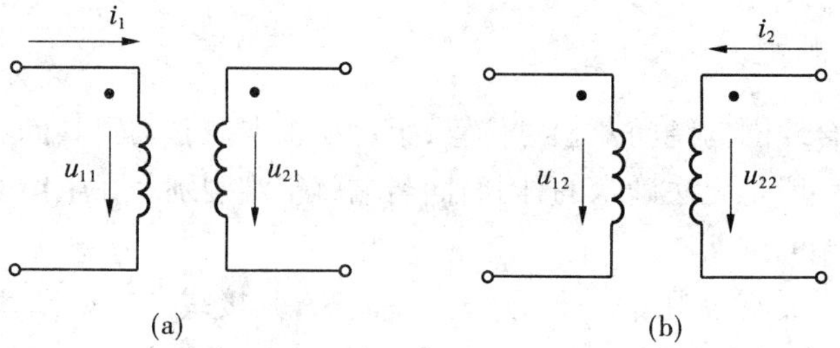

图 8-6　互感线圈中电流、电压参考方向

可见，在上述参考方向原则下，互感电压比引起它的正弦电流的相位超前$\frac{\pi}{2}$。

思考与练习题

1. 电路如图 8-7 所示，试判断同名端。

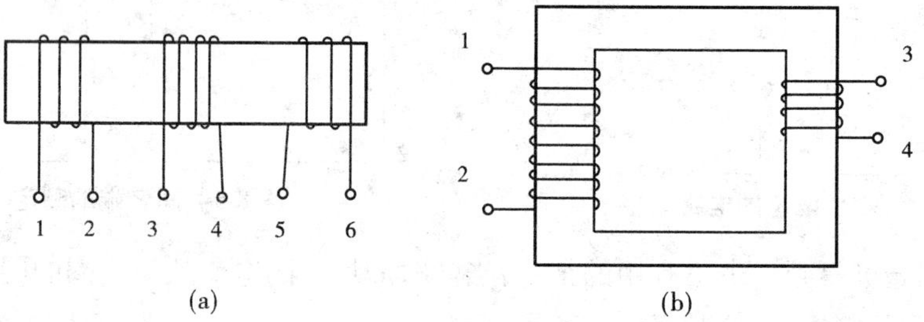

图 8-7　思考与练习题 1 图

2. 如图 8-8 所示，试判断开关闭合时电压表的偏转方向。

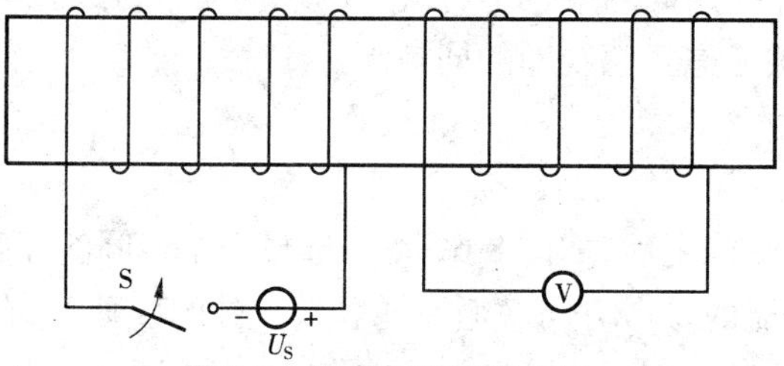

图 8-8　思考与练习题 2 图

第三节　互感线圈的串并联

一、互感线圈的串联

前面已学过，当没有互感的两个线圈 L_1 和 L_2 相串联时，可用一个等效电感 L 来代替，L 为

$$L = L_1 + L_2$$

两个有互感的线圈进行串联时，也可以用一个等效电感来代替。

将有互感的两个线圈串联，有两种不同的连接方式：一种是将两个线圈的两个异名端相连接，这种接法称为顺接，如图 8-9(a)所示；另一种是将两个线圈的同名端相连接，称为反接,如图8-10(a)所示。无论是哪一种连接方式都可用一个不含互感的电路来等效替代,如图8-9(b)和图8-10(b)所示。

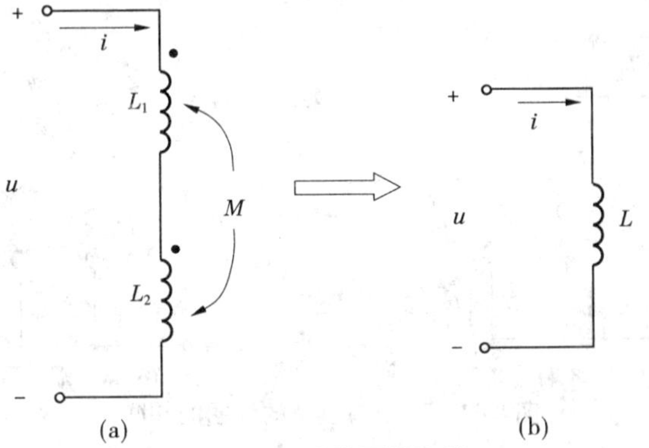

图8-9　互感线圈的顺接

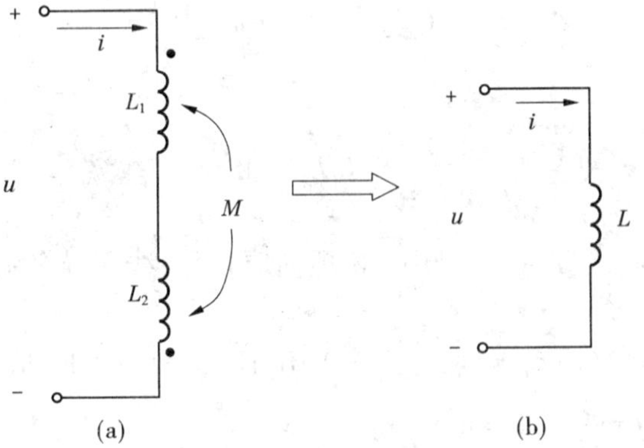

图8-10　互感线圈的反接

设两个线圈的自感分别为L_1和L_2,它们之间的互感为M,则可得串联线圈两端的电压和电流的关系式为

$$u(t) = u_1 + u_2 = L_1 \frac{\mathrm{d}i}{\mathrm{d}t} \pm 2M \frac{\mathrm{d}i}{\mathrm{d}t} + L_2 \frac{\mathrm{d}i}{\mathrm{d}t} = (L_1 + L_2 \pm 2M) \frac{\mathrm{d}i}{\mathrm{d}t}$$

由此可见,两个有互感的线圈串联后的等效电感为

$$L = L_1 + L_2 \pm 2M \tag{8-8}$$

式(8-8)中,当顺接时互感M前面取正号,反接时互感M前面取负号。所以,顺接时等效电感大于两个线圈自感之和,而反接时等效电感小于两个线圈自感之和。这是因为顺接时电流自两个线圈的同名端流入,因此两个线圈中电流产生的磁通是相互加强的,线圈的总磁链增多;反接时两个线圈中电流产生的磁通是相互削弱的,线圈的总磁链减少。

二、互感线圈的并联

具有互感的线圈也可以并联连接。连接方式也有两种:一种是线圈的同名端并联,如图8-11(a)所示;另一种是线圈的异名端并联,如图8-11(b)所示。按图中标出的参考方向,有

$$\dot{U} = \mathrm{j}\omega L_1 \dot{I}_1 \pm \mathrm{j}\omega M \dot{I}_2$$

$$\dot{U} = \mathrm{j}\omega L_2 \dot{I}_2 \pm \mathrm{j}\omega M \dot{I}_1$$

$$\dot{I} = \dot{I}_1 + \dot{I}_2$$

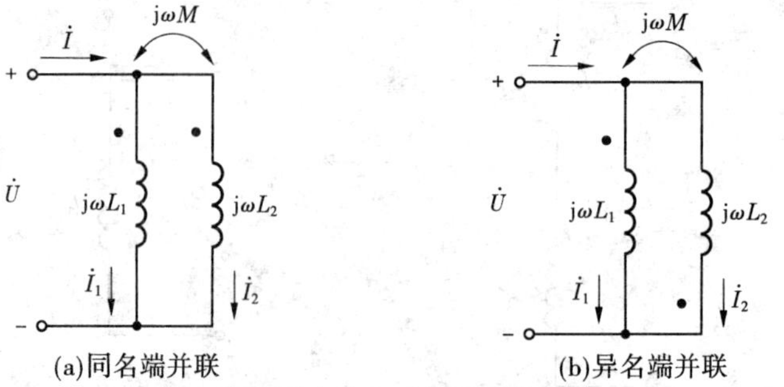

图 8-11　两个有互感的线圈的并联

联立求解上面方程,可得等效阻抗

$$Z = \frac{\dot{U}}{\dot{I}} = \mathrm{j}\omega \frac{L_1 L_2 - M^2}{L_1 + L_2 \mp 2M}$$

即并联等效电感为

$$L = \frac{L_1 L_2 - M^2}{L_1 + L_2 \mp 2M} \tag{8-9}$$

线圈同名端并联时,式(8-9)分母中 $2M$ 项前取负号;线圈异名端并联时,$2M$ 项前取正号。

【例 8-1】　如图 8-12(a)所示电路,$L_1 = 0.01$ H,$L_2 = 0.02$ H,$R_1 = R_2 = 10\ \Omega$,$M = 0.01$ H,$C = 20\ \mu\mathrm{F}$,$\omega = 1\ 000$ rad/s, $U = 6$ V,求 $\dot{I}$ 。

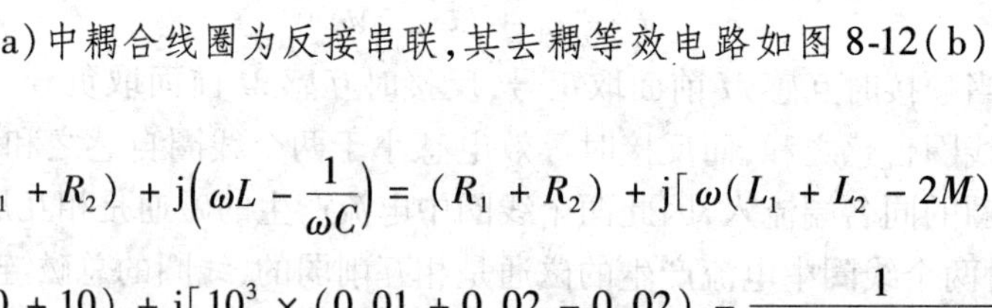

图 8-12　例 8-1 图

解:图 8-12(a)中耦合线圈为反接串联,其去耦等效电路如图 8-12(b)所示。该电路的等效复阻抗为

$$Z = (R_1 + R_2) + \mathrm{j}\left(\omega L - \frac{1}{\omega C}\right) = (R_1 + R_2) + \mathrm{j}\left[\omega(L_1 + L_2 - 2M) - \frac{1}{\omega C}\right]$$

$$= (10 + 10) + \mathrm{j}\left[10^3 \times (0.01 + 0.02 - 0.02) - \frac{1}{10^3 \times 20 \times 10^{-6}}\right]$$

$$= (20 - \mathrm{j}40)(\Omega) = 44.7\angle -63.4°\ \Omega$$

设

$$\dot{U} = 6\angle 0° \mathrm{V}$$

则

$$\dot{I} = \frac{\dot{U}}{Z} = \frac{6\angle 0°}{44.7\angle -63.4°} = 0.134\angle 63.4°(\mathrm{A})$$

思考与练习题

1. 如图 8-13 所示，$R_1 = R_2 = 100\ \Omega$，$L_1 = 3\ \text{H}$，$L_2 = 10\ \text{H}$，$M = 5\ \text{H}$，$U = 220\ \text{V}$，$\omega = 100\ \text{rad/s}$，试求电路中的电流。

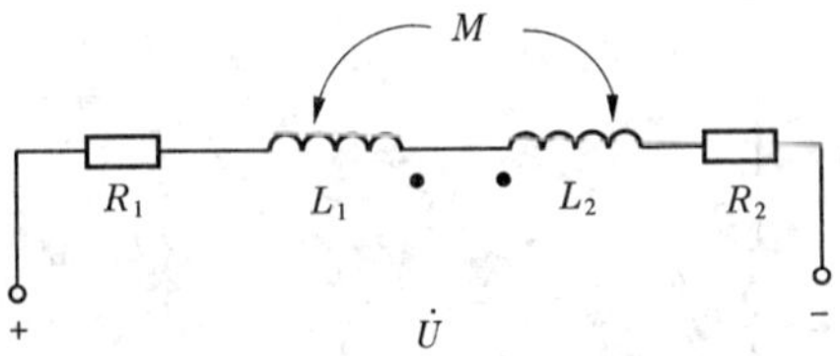

图 8-13 思考与练习题 1 图

2. 如图 8-14 所示，求电路的等效阻抗。

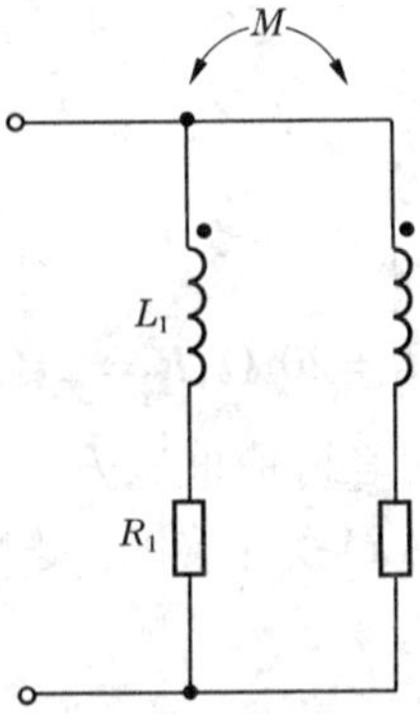

图 8-14 思考与练习题 2 图

第四节 互感线圈的去耦等效电路

如果具有互感的两个电感线圈有一端相连接，则可用等效变换法把具有互感的电路转换为无互感的电路。如图 8-15 所示，电路中两个电感线圈的一端接在同一个节点“3”上，线圈中电流的参考方向如图所示。

考虑到同名端和异名端两种不同的连接方式后，其电压方程为

$$\dot{U}_{13} = \mathrm{j}\omega L_1\dot{I}_1 \pm \mathrm{j}\omega M\dot{I}_2 \tag{8-10}$$

$$\dot{U}_{23} = \mathrm{j}\omega L_2\dot{I}_2 \pm \mathrm{j}\omega M\dot{I}_1 \tag{8-11}$$

式中含有 M 项前的正号对应于同名端连接，负号对应于异名端连接。将 $\dot{I}_2 = \dot{I} - \dot{I}_1$ 代入式(8-10)，将 $\dot{I}_1 = \dot{I} - \dot{I}_2$ 代入式(8-11)，可将式(8-10)和式(8-11)改写为

$$\dot{U}_{13} = \mathrm{j}\omega(L_1 \mp M)\dot{I}_1 \pm \mathrm{j}\omega M\dot{I} \tag{8-12}$$

$$\dot{U}_{23} = \mathrm{j}\omega(L_2 \mp M)\dot{I}_2 \pm \mathrm{j}\omega M\dot{I} \tag{8-13}$$

式(8-12)和式(8-13)所描述的便是无互感的等效电路，画出电路图如图 8-16 所示，M 前面的符号，“+”对应于同名端连接，“−”对应于异名端连接。

将具有互感的电路（见图 8-15）用无互感的等效电路（见图 8-16）来代替，这对外电路来讲效果是一样的。一般情况下，消去互感后的等效电路其节点数将增加，如图 8-16 中增加

了节点 A。但应注意,此时的节点 A 不对应于图 8-15 中的节点“3”, 图 8-15 中的节点“3”与图 8-16 中的节点“3”为同一个节点。去耦后的等效电路的分析方法与无互感耦合的电路的分析方法相同。

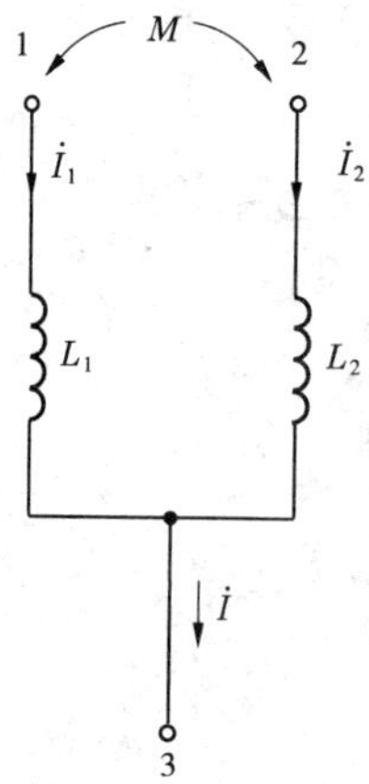

图 8-15　一端相连的两互感线圈

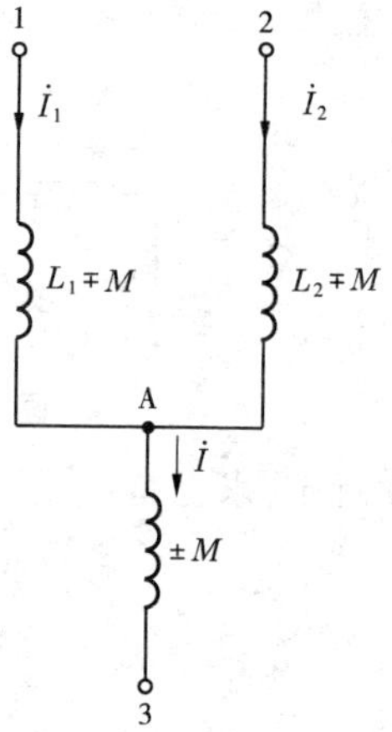

图 8-16　互感消除等效电路

【例 8-2】　如图 8-17 所示电路, $R_1 = 20\ \Omega$, $R_2 = 2\ \Omega$, $\omega L_1 = 10\ \Omega$, $\omega L_2 = 6\ \Omega$, $\omega M = 2\ \Omega$, 已知电压 $U = 80$ V,求当开关断开和闭合时的电流 $\dot{I}$。

解: 开关断开时的电路如图 8-18(a)所示,由于是顺接,所以

$$\dot{I} = \frac{\dot{U}}{R_1 + j\omega(L_1 + L_2 + 2M)} = \frac{\dot{U}}{R_1 + j(\omega L_1 + \omega L_2 + 2\omega M)}$$

令

$$\dot{U} = 80\angle 0°\ \text{V}$$

则

$$\dot{I} = \frac{80\angle 0°}{20 + j(10 + 6 + 4)} = \frac{80\angle 0°}{20 + j20} = 2\sqrt{2}\angle -45°(\text{A})$$

开关合上时的电路如图 8-18(b)所示,由于是异名端相连,其等效的无互感电路如图 8-18(c)所示,有

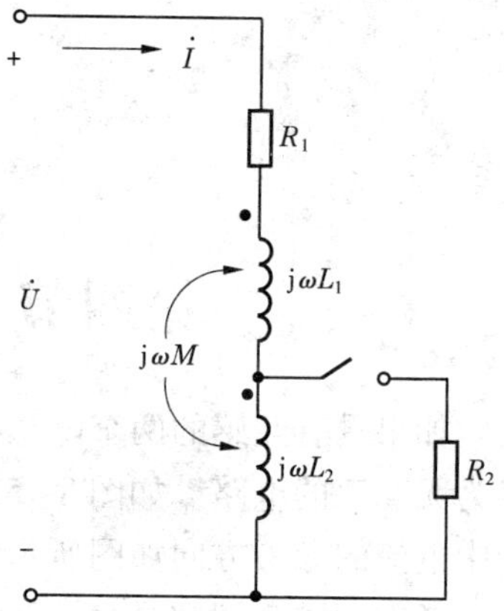

图 8-17　例 8-2 图

$$\dot{I} = \frac{\dot{U}}{R_1 + j\omega(L_1 + M) + \dfrac{j\omega(L_2 + M)(R_2 - j\omega M)}{j\omega(L_2 + M) + R_2 - j\omega M}}$$

$$= \frac{80\angle 0°}{20 + j12 + \dfrac{j8(2 - j2)}{j8 + 2 - j2}} = \frac{80\angle 0°}{20 + j12 + \dfrac{8(2 - j)}{5}} = \frac{400\angle 0°}{116 + j52}$$

$$= 3.15\angle -24.15°(\text{A})$$

【例 8-3】　用去耦法求图 8-19(a)所示电路的等效阻抗 Z(电源的角频率为 ω)。

解: 图 8-19(a)电路去耦后等效电路如图 8-19(b)所示,所以

$$Z = -j\omega M + \frac{j\omega(L_1 + M)[Z_2 + j\omega(M + L_2)]}{Z_2 + j\omega(L_2 + M) + j\omega(L_1 + M)}$$

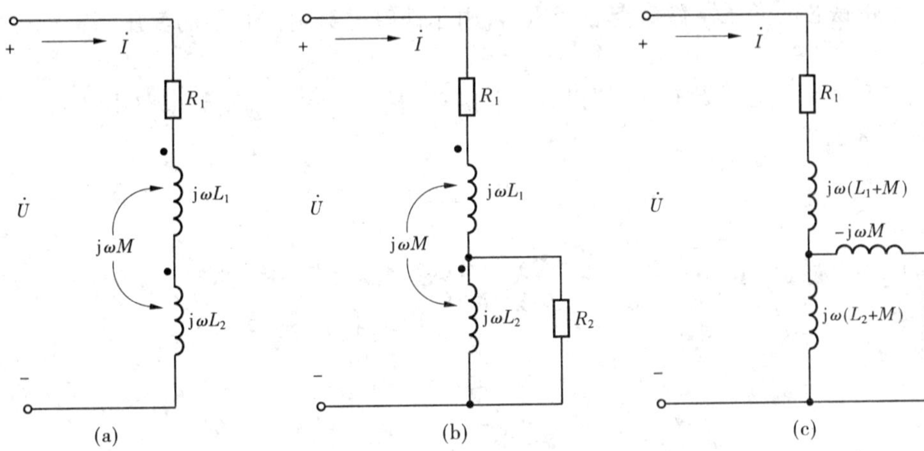

图 8-18　开关断开和闭合时的电路

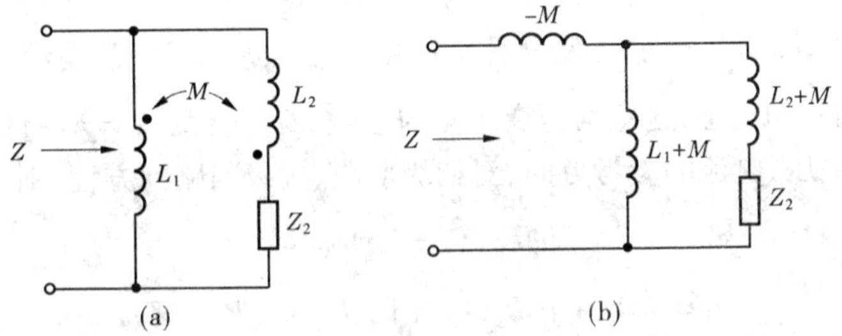

图 8-19　例 8-3 图

$$= - j\omega M + \frac{j\omega(L_1 + M)[Z_2 + j\omega(M + L_2)]}{Z_2 + j\omega(L_2 + L_1 + 2M)}$$

思考与练习题

用去耦法求图 8-20 所示电路的等效阻抗 Z(电源的角频率为 ω)。

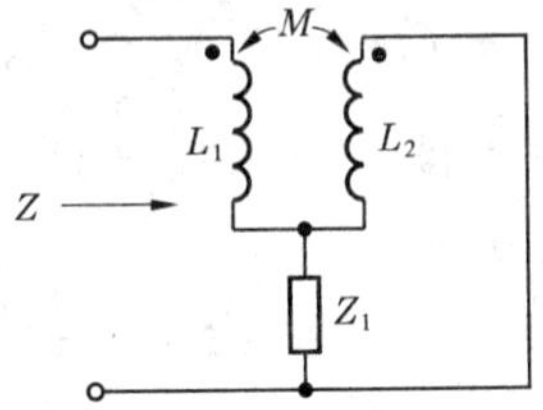

图 8-20　思考与练习题图

第五节　空心变压器

变压器是利用互感耦合来实现从一个电路向另一个电路传递能量或信号的一种器件。

一般变压器有两个线圈,或称绕组。一个线圈与电源相接,称为原线圈,也称初级线圈;另一个线圈与负载相接,称为副线圈,也称次级线圈。初、次级线圈间一般没有电路相连接,是通过磁通耦合把能量从电源送到负载的。

为了增强磁耦合,通常把两个线圈绕在一个闭合的铁芯上,此种变压器的耦合系数 k 接近于 1。不带铁芯的变压器称为空心变压器,用非铁磁材料制作芯子的变压器都称为空心变压器。

空心变压器的耦合系数较小,但没有铁芯的功率损耗,常用于高频电路中,空心变压器的电路如图 8-21 所示。

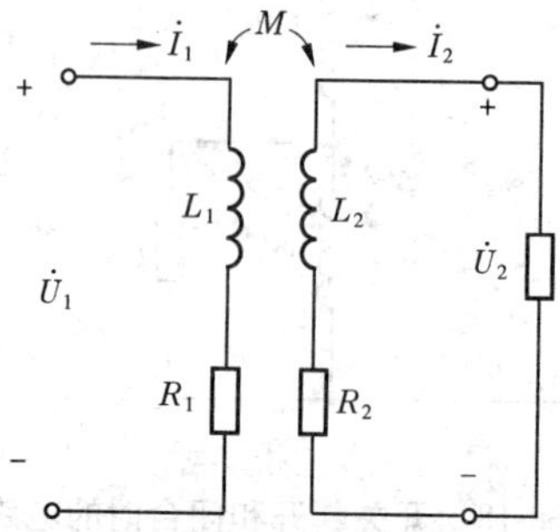

图 8-21 空心变压器

图 8-21 中,R_1、L_1 分别表示初级线圈的电阻和电感,R_2、L_2 分别表示次级线圈的电阻和电感,M 是两线圈间的互感,这些均为变压器的参数,Z 为负载,$Z=R+\mathrm{j}X$,$\dot{U}_1$ 为电源电压。根据图中给出的电压、电流的参考方向,对初级回路、次级回路列方程,则

$$\dot{U}_1=(R_1+\mathrm{j}\omega L_1)\dot{I}_1\pm \mathrm{j}\omega M\dot{I}_2$$

$$0=(R_2+\mathrm{j}\omega L_2)\dot{I}_2\pm \mathrm{j}\omega M\dot{I}_1+(R+\mathrm{j}X)\dot{I}_2$$

因图中未标同名端,故在 M 前写“+”、“-”号。

令

$$\omega L_1=X_1,\omega L_2=X_2,\omega M=X_M$$

且令

$$R_{22}=R_2+R,X_{22}=X_2+X$$

则方程变为

$$\dot{U}_1=(R_1+\mathrm{j}X_1)\dot{I}_1\pm \mathrm{j}X_M\dot{I}_2 \tag{8-14}$$

$$0=\pm \mathrm{j}X_M\dot{I}_1+(R_{22}+\mathrm{j}X_{22})\dot{I}_2 \tag{8-15}$$

由式(8-15)得

$$\dot{I}_2=-\frac{\pm \mathrm{j}X_M\dot{I}_1}{R_{22}+\mathrm{j}X_{22}} \tag{8-16}$$

将式(8-16)代入式(8-14),得

$$\begin{aligned}\dot{U}_1&=\left[R_1+\mathrm{j}X_1\pm \mathrm{j}X_M\left(-\frac{\pm \mathrm{j}X_M}{R_{22}+\mathrm{j}X_{22}}\right)\right]\dot{I}_1=\left(R_1+\mathrm{j}X_1+\frac{X_M^2}{R_{22}+\mathrm{j}X_{22}}\right)\dot{I}_1\\&=\left[\left(R_1+\frac{X_M^2}{R_{22}^2+X_{22}^2}R_{22}\right)+\mathrm{j}\left(X_1-\frac{X_M^2}{R_{22}^2+X_{22}^2}X_{22}\right)\right]\dot{I}_1\\&=\left[(R_1+R_{1\mathrm{f}})+\mathrm{j}(X_1+X_{1\mathrm{f}})\right]\dot{I}_1\end{aligned} \tag{8-17}$$

式中,$R_{1\mathrm{f}}$称为引入电阻或反射电阻,$R_{1\mathrm{f}}=\dfrac{X_M^2}{R_{22}^2+X_{22}^2}R_{22}$,$X_{1\mathrm{f}}$称为引入电抗或反射电抗,$X_{1\mathrm{f}}=$

$-\dfrac{X_M^2}{R_{22}^2+X_{22}^2}X_{22}$；$Z_{1f}$称为次级引入到初级的引入复阻抗或反射复阻抗，$Z_{1f}=R_{1f}+jX_{1f}$。

考虑到次级回路对初级回路的影响，画出初级回路的等效电路如图 8-22所示。

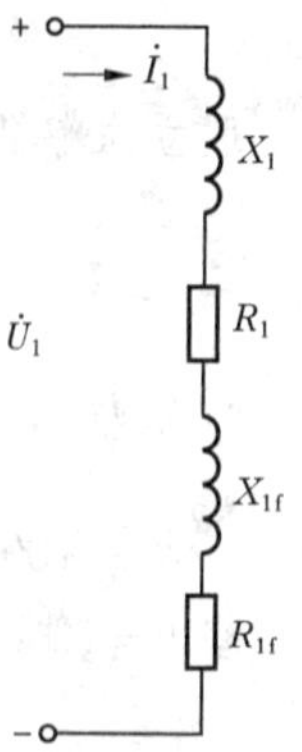

图 8-22　初级回路的等效电路

$Z_{1f}=R_{1f}+jX_{1f}$表明了次级回路对初级回路的影响，这种影响是通过$\dot{I}_2$对初级回路的耦合作用而引入的。显然，若次级回路开路，即 $Z\to\infty$，则 R_{1f}和 X_{1f}均为零，表明次级回路对初级回路的影响不存在了。

令次级回路总阻抗为 Z_{22}，则

$$Z_{22}=(R_2+R)+j(\omega L_2+X)=R_{22}+jX_{22}$$

反射复阻抗

$$\begin{aligned}Z_{1f}&=R_{1f}+jX_{1f}\\&=\frac{X_M^2}{R_{22}^2+X_{22}^2}R_{22}-j\frac{X_M^2}{R_{22}^2+X_{22}^2}X_{22}\\&=\frac{X_M^2}{R_{22}^2+X_{22}^2}(R_{22}-jX_{22})\\&=\frac{X_M^2}{(R_{22}+jX_{22})(R_{22}-jX_{22})}(R_{22}-jX_{22})\\&=\frac{X_M^2}{Z_{22}}\end{aligned}$$

即次级反射到初级的反射复阻抗为

$$Z_{1f}=\frac{X_M^2}{Z_{22}}\tag{8-18}$$

变压器次级回路引入或反射到初级回路的电阻 R_{1f}反映了次级回路消耗的能量反射到了初级回路；变压器次级回路引入或反射到初级回路的电抗为 X_{1f}，若 $X_{22}=X_2+X<0$，呈容性，则反射到初级回路的电抗 $X_{1f}>0$，即呈感性；反之，若次级回路 $X_{22}>0$，呈感性，则反射到初级回路的电抗 $X_{1f}<0$，即呈容性。

【例 8-4】　如图 8-23 所示电路，$L_1=10\ \text{H}$，$L_2=2.4\ \text{H}$，$R=10\ \Omega$，$M=2\ \text{H}$，$\omega=10\ \text{rad/s}$，$U_1=10\ \text{V}$，求 $\dot{I}_2$；当耦合系数 $k=1$ 时再求 $\dot{I}_2$。

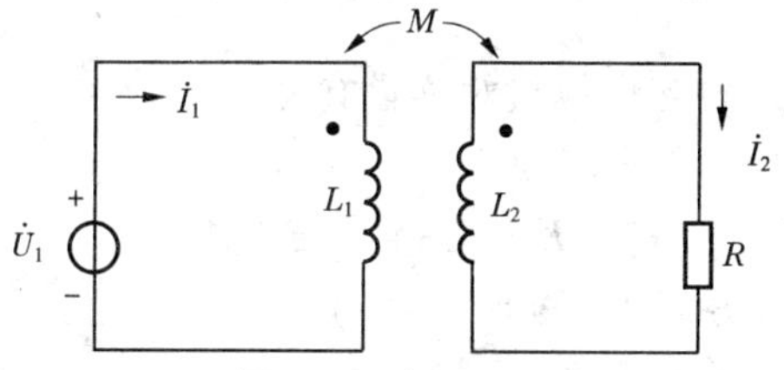

图 8-23　例 8-4 图

解：根据图中标出的电压、电流参考方向，列回路方程为

$$j\omega L_1\dot{I}_1-j\omega M\dot{I}_2=\dot{U}_1$$

$$-j\omega M\dot{I}_1 + (R + j\omega L_2)\dot{I}_2 = 0$$

联立求解得

$$\dot{I}_2 = \frac{M\dot{U}_1}{L_1R + j\omega(L_1L_2 - M^2)}$$

将数据代入得

$$\dot{I}_2 = \frac{2\times10\angle0°}{100 + j10\times(24-4)} = \frac{1}{5+j10} = \frac{1}{11.2\angle63.4°} = 0.089\angle-63.4°(A)$$

当 $k=1$ 时，$M^2=L_1L_2$，代入得

$$\dot{I}_2 = \frac{M\dot{U}_1}{L_1R} = \frac{20\angle0°}{100} = 0.2\angle0°(A)$$

此例说明：$k<1$ 与 $k=1$ 相比，$\dot{I}_2$ 减小，且产生相移。

思考与练习题

1. 什么是空心变压器的反射阻抗？

2. 如图 8-24 所示，已知 $L_1=3.6$ H，$L_2=0.06$ H，$M=0.465$ H，$R_1=20\ \Omega$，$R_2=0.08\ \Omega$，$R_L=42\ \Omega$，$\omega=314$ rad/s，$\dot{U}_S=115\angle0°$ V，求 $\dot{I}_1$，$\dot{I}_2$。

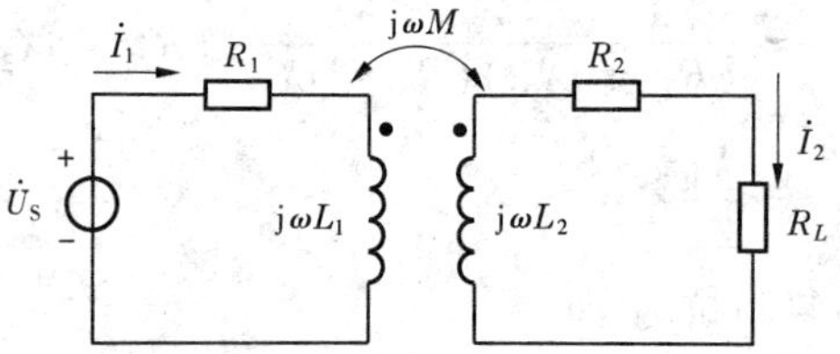

图 8-24　思考与练习题 2 图

本章小结

1. 由一个线圈的交变电流在另一个线圈中产生感应电压的现象叫做互感现象。

2. 互感 M 取决于两个线圈的几何尺寸、匝数、相对位置和磁介质。当磁介质为非铁磁性物质时，M 是常数。

3. 耦合系数 k 表示两个线圈磁耦合的紧密程度，定义为 $k=\frac{M}{\sqrt{L_1L_2}}$。

4. 同名端与两线圈绕向和它们的相对位置有关。

5. 两互感线圈串联时的等效电感为

$$L = L_1 + L_2 \pm 2M$$

顺向串联时取“+”号，反向串联时取“-”号。

6. 两互感线圈并联时的等效电感

同名端并联时　$$L = \frac{L_1L_2 - M^2}{L_1 + L_2 - 2M}$$

异名端并联时 $$L=\frac{L_1L_2-M^2}{L_1+L_2+2M}$$

7. 去耦法：当两个线圈具有一个公共节点时，可将一个互感电路等效变换为一个无互感的电路，然后求解。

习　题

8-1　已知两线圈的自感为 $L_1=5$ mH，$L_2=4$ mH。

(1) 若 $k=0.5$，求互感 M。

(2) 若 $M=3$ mH，求耦合系数 k。

(3) 若两线圈全耦合，求互感 M。

8-2　如图 8-25 所示电路中，已知 $M=0.01$ H，$i_2=10\sqrt{2}\sin314t$ A。试求互感电压 u_{12}。

8-3　如图 8-26 所示电路中，已知 $R_1=R_2=3\ \Omega$，$\omega L_1=\omega L_2=4\ \Omega$，$\omega M=2\ \Omega$，$\dot{U}_1=10\angle0°$ V，试求 a、b 端开路时的电压 $\dot{U}_2$。

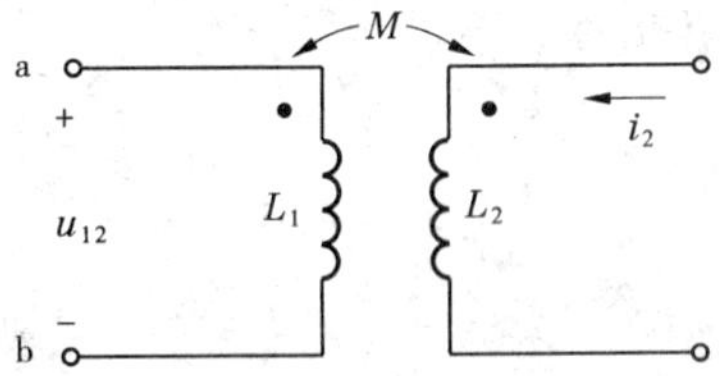

图 8-25　习题 8-2 图

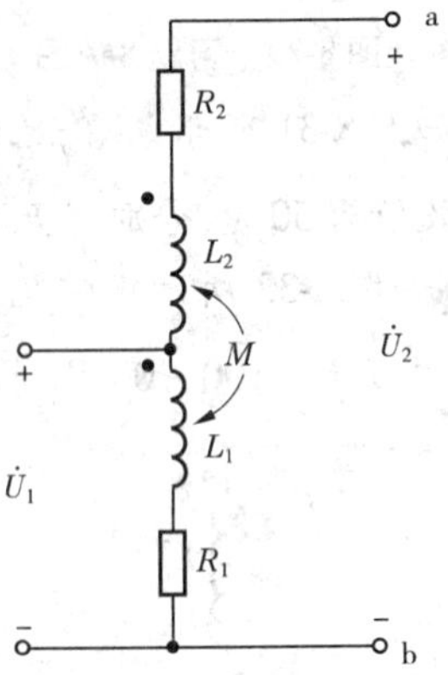

图 8-26　习题 8-3 图

8-4　如图 8-27 所示电路，电源频率为 50 Hz，电流表的读数为 2 A，电压表的读数为 220 V，求两线圈的互感 M。

8-5　通过测量流入有互感的两串联线圈的电流、功率和外施电压，可以确定两个线圈之间的互感。现在用 $U=220$ V，$f=50$ Hz 的电源进行测量，当顺向串联时，测得 $I=2.5$ A，$P=62.5$ W；当反向串联时，测得 $P=250$ W，试求互感 M。

8-6　如图 8-28 所示电路，已知 $i=\sqrt{2}\sin(1\ 000t+30°)$ A，$L_1=L_2=0.02$ H，$M=0.01$ H，试求 $\dot{U}_{AB}$。

8-7　如图 8-29 所示电路，设 R_1、R_2、R_3、L_1、L_2 和 M 均为已知，试求该电路的等效阻抗 Z。

8-8　如图 8-30 所示电路，已知 $X_C=4\ \Omega$，$X_{L1}=21\ \Omega$，$X_{L2}=30\ \Omega$，$R_1=3\ \Omega$，$R_2=6\ \Omega$，$\omega M=5\ \Omega$，外加电压 $\dot{U}=10\angle0°$ V，求电路的输入阻抗和总电流。

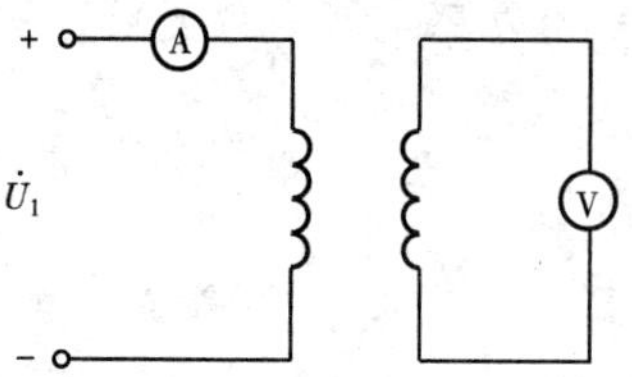

图 8-27　习题 8-4 图

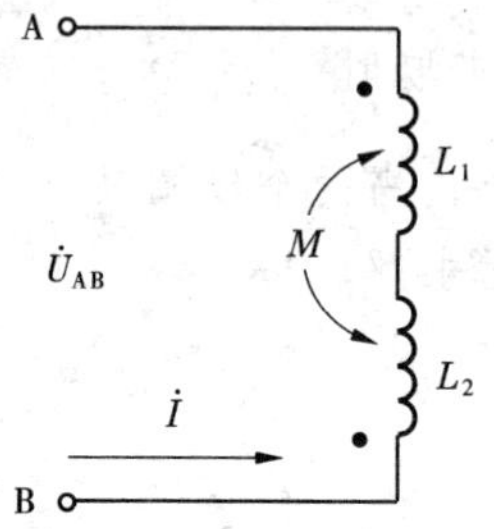

图 8-28　习题 8-6 图

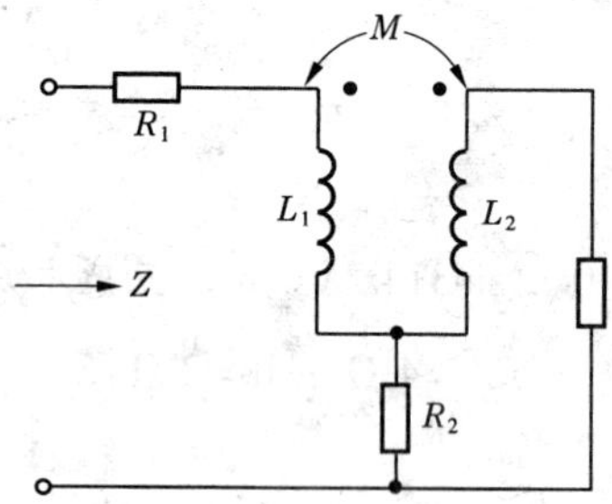

图 8-29　习题 8-7 图

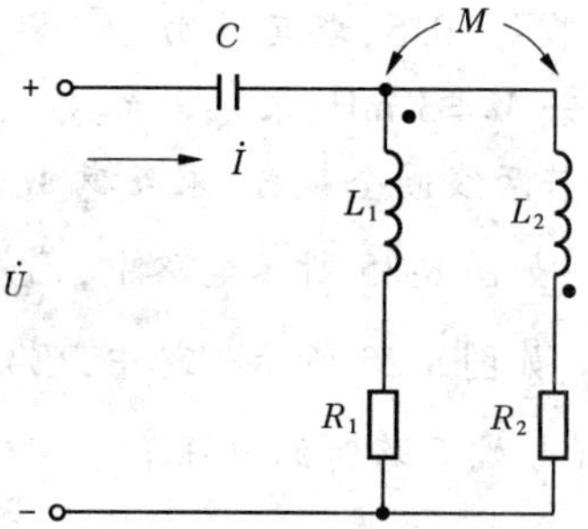

图 8-30　习题 8-8 图

8-9　如图 8-31 所示电路，已知 $R_1=3\ \Omega, R_2=5\ \Omega, \omega L_1=7.5\ \Omega, \omega L_2=12.5\ \Omega, \omega M=6\ \Omega$，电源有效值为 50 V，分别求开关断开和闭合时的 $\dot{I}_1$ 与 $\dot{I}_2$。

8-10　如图 8-32 所示正弦交流电路，已知 $R_1=R_2=10\ \Omega, \omega L_1=30\ \Omega, \omega L_2=20\ \Omega, \omega M=10\ \Omega$，电源电压 $\dot{U}=100\angle 0°$ V，求电压 $\dot{U}_2$ 及电阻 R_2 消耗的功率。

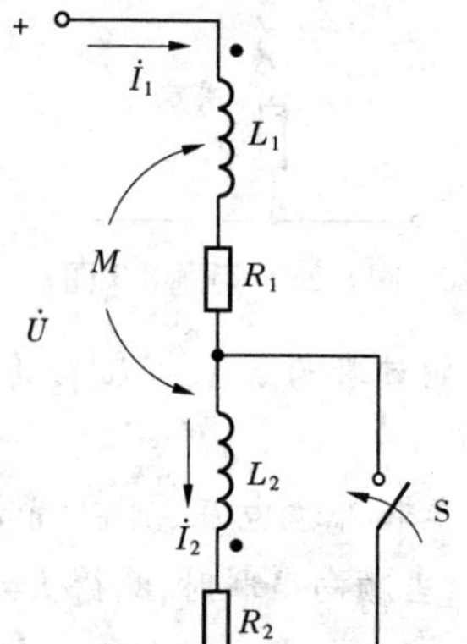

图 8-31　习题 8-9 图

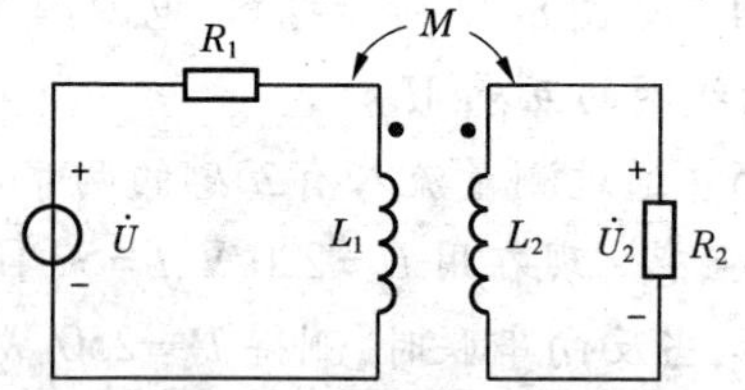

图 8-32　习题 8-10 图

第九章　非正弦周期性电路

第一节　非正弦周期性电路的基本概念

按非正弦周期性变化的电压、电流称为非正弦周期量。若电路中的激励或响应是非正弦周期量,则这种电路称为非正弦周期电流电路。

一、常见非正弦信号

图 9-1 所示全部都是非正弦周期信号。

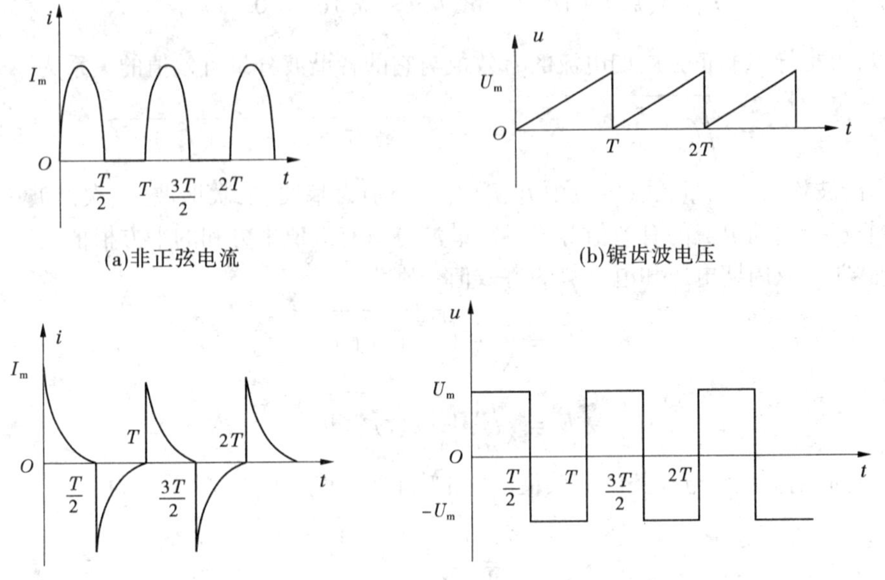

(a)非正弦电流　(b)锯齿波电压　(c)尖脉冲电流　(d)矩形波电压

图 9-1　非正弦周期信号

二、非正弦周期波的最大值、有效值、平均值和功率

(一)最大值

周期性非正弦波的最大值是一个周期内的最大瞬时值的绝对值,在工程中常常用到。

(二)有效值

在实际工作中,往往需要对一个非正弦周期量有一个总体的度量。正弦量的有效值可以计算和测量,非正弦量的有效值也可以计算和测量。定义一个非正弦周期电流的有效值为

$$I = \sqrt{\frac{1}{T}\int_{0}^{T}[i(t)]^{2}\mathrm{d}t} \tag{9-1}$$

而非正弦周期电流的傅里叶展开式为

$$i = I_0 + \sum_{k=1}^{\infty} I_{mk}\sin(k\omega t + \psi_k)$$

将电流 i 代入式(9-1),得

$$I = \sqrt{\frac{1}{T}\int_0^T [I_0 + \sum_{k=1}^{\infty} I_{mk}\sin(k\omega t + \psi_k)]^2 dt} \tag{9-2}$$

式(9-2)平方根号内的积分展开,可得出如下四项:

(1) $\frac{1}{T}\int_0^T I_0^2 dt = I_0^2$;

(2) $\frac{1}{T}\int_0^T \sum_{k=1}^{\infty} I_{mk}\sin(k\omega t + \psi_k)dt = \frac{1}{2}\sum_{k=1}^{\infty} I_{mk}^2 = \sum_{k=1}^{\infty} I_k^2$;

(3) $\frac{1}{T}\int_0^T 2I_0 \sum_{k=1}^{\infty} I_{mk}\sin(k\omega t + \psi_k)dt = 0$;

(4) $\frac{1}{T}\int_0^T 2\sum_{k=1}^{\infty}\sum_{q=1}^{\infty} I_{mk}\sin(k\omega t + \psi_k)I_{mq}\sin(k\omega t + \psi_q)dt = 0 \quad (k \neq q)$。

所以,可推导出非正弦周期电流的有效值与它的各谐波分量有效值的关系为

$$I = \sqrt{I_0^2 + \frac{I_{m1}^2}{2} + \frac{I_{m2}^2}{2} + \cdots} = \sqrt{I_0^2 + I_1^2 + I_2^2 + \cdots + I_k^2 + \cdots} \tag{9-3}$$

各次谐波均为正弦量,式(9-3)中 I_1、I_2、I_3…分别为基波、二次谐波、三次谐波……的有效值,即非正弦周期电流的有效值等于各次谐波分量有效值平方和的平方根值。

同理,非正弦周期电压和电动势的有效值分别为

$$U = \sqrt{\frac{1}{T}\int_0^T [u(t)]^2 dt} \tag{9-4}$$

$$E = \sqrt{\frac{1}{T}\int_0^T [e(t)]^2 dt} \tag{9-5}$$

非正弦周期电压和电动势的有效值与它的各谐波分量有效值的关系为

$$U = \sqrt{U_0^2 + U_1^2 + U_2^2 + \cdots + U_k^2 + \cdots} \tag{9-6}$$

$$E = \sqrt{E_0^2 + E_1^2 + E_2^2 + \cdots + E_k^2 + \cdots} \tag{9-7}$$

【例 9-1】 求非正弦电压 $u = 100 + 70.7\sin(314t + 30°) - 61.6\cos(924t + 51°)$ V 的有效值。

解:因为

$$U = \sqrt{U_0^2 + U_1^2 + U_2^2 + \cdots + U_k^2 + \cdots}$$

所以

$$U = \sqrt{100^2 + (\frac{70.7}{\sqrt{2}})^2 + (\frac{61.6}{\sqrt{2}})^2} = \sqrt{14\,397} = 120(\text{V})$$

(三)平均值

非正弦周期量的平均值也就是非正弦周期量的直流分量。当非正弦周期量的波形对称于横轴时,它的平均值为零。但工程上为了便于说明问题,常取非正弦周期量一个周期内函数绝对值的平均值称为该周期函数的平均值,即

$$I_{av} = \frac{1}{T}\int_0^T |i| dt \tag{9-8}$$

$$U_{av} = \frac{1}{T}\int_0^T |u|dt \tag{9-9}$$

$$E_{av} = \frac{1}{T}\int_0^T |e|dt \tag{9-10}$$

【例 9-2】 求函数 $u(t) = \begin{cases} 12\ V & (0 \leqslant t \leqslant \frac{T}{4}) \\ 0\ V & (\frac{T}{4} < t \leqslant T) \end{cases}$ 的平均值。

解:因为

$$U_{av} = \frac{1}{T}\int_0^T |u|dt$$

所以

$$U_{av} = \frac{1}{T}\int_0^{\frac{T}{4}} 12dt + \frac{1}{T}\int_{\frac{T}{4}}^T 0dt = 3\ V$$

(四)功率

1. 瞬时功率

非正弦周期性电流电路中的瞬时功率与正弦电流电路的瞬时功率定义方法相同,在关联参考方向下,等于电压和电流瞬时值的乘积,即

$$p = ui \tag{9-11}$$

2. 平均功率

非正弦周期性电流在一个周期内的平均功率,简称功率,即

$$P = \frac{1}{T}\int_0^T p dt = \frac{1}{T}\int_0^T ui dt \tag{9-12}$$

设非正弦周期电压和电流分别为

$$u(t) = U_0 + \sum_{k=1}^{\infty} U_{mk}\sin(k\omega t + \psi_{uk})$$

$$i(t) = I_0 + \sum_{k=1}^{\infty} I_{mk}\sin(k\omega t + \psi_{ik})$$

将 $u(t)$ 和 $i(t)$ 代入式(9-12)并展开,可得出下列五项:

(1) $\frac{1}{T}\int_0^T U_0 I_0 dt = U_0 I_0$

(2) $\frac{1}{T}\int_0^T U_0 \sum_{k=1}^{\infty} I_{mk}\sin(k\omega t + \psi_{ik})dt = 0$

(3) $\frac{1}{T}\int_0^T I_0 \sum_{k=1}^{\infty} U_{mk}\sin(k\omega t + \psi_{uk})dt = 0$

(4) $\frac{1}{T}\int_0^T \sum_{k=1}^{\infty}\sum_{q=1}^{\infty} U_{mk}I_{mq}\sin(k\omega t + \psi_{uk})\sin(q\omega t + \psi_{iq})dt = 0 \quad (k \neq q)$

(5) $\frac{1}{T}\int_0^T I_0 \sum_{k=1}^{\infty} U_{mk}I_{mk}\sin(k\omega t + \psi_{uk})\sin(k\omega t + \psi_{ik})dt$

$= \frac{1}{2}\sum_{k=1}^{\infty} U_{mk}I_{mk}\cos\varphi_k = \sum_{k=1}^{\infty} U_k I_k \cos\varphi_k$

上列五项中，(2)、(3)、(4)三项积分为零，(1)、(5)两项积分分别为 U_0I_0 和 $\sum_{k=1}^{\infty} U_kI_k\cos\varphi_k$，所以平均功率为

$$P = U_0I_0 + \sum_{k=1}^{\infty} U_kI_k\cos\varphi_k \tag{9-13}$$

即

$$P = U_0I_0 + U_1I_1\cos\varphi_1 + U_2I_2\cos\varphi_2 + \cdots = P_0 + P_1 + P_2 + \cdots \tag{9-14}$$

所以，非正弦周期量的平均功率为各次谐波平均功率之和，式(9-13)中 $\varphi_k = \psi_{uk} - \psi_{ik}$ 为 k 次谐波的阻抗角。

3. 视在功率

非正弦周期量的视在功率定义为：电路两端非正弦周期电压有效值与非正弦周期电流有效值之积，用 S 表示，即

$$S = UI = \sqrt{U_0^2 + U_1^2 + U_2^2 + \cdots} \times \sqrt{I_0^2 + I_1^2 + I_2^2 + \cdots} \tag{9-15}$$

为了简化计算，在实际中，常把非正弦周期量用等效正弦波来代替，从而把非正弦周期电流电路简化为正弦周期电流电路处理。作这种代替应满足以下三个条件：

(1)等效正弦波应与非正弦周期波具有相同的频率。

(2)等效正弦波应与非正弦周期波具有相同的有效值。

(3)用等效正弦波代替非正弦周期波后，全电路的有功功率不变。

根据以上条件中的(1)与(2)先确定等效正弦波的频率和有效值，然后再根据条件(3)确定等效正弦电压与等效正弦电流的相位差，即

$$\varphi = \pm \arccos \frac{P}{UI} \tag{9-16}$$

式(9-16)中，φ 的正负应参照实际电压、电流波形作出选择。

等效正弦波的分析方法是在一定误差允许条件下的一种近似计算方法，这种分析方法在分析铁芯线圈电路中得到了应用。

【例 9-3】 某非正弦电路的电压和电流分别为

$$u = 60 + 40\sqrt{2}\sin(\omega t + 50°) + 30\sqrt{2}\sin(3\omega t + 30°) + 16\sqrt{2}\sin(5\omega t + 0°)\text{V}$$

$$i = 30 + 20\sqrt{2}\sin(\omega t - 10°) + 15\sqrt{2}\sin(3\omega t + 60°) + 8\sqrt{2}\sin(5\omega t - 45°)\text{A}$$

试求该电路吸收的功率。

解：应用公式 $$P = U_0I_0 + \sum_{k=1}^{\infty} U_kI_k\cos\varphi_k$$

所以可得
$$\begin{aligned} P &= U_0I_0 + U_1I_1\cos\varphi_1 + U_3I_3\cos\varphi_3 + U_5I_5\cos\varphi_5 \\ &= 60 \times 30 + 40 \times 20\cos 60° + 30 \times 15\cos(-30°) + 16 \times 8\cos 45° \\ &= 1\ 800 + 400 + 389.7 + 90.5 \\ &= 2\ 680.2(\text{W}) \end{aligned}$$

(五) 非正弦电路的测量

在实际应用中应特别注意，对于同一非正弦周期电流(或电压)，选用不同的测量仪表，测得的结果不同。例如，用磁电式仪表(直流仪表)测量时，所得结果是电流(或电压)的恒

定分量,这是因为磁电式仪表的偏转角正比于 $\frac{1}{T}\int_0^T i\mathrm{d}t$（或 $\frac{1}{T}\int_0^T u\mathrm{d}t$）。用电磁式或电动式仪表测量时,所得结果是电流的有效值,因为这两种仪表的偏转角正比于 $\frac{1}{T}\int_0^T i^2\mathrm{d}t$(或 $\frac{1}{T}\int_0^T u^2\mathrm{d}t$）。用全波整流磁电式仪表测量时,所得的结果是电流或电压的平均值,因为这种仪表偏转角正比于电流或电压的平均值,即 $I_{\mathrm{av}} = \frac{1}{T}\int_0^T |i|\mathrm{d}t$ 或 $U_{\mathrm{av}} = \frac{1}{T}\int_0^T |u|\mathrm{d}t$。可见,在测量非正弦周期电流或电压时,要注意选择合适的仪表,并注意各种不同类型仪表的读数的含义。

思考与练习题

1. 什么是非正弦周期波？为什么要研究非正弦周期波？
2. 测量非周期性电流的有效值、平均值、恒定分量各应选用什么类型测量仪表？

第二节　产生非正弦周期电压、电流的原因

一、产生原因

产生非正弦周期波的原因通常有两种:电源电压为非正弦电压,电路中存在非线性元件。

(一)电源电压为非正弦电压

如脉冲信号发生器产生矩形脉冲电压,如图 9-1(d)所示。又如,晶体管交流放大电路中,电源提供的是直流电压,输入信号是正弦电压,电路中出现的既不是直流电压也不是正弦电压,而是合成一个非正弦电压,如图 9-2 所示中实线波形。

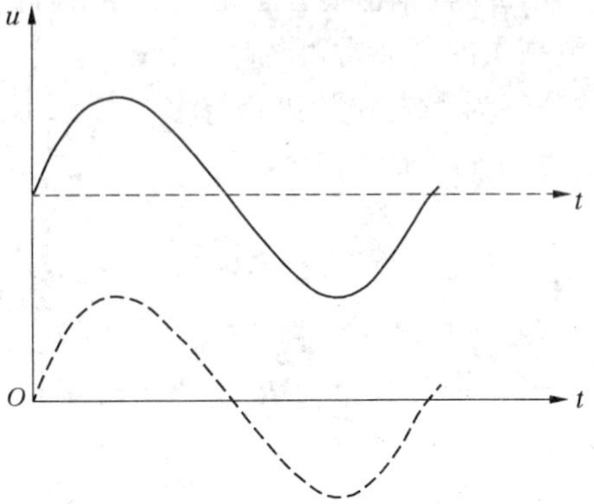

图 9-2　两个不同频率的电压产生了非正弦电压

(二)电路中存在非线性元件

正弦电压作用于含有非线性元件的电路时,电路中电流是非正弦的。如图 9-3(a)所示的半波整流电路。电源电压是正弦波,但由于二极管的单向导电性,得到的电流却是非正弦的,如图 9-3(b)所示。又如,铁芯线圈接通正弦电压时,线圈中的电流也是非正弦的。

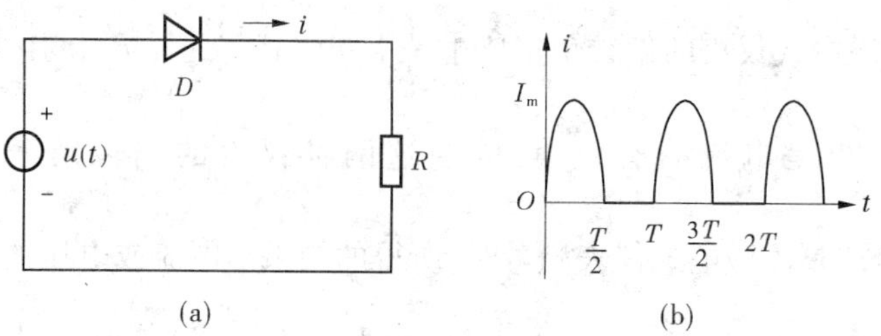

图 9-3　非线性元件形成的非正弦电流

二、非正弦波的分解

我们知道,几个同频率的正弦量之和还是一个同频率的正弦量,但是几个不同频率的正弦量相加就不再是正弦量了。电气电子工程中常常遇到的非正弦周期波,利用数学手段也可以分解为无限多个不同频率的正弦波。

从数学式知道,任何一个满足狄里赫利条件的周期函数,都可以分解为傅里叶级数。电气电子工程式上常见的非正弦周期波,大都满足狄里赫利条件。

设 $f(t)$ 为一满足狄里赫利条件的非正弦周期函数,其周期为 T,角频率 $\omega = \frac{2\pi}{T}$,则 $f(t)$ 的傅里叶级数展开式的一般形式为

$$f(t) = A_0 + \sum_{k=1}^{\infty} A_{mk}\sin(k\omega t + \psi_k) \tag{9-17}$$

式中,$f(t)$ 为非正弦周期波;A_0 为 $f(t)$ 直流分量或恒定分量,也称零次谐波;$A_{m1}\sin(k\omega t + \psi_1)$ 的频率与 $f(\omega t)$ 的频率相同,称为基波或一次谐波;$A_{m2}\sin(k\omega t + \psi_2)$ 的频率为基波频率的两倍,称为二次谐波;$A_{mk}\sin(k\omega t + \psi_k)$ 的频率为基波频率的 k 倍,称为 k 次谐波。

$k \geqslant 2$ 的各次谐波统称为高次谐波。其中 1、3、5…次谐波称为奇次谐波,2、4、6…次谐波称为偶次谐波。非正弦周期波的傅里叶级数展开式中应包含无穷多项,但由于傅里叶级数的收敛性,通常频率越高的谐波,其幅值越小。在实际工程计算中,一般取到 5 次或 7 次谐波就能保证足够的精度,更高次的谐波常可忽略不计。

将一个非正弦周期函数分解为直流分量和无穷多个频率不同的谐波分量之和,称为谐波分析。谐波分析可以利用式(9-17)来进行。

思考与练习题

1. 电路中产生非正弦周期波的原因通常有几种?

2. 设某个非正弦周期电流作用于线性电阻 R,其平均功率可否用 $P = P_0 + P_1 + P_2 + \cdots = I_0^2R + I_1^2R + I_2^2R + \cdots$ 来计算?

第三节　线性非正弦周期性电路的分析和计算

对于非正弦周期电压作用下的线性电路,其分析和计算的理论基础是傅里叶级数和叠加原理。

将非正弦周期电压信号展开为傅里叶级数后,非正弦周期电压源就相当于由几个不同

频率的电压源（包括频率为零的直流电压分量）串联而成。在线性电路中可以应用叠加原理，把非正弦电压作用下的电流和电压，看成各次谐波电压单独作用于电路时所产生的电流和电压的瞬时值之和，这样就可以用计算正弦电路的方法来计算非正弦电路。

【例 9-4】 某电压 $u = [40 + 180\sin(\omega t) + 60\sin(3\omega t + 45°)]$ V 接于 RLC 串联电路中，已知：$R = 10\ \Omega$，$L = 0.05$ H，$C = 50\ \mu$F，$\omega = 314$ rad/s，试求电路中的电流 i。

解：由于电压的傅里叶展开式为：

$$u = U_0 + u_1 + u_3 + \cdots$$

故可直接求出 U_0、u_1、u_3 单独作用于电路时的谐波阻抗 Z_k，计算出相应的电流 I_0、i_1、i_3。

（1）U_0 单独作用于电路时，由于电容相当于开路，$I_0 = 0$ A。

（2）基波 $u_1 = 180\sin(\omega t)$ V 单独作用于电路时，因为

$$\dot{U}_{1m} = 180\angle 0°\ \text{V}$$

$$Z_1 = R + j(\omega L - \frac{1}{\omega C}) = 10 + j\left(314 \times 0.05 - \frac{1}{314 \times 50 \times 10^{-6}}\right) = 49\angle -78.2°(\Omega)$$

所以 $$\dot{I}_{1m} = \frac{\dot{U}_{1m}}{Z_1} = \frac{180\angle 0°}{49\angle -78.2°} = 3.67\angle 78.2°(\text{A})$$

（3）三次谐波 $u_3 = 60\sin(3\omega t + 45°)$ V 单独作用于电路时，因为

$$\dot{U}_{3m} = 60\angle 45°\ \text{V}$$

$$Z_3 = R + j(3\omega L - \frac{1}{3\omega C}) = 10 + j\left(3 \times 314 \times 0.05 - \frac{1}{3 \times 314 \times 50 \times 10^{-6}}\right)$$
$$= 27.7\angle 68.9°(\Omega)$$

所以 $$\dot{I}_{3m} = \frac{\dot{U}_{3m}}{Z_3} = \frac{60\angle 45°}{27.7\angle 68.9°} = 2.17\angle -23.9°(\text{A})$$

（4）由算出的电流 I_0、i_1、i_3 叠加可得总电流 i

$$I_0 = 0\ \text{A}, \dot{I}_{1m} = 3.67\angle 78.2°\ \text{A}, \dot{I}_{3m} = 2.17\angle -23.9°\ \text{A}$$

所以，电流为

$$i = 0 + 3.67\sin(\omega t + 78.2°) + 2.17\sin(3\omega t - 23.9°)$$
$$= [3.67\sin(\omega t + 78.2°) + 2.17\sin(3\omega t - 23.9°)](\text{A})$$

求解非正弦周期电流电路时，特别要注意以下两点：

（1）电容、电感对不同谐波分量的容抗、感抗不同，因此要分别计算；

（2）叠加时要用瞬时关系式叠加，不能用相量式叠加。

思考与练习题

1. 非正弦周期电压 $u = U_0 + u_1 + u_2 + u_3 + \cdots$ 和电流 $i = I_0 + i_1 + i_2 + i_3 + \cdots$，可否用 $\dot{U} = \dot{U}_0 + \dot{U}_1 + \dot{U}_2 + \dot{U}_3 + \cdots$ 或 $\dot{I} = \dot{I}_0 + \dot{I}_1 + \dot{I}_2 + \dot{I}_3 + \cdots$ 来表达？

2. 已知某支路电压直流分量 $U_0 = 10$ V，基波分量 $\dot{U}_1 = 5\angle 20°$ V，二次谐波分量 $\dot{U}_2 = 3\angle -12°$ V，试写出该支路电压的解析式。

3. 施加一非正弦电压 $u = [10\sin(\omega t + 60°) + 6\sin(3\omega t - 30°)]$ V 于电感元件上，若其感抗 $\omega L = 2\ \Omega$，求电路中的电流为多少？试写出解析式。

本章小结

1. 在电气电子工程中常遇到非正弦周期信号。产生非正弦周期波的原因通常有以下两种：

(1) 电源电压为非正弦电压；

(2) 电路中存在非线性元件。

2. 非正弦周期信号可以分解为傅里叶级数，即

$$f(t) = A_0 + \sum_{k=1}^{\infty} A_{mk}\sin(k\omega t + \psi_k)$$

3. 非正弦周期电量的有效值为

$$I = \sqrt{I_0^2 + I_1^2 + I_2^2 + \cdots + I_k^2 + \cdots}$$

$$U = \sqrt{U_0^2 + U_1^2 + U_2^2 + \cdots + U_k^2 + \cdots}$$

$$E = \sqrt{E_0^2 + E_1^2 + E_2^2 + \cdots + E_k^2 + \cdots}$$

即非正弦周期电量的有效值等于各次谐波分量有效值平方和的平方根值。

4. 非正弦周期电量的平均功率为

$$P = U_0 I_0 + \sum_{k=1}^{\infty} U_k I_k \cos\varphi_k$$

即非正弦周期电量的平均功率等于各次谐波平均功率之和。

5. 线性非正弦周期电压作用下的电路的分析计算步骤如下：

(1) 根据展开式 $u = U_0 + u_1 + u_2 + u_3 + \cdots$，具体计算时一般取谐波 3～5 项，分别计算 U_0、u_1、u_2、u_3、u_4、u_5 单独作用于电路时的谐波阻抗 Z_k。其中

$$X_{Lk} = k\omega L, X_{Ck} = \frac{1}{k\omega C}$$

(2) 对直流，电感相当于短路，电容相当于开路。

(3) 算出电流 I_0、i_1、i_2、i_3 …。

(4) 得出总电流 $i = I_0 + i_1 + i_2 + i_3 + \cdots$。

习　题

9-1　已知某非正弦周期信号的周期 $T = 25\ \mu s$，试求这个信号的基波频率、三次谐波频率、五次谐波频率。

9-2　已知某单向全波整流的傅里叶级数展开式为

$$u = 0.9U + 0.6U\cos(2\omega t) - 0.12U\cos(4\omega t) + \cdots$$

试计算其有效值。

9-3　某非正弦电源电压为 $u = [40 + 180\sin(\omega t) + 60\sin(3\omega t - 45°)]$ V，试求其有效值。

9-4　已知非正弦电源电压的直流分量为 28 V，基波为 $\dot{U}_{1m} = 5\angle 71°$ V，二次谐波为

$\dot{U}_{2m}=3\angle-24°V$，三次谐波为$\dot{U}_{3m}=\angle-153°$ V，求瞬时值u的表达式及有效值。

9-5　在RLC串联电路中，已知：$R=10\ \Omega$，$L=31.8$ mH，$C=35.3\ \mu F$，$\omega=314$ rad/s。电路电流为$i=[0.248\sin(\omega t+68°)+\sin(3\omega t)]$ A，试求电路电压u。

9-6　在RLC串联电路中，已知：$R=10\ \Omega$，$X_L=2\ \Omega$，$X_C=18\ \Omega$。电源电压$u=[10+51\sqrt{2}\sin(\omega t+30°)+17\sqrt{2}\sin(3\omega t)]$ V，试求电路电流i。

9-7　在RC并联电路中，已知：$R=10\ \Omega$，$X_C=5\ \Omega$，电路外加电压$u=[20+100\sqrt{2}\sin(\omega t+30°)]$ V。试求：电压的有效值U、电流的有效值I及电路消耗的功率P。

9-8　在RL串联电路中，已知：$R=200\ \Omega$，$L=63.7$ mH，$\omega=314$ rad/s。电源电压$u=[50+100\sqrt{2}\sin(\omega t)+10\sqrt{2}\sin(3\omega t)]$ V。试求：(1)电路电流i；(2)电流的有效值；(3)电路的平均功率P。

习题参考答案

第一章

1-1　(a)$U=5$ V　(b)$U=-2.5$ V　(c)$U=-5$ V　(d)$U=2.5$ V

1-2　(a)$I=4$ mA　(b)$I=-4$ mA　(c)$I=-0.2$ A　(d)$I=0.2$ A

1-3　$U_{BD}=20$ V、$U_{AC}=21$ V

1-4　(a)$P=-12$ W，释放电能　(b)$P=12$ W，吸收电能　(c)$P=0.1$ W，吸收电能

1-5　25 h

1-6　$I=0.07$ A，$U=14$ V

1-7　一只10 kΩ、5 W的电阻，使用时最多允许加223.6 V电压，一只1 kΩ、0.5 W的电阻，使用时允许通过的最大电流是2.236×10^{-2} A

1-8　功率为300 W，不安全

1-9　$U_{ab}=8$ V

1-10　(1)$P_1=-3$ W，是输出电能　(2)$U_2=10$ V

1-11　$U=2$ V

1-12　(1)$I=5$ A，$R=2.4$ Ω　(2)$I=2.5$ A，$P=15$ W

1-13　$I_3=-2$ A，$U_{ab}=0$ V

1-14　$U_{ab}=2$ V

1-15　(1)$U_{ca}=-5$ V；(2)$U_{bd}=-9$ V

1-16　参考方向都选择向下，左支路电流−0.25 A，中间支路电流−1.25 A，右支路电流1.5 A。

第二章

2-1　(a)$R_{ab}=(R_1//R_2+R_4+R_5//R_6)//R_3$

(b)$R_{ab}=[(R_1+R_3)//R_2+R_4]//R_5$

2-2　当R_3增大时，电压表读数变大，电流表的读数变小。

2-3　略。

2-4　等效变换答案为：

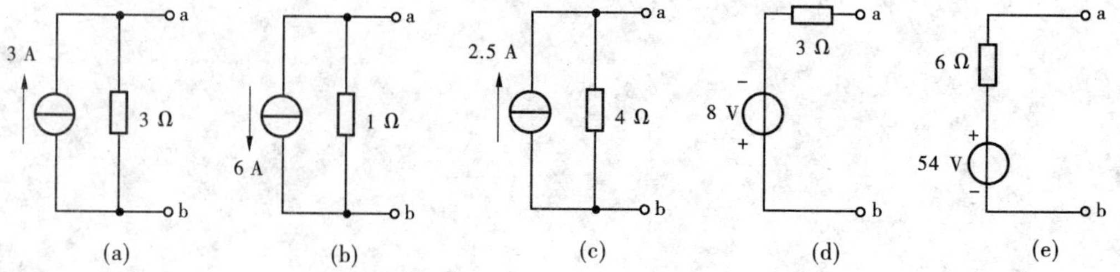

2-5 等效变换法的中间步骤见图(a)和图(b),最后求出电流 $I_3 = \frac{35}{8}$ A

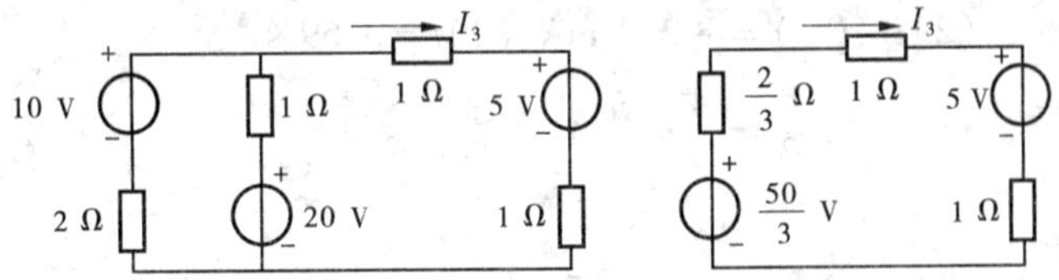

(a) (b)

2-6 $I_3 = 2$ A

2-7 4 Ω 支路的电流是 0.5 A,方向向下。
电压源功率是 5 W,吸收功率;
电流源功率是 −24 W,发出功率;
2 Ω 电阻的功率是 18 W,吸收功率;
4 Ω 电阻的功率是 1 W,吸收功率。

2-8 略。

第三章

3-1 $I_1 = 5.5$ A $I_2 = -7$ A $I_3 = -1.5$ A

3-2 $I_1 = 2.5$ A $I_2 = -5$ A $I_3 = 7.5$ A ($U_{12} = 75$ V)

3-3 $I = 3$ A

3-4 $I_3 = 20/27$ A

3-5 $I_0 = -17/19$ A

3-6 电压源 120 V 对电路提供的功率是:$P_1 = 120\ I_1 = 120 \times 165/175 = 792/7$(W)
电压源 60 V 对电路提供的功率是:$P_2 = 60\ I_2 = 60 \times 69/70 = 414/7$(W)

3-7 $I_1 = 5.5$ A $I_2 = -7$ A $I_3 = -1.5$ A

3-8 $I_2 = 4$ A $I_3 = -1$ A $U_{S1} = -31$ V

3-9 $I_1 = 4$ A $I_3 = 2$ A $U_1 = 6$ V

3-10 $I_3 = 2.4$ A

3-11 $I = 1.5$ mA a 点电位 −70 V

3-12 ab 支路的电流参考方向向右,大小为 $I = -5/17$ A

3-13 $I = -1/3$ A

第四章

4-1 $u_1 = u_2 = 15$ V $i_1 = i_2 = 5$ A

4-2 $i_1(0_+) = 3$ A $i_L(0_+) = 1.2$ A $u(0_+) = -18$ V

4-3 $i_C(0_+) = -1.75$ A $u_R(0_+) = -3$ V

4-4 $u_C(0_+) = 7.2$ V $i_C(0_+) = -3.6$ V $u(0_+) = 7.2$ V

4-5 $i_1(0_+)=0$ $i_2(0_+)=i_C(0_+)=0.25$ A $u_C(0_+)=15$ V

4-6 $u_C(0_-)=u_C(0_+)=12$ V

4-7 (1)$\tau=0.5$ s;(2)$i_C(0_+)=-2.4$ mA;(3)$t=0.69$ s

4-8 $i_L=2(1-e^{-2t})$ A $i=\frac{8}{3}-\frac{4}{3}e^{-2t}$ A

4-9 0.3 s

4-10 $u_C(3\tau)=9.5$ (V) $u_C(5\tau)=9.93$ (V)

4-11 $i_L=6-4.5e^{-10t}$(A)

4-12 $i_L=(1.6e^{-450t}+2)$ (A)

4-13 略。

4-14 $i_L(t)=0.316e^{-15(t-0.1)}$(A),波形图略。

4-15 $C=-3\times10^{-5}/\ln 0.05$ F $i=2.2e^{-t/50C}$ $u_C=110(1-e^{-t/50C})$

4-16 $i_L=\frac{U_S}{R}(1-e^{-\frac{R}{2L}\cdot t})$

$P=\frac{U_S^2}{R}(1-\frac{1}{2}e^{-\frac{R}{2L}\cdot t})$

4-17 $u(t)=(1-e^{-t/RC})\varepsilon(t)$ $t\geqslant0_+$

$i(t)=\frac{1}{R}e^{-\frac{t}{RC}\varepsilon(t)}$ $t\geqslant0_+$

4-18 $u_C(t)=5R(1-e^{-\frac{t}{RC}})\varepsilon(t)-5R(1-e^{-\frac{t-2}{RC}})\varepsilon(t-2)$

4-19 $i(t)=2(1-e^{-t})\varepsilon(t)-2(1-e^{t_0-t})\varepsilon(t-t_0)$

第五章

5-1 100 rad/s; 15.92 Hz; 0.0628s; 110V,60°。

5-2 $u=11\sin(1\,256t+30°)$ (V)

5-3 略。

5-4 (1)$i=10\sin(314t+18°)$ (A); (2)$u=31\sin(314t+120°)$ (V);
(3)$i=20\sin(314t+45°)$ (A); (4)$u=20\sin(314t+135°)$ (V)

5-5 $\dot{I}_1=50\sqrt{2}\angle20°$ A; $\dot{I}_2=50\sqrt{2}\angle-10°$ A。相量法及相量图略。

5-6 $u_A=310\sin(314t)$ (V);$u_B=381\sin(314t-60°)$ (V)。
$u_C=310\sin(314t-180°)$ (V); $u=310\sin(314t-60°)$ (V)

5-7 由题意可知

$$\dot{U}_m=155\angle0°\ \text{V}$$

$$\dot{I}_m=\frac{\dot{U}_m}{R}=\frac{155\angle0°\ \text{V}}{20\ \Omega}=7.75\angle0°\ (\text{A})$$

所以 $$P=\frac{U^2}{R}=\frac{(155)^2}{2\times20}=1\,201\ (\text{W})$$

$$i = 7.75\sin(1\ 000\ t)\ \text{A}$$

5-8 $R = \dfrac{U^2}{P} = \dfrac{(220)^2}{1\ 000} = 48.4(\Omega)$

$$I = \frac{U}{R} = \frac{310}{\sqrt{2} \times 48.4} = 4.55(\text{A})$$

5-9 $X_L = \omega L = 314 \times 0.001 = 3.14(\Omega)$

$$\dot{U}_L = \text{j}X_L\dot{I} = 3.14\angle 90° \times 10\angle 30° = 31.4\angle 120°(\text{V})$$

$$Q_L = I^2X_L = (10)^2 \times 3.14 = 314(\text{var})$$

若电源频率增加5倍,则感抗、电压和无功功率均增加至原来的5倍。

5-10 $X_C = \dfrac{1}{\omega C} = \dfrac{1}{2 \times 3.14 \times 50 \times 5 \times 10^{-6}} = 636.94(\Omega)$

$$\dot{U}_C = 60\angle 0°(\text{V})$$

$$\dot{I}_C = \frac{\dot{U}_C}{-\text{j}X_C} = \frac{60\angle 0°}{636.94\angle -90°} = 0.094\angle 90°(\text{A})$$

$$u = 60\sqrt{2}\sin 314t(\text{V})$$

$$i = 0.094\sqrt{2}\sin(314t + 90°)(\text{A})$$

$$Q_C = I^2X_C = (0.094)^2 \times 636.94 = 5.63(\text{var})$$

相量图略。

5-11 (1) $Z = R + \text{j}(X_L - X_C) = 10 + \text{j}(314 \times 0.016 - \dfrac{1}{314 \times 0.15 \times 10^{-3}})$

$$\doteq 10 - \text{j}16.21(\Omega)$$

(2) $\dot{I} = \dfrac{\dot{U}}{Z} = \dfrac{220\angle 0°}{19.05\angle -58.33°} = 11.55\angle 58.33°(\text{A})$

$$\dot{U}_R = R\dot{I} = 10 \times 11.55\angle 58.33° = 115.5\angle 58.33°(\text{V})$$

$$\dot{U}_L = \text{j}X_L\dot{I} = 314 \times 0.016\angle 90° \times 11.55\angle 58.33° = 58.03\angle 148.33°(\text{V})$$

$$\dot{U}_C = -\text{j}X_C\dot{I} = \frac{1}{314 \times 0.15 \times 10^{-3}}\angle -90° \times 11.55\angle 58.33° = 245.21\angle -31.67°(\text{V})$$

所以

$i = 16.3\sin(314t + 58.33°)$ (A) $u_R = 163\sin(314t + 58.33°)$ (V)

$u_L = 82\sin(314t + 148.33°)$ (V) $u_C = 346\sin(314t - 31.67°)$ (V)

相量图略。

(3) $P = UI\cos\varphi = 220 \times 11.55 \times \cos(-58.33°) = 1\ 334(\text{W})$

$$Q = UI\sin\varphi = 220 \times 11.55 \times \sin(-58.33°) = -2\ 162.4(\text{var})$$

$$S = UI = 220 \times 11.55 = 2\ 541(\text{VA})$$

$$\lambda = \cos\varphi = 0.525$$

5-12 $R = \dfrac{240}{40} = 6(\Omega)$

$$I=\frac{U}{\sqrt{R^2+(\omega L)^2}}$$

将 $R=6\ \Omega, U=220\ \text{V}, I=28.2\ \text{A}, \omega=314\ \text{rad/s}$ 带入计算可得

$$L=15.86\ \text{mH}$$

5-13　由题意可知

电路的阻抗角为 $-60°$，即 $\frac{X_C}{R}=\frac{1}{\omega CR}=|\tan(-60°)|$

将 $\omega=314\ \text{rad/s}, R=5\ 000\ \Omega$ 带入计算可得

$$C=0.18\ \mu\text{F}$$

5-14　$A_0=\sqrt{A_1^2+A_2^2}=10\sqrt{2}\ \text{A}$　　$V_0=\sqrt{V_1^2-V_2^2}=60\ \text{V}$

5-15　(1) $\dot{U}_1=10\sqrt{2}\angle 0°\ \text{V}$；　$\dot{U}_2=10\sqrt{2}\angle 90°\ \text{V}$；　$\dot{U}=\dot{U}_1+\dot{U}_2=20\angle 45°\ \text{V}$；相量图略。

(2) 14.14 V；　14.14 V；　20 V

5-16　(1) $\dot{I}_1=5\sqrt{2}\angle 0°\ \text{A}$；　$\dot{I}_2=5\sqrt{2}\angle 120°\ \text{A}$；　$\dot{I}=\dot{I}_1+\dot{I}_2=5\sqrt{2}\angle 60°\ \text{A}$；相量图略。

(2) 7.07 A；　7.07 A；　7.07 A

5-17　(1) $\dot{I}_R=\frac{\dot{U}}{R}=\frac{220\angle 50°}{150}=1.47\angle 50°\ \text{A}$

$$\dot{I}_L=\frac{\dot{U}}{\text{j}\omega L}=\frac{220\angle 50°}{1\ 000\times 0.2\angle 90°}=1.1\angle -40°\text{A}$$

$$\dot{I}_C=\frac{\dot{U}}{-\text{j}\frac{1}{\omega C}}=\frac{220\angle 50°}{\frac{1}{1\ 000\times 1\times 10^{-6}}\angle -90°}=0.22\angle 140°\ \text{A}$$

$i_R=2.08\sin(1\ 000t+50°)\ (\text{A})$；　$i_L=1.56\sin(1\ 000t-40°)\ (\text{A})$；

$i_C=0.31\sin(1\ 000t+140°)\ (\text{A})$

相量图略。

(2) $Y=\frac{1}{R}+\frac{1}{\text{j}\omega L}+\frac{1}{-\text{j}\frac{1}{\omega C}}=0.007-\text{j}0.004\ \text{S}$

$$\dot{I}=\dot{I}_R+\dot{I}_C+\dot{I}_L=1.77\angle 20.3°\text{A}$$

阻抗角 $\varphi=\arctan\frac{0.004}{0.007}=29.74°$

(3) $P=UI\cos\varphi=220\times 1.77\times\cos 29.74°=338.28\ (\text{W})$

$Q=UI\sin\varphi=220\times 1.77\times\sin 29.74°=192.95\ (\text{var})$

$S=UI=220\times 1.77=389.4\ (\text{VA})$

5-18　(1) $Z=\frac{(R+\text{j}\omega L)\times\left(-\text{j}\frac{1}{\omega C}\right)}{R+\text{j}\omega L-\text{j}\frac{1}{\omega C}}=2.28+\text{j}0.77\ \Omega$

(2)并联前 $\varphi = \arctan3/4 = 36.9°$

$$I = \frac{U}{Z'} = \frac{U}{\sqrt{R^2 + (\omega L)^2}} = 44 \text{ A}$$

$$P = UI\cos\varphi = 220 \times 44 \times \cos36.9° = 7\,744(\text{W})$$

$$Q = UI\sin\varphi = 220 \times 44 \times \sin36.9° = 5\,808(\text{var})$$

$$S = UI = 220 \times 44 = 9\,680(\text{VA})$$

并联后 $\varphi = \arctan0.77/2.28 = 18.67°$

$$I = \frac{U}{|Z|} = \frac{U}{\sqrt{0.77^2 + 2.28^2}} = 91.29(\text{A})$$

$$P = UI\cos\varphi = 220 \times 91.29 \times \cos18.67° = 19\,024.6(\text{W})$$

$$Q = UI\sin\varphi = 220 \times 91.29 \times \sin18.67° = 6\,432.6(\text{var})$$

$$S = UI = 220 \times 91.29 = 20\,083.8(\text{VA})$$

5-19 略。

5-20 略。

第六章

6-1 $\dot{I}_A = 22$ A, $\dot{I}_B = 10\angle -30°$ A, $\dot{I}_C = 22\angle 30°$ A, $\dot{I}_N = 60$ A,相量图略

6-2 0

6-3 $I_p = 7.6$ A, $I_l \approx 13.2$ A

6-4 $\dot{I}_{12} = 10\angle 90°$ A, $\dot{I}_{23} = 10\angle 150°$ A, $\dot{I}_{31} = 10\angle 120°$ A,

$\dot{I}_1 = 5 + (10 - 5\sqrt{3})\text{j}$ A, $\dot{I}_2 = 10\angle -150°$A, $\dot{I}_3 = (5\sqrt{6} - 5\sqrt{2})\angle 45°$ A

6-5 $I_p = 22$ A, $P = 8.38$ kW

6-6 $I_p = 11.3$ A, $\cos\varphi = 0.429$, $|Z| \approx 33.75\ \Omega$

6-7 $u_{BC} = 380\sqrt{2}\sin(314t - 90°)$ (V), $u_{CA} = 380\sqrt{2}\sin(314t + 150°)$ (V)

$u_A = 220\sqrt{2}\sin(314t)$ (V), $u_B = 220\sqrt{2}\sin(314t - 120°)$ (V)

$u_C = 220\sqrt{2}\sin(314t + 120°)$ (V)

6-8 $I_l = 19$ A, $P = 7.5$ kW, $Q = 10$ kvar, $S = 12.5$ VA

6-9 $\dot{I}_A = 22\angle -7°$ A, $\dot{I}_B = 22\angle -127°$ A, $\dot{I}_C = 22\angle 113°$ A

6-10 $\cos\varphi \approx 0.82$

6-11 $P_Y = 8.7$ kW, $P_\triangle = 26$ kW

第七章

7-1 (1)$R = \dfrac{U}{I} = 150\ \Omega$;

(2)$L = \dfrac{U_L}{\omega I} = 2$ H;

(3) $C = \dfrac{I}{\omega U_C} = \dfrac{I}{\omega U_L} = 0.1\ \mu\text{F}$;

(4) $Q = \dfrac{U_L}{U} \approx 13$。

7-2 (1) $R = \dfrac{U_S}{I_0} = 10\ \Omega$;

$$L = \frac{U_{L0}}{\omega I_0} = \frac{U_{L0}}{2\pi f I_0} = 0.04\ \text{mH};$$

(2) $Q = \dfrac{U_{L0}}{U_S} = 50$;

(3) $B = \dfrac{f}{Q} = 0.04\ \text{MHz}$。

7-3 (1) $f_0 = \dfrac{1}{2\pi\sqrt{LC}} = 1.3 \times 10^6\ \text{Hz}$;

(2) $Q = \dfrac{\omega_0 L}{R} \approx 40.9$;

(3) $B = \dfrac{f_0}{Q} \approx 32\ \text{kHz}$;

(4) $U_L = QU_S = 81.8\ \text{V}$

7-4 (1) $C = 0.06\ \mu\text{F}$;

(2) $Q = \dfrac{f_0}{B} = 10$;

(3) $R = \dfrac{1}{Q}\sqrt{\dfrac{L}{C}} \approx 129\ \Omega$

7-5 串联谐振时

$$f_0 \approx \frac{1}{2\pi\sqrt{LC}} \approx 0.2\ \text{MHz}$$

$$Z = R = 15\ \Omega$$

并联谐振时

$$f_0 \approx \frac{1}{2\pi\sqrt{LC}} \approx 0.2\ \text{MHz}$$

$$Z_0 = \frac{L}{CR} \approx 111\ \text{k}\Omega$$

7-6 (1) $f_0 = \dfrac{1}{2\pi\sqrt{LC}} = 710\ \text{kHz}$;

(2) $Q = \dfrac{1}{R}\sqrt{\dfrac{L}{C}} \approx 224$;

(3) $I_0 = \dfrac{U_S}{R} = 1.5\ \text{A}$;

(4) $U_L = QU_S = 3\ 360\ \text{V}$

7-7 (1) 由 $Q=\frac{1}{R}\sqrt{\frac{L}{C}} \to R=\frac{1}{Q}\sqrt{\frac{L}{C}} \approx 2.6\ \Omega$;

(2) $I_0=\frac{U}{R}=0.385\ \text{A}$;

(3) $U_C=QU_S=30\ \text{V}$

7-8 由 $f_0 \approx \frac{1}{2\pi\sqrt{LC}}$ 得

$$C=\frac{1}{(2\pi f_0)^2 L} \approx 47\ \text{pF}$$

$$Q=\frac{2\pi f_0 L}{R} \approx 56.5$$

第八章

8-1 (1) $M=2.24\ \text{mH}$; (2) $k=0.67$; (3) $M=4.47\ \text{mH}$

8-2 $u_{12}=6.28\sqrt{2}\sin(314t+90°)\ \text{V}$

8-3 略。

8-4 $M=350\ \text{mH}$

8-5 略。

8-6 $\dot{U}_{AB}=20\angle -60°\ \text{V}$

8-7 略。

8-8 $Z=6.23\angle 71.3°\Omega$ $\dot{I}=1.6\angle -71.3°\ \text{A}$

8-9 略。

8-10 略。

第九章

9-1 基波周期为 $T=2.5\times10^{-5}$ s，频率为 $f_1=4\times10^4$ Hz。三次谐波频率为 $f_3=1.2\times10^5$ Hz，五次谐波频率为 $f_5=2\times10^5$ Hz。

9-2 有效值为 $U=\sqrt{U_0^2+U_1^2+U_2^2+\cdots}$，因此 $U=\sqrt{(0.9U)^2+(0.6U)^2+(-0.12U)^2}=1.09U$。

9-3 有效值为 $U=\sqrt{U_0^2+U_1^2+U_2^2+\cdots}$，因此 $U=\sqrt{40^2+180^2+60^2}=193.9\ \text{V}$

9-4 基波 $u_1=5\sin(\omega t+71°)$ V，二次谐波 $u_2=3\sin(2\omega t-24°)$ V，三次谐波 $u_3=\sin(3\omega t-153°)$ V，所以

$$u=28+5\sin(\omega t+71°)+3\sin(2\omega t-24°)+\sin(3\omega t-153°)$$

有效值为 $U=\sqrt{U_0^2+U_1^2+U_2^2+U_3^2}=\sqrt{28^2+5^2+3^2+1^2}=28.62(\text{V})$。

9-5 当 $i_1=0.248\sin(\omega t+68°)$ 作用时，$\dot{I}_1=0.248\angle 68°$。而

$$Z_1=10+\text{j}\left(314\times31.8\times10^{-3}-\frac{1}{314\times35.3\times10^{-6}}\right)=10-\text{j}80.23=80.85\angle -89.29°,$$

于是 $\dot{U}_1 = \dot{I}_1 Z_1 = 20\angle -21.29°$ V。

当 $i_3 = \sin(3\omega t)$ 作用时，$\dot{I}_3 = \angle 0°$。而

$$Z_3 = 10 + \mathrm{j}\left(3\times 314\times 31.8\times 10^{-3} - \frac{1}{3\times 314\times 35.3\times 10^{-6}}\right) = 10 - \mathrm{j}0.11 = 10\angle -0.63°,$$

于是 $\dot{U}_3 = \dot{I}_3 Z_3 = 10\angle -0.63°$ V。

所以 $u = [10\sin(\omega t - 21.29°) + 10\sin(3\omega t - 0.63°)]$ (V)

9-6　基波 $u_1 = 51\sqrt{2}\sin(\omega t + 30°)$ (V) 单独作用，此时 $\dot{U}_1 = 51\angle 30°$ V，$Z_1 = R + \mathrm{j}\left(\omega L - \frac{1}{\omega C}\right) = 10 - 16\mathrm{j} = 18.87\angle -58°\ \Omega$，于是 $\dot{I}_1 = \frac{\dot{U}_1}{Z_1} = 2.70\angle -28°$ A，所以 $i_1 = 2.70\sqrt{2}\sin(\omega t - 28°)$ A

三次谐波 $u_3 = 17\sqrt{2}\sin(3\omega t)$ V 单独作用，此时 $\dot{U}_3 = 17\angle 0°$ V，而 $Z_3 = R + \mathrm{j}\left(3\omega L - \frac{1}{3\omega C}\right) = 10\angle 0°\ \Omega$，于是 $\dot{I}_3 = \frac{\dot{U}_3}{Z_3} = 1.70\angle 0°$ A，所以 $i_3 = 1.70\sqrt{2}\sin(3\omega t)$ A 。

所以 $i = 2.70\sqrt{2}\sin(\omega t - 28°) + 1.70\sqrt{2}\sin(3\omega t)$ A。

9-7　交流电压的有效值 $U = 100$ V，而 $\dot{U} = 100\angle 30°$ V，$Z = R - \mathrm{j}X_C = 10 - \mathrm{j}5 = 11.2\angle -26.56°\ \Omega$。所以 $\dot{I} = \frac{\dot{U}}{Z} = 8.93\angle 56.56°$ A。

电流的有效值为 $I = 8.93$ A。所以，电路消耗的功率为 $P = UI = 893$ W。

9-8　$U_0 = 50$ V 单独作用时，$I_0 = \frac{U_0}{R} = 0.25$ A。

$u_1 = 100\sqrt{2}\sin(\omega t)$ V 单独作用时，$\dot{U}_1 = 100\angle 0°$ V。

$Z_1 = R + \mathrm{j}\omega L = 200 + \mathrm{j}20 = 201\angle 5.7°\ \Omega$。有 $\dot{I}_1 = \frac{\dot{U}_1}{Z_1} = 0.5\angle -5.7°$ A。$i_1 = 0.5\sqrt{2}\sin(\omega t - 5.7°)$。

当 $u_3 = 10\sqrt{2}\sin(3\omega t)$ V 单独作用时，$\dot{U}_3 = 10\angle 0°$ V，

$Z_3 = R + \mathrm{j}\omega L = 200 + \mathrm{j}60 = 208.80\angle 16.7°\ \Omega$。$\dot{I}_3 = \frac{\dot{U}_3}{Z_3} = 0.05\angle -16.7°$ A，$i_3 = 0.05\sqrt{2}\sin(3\omega t - 16.7°)$ A 。所以

$i = 0.5\sqrt{2}\sin(\omega t - 5.7°) + 0.05\sqrt{2}\sin(3\omega t - 16.7°)$ A。

而 $I = \sqrt{I_0^2 + I_1^2 + I_3^2} = 0.94$ A

$U = \sqrt{50^2 + 100^2 + 10^2} = 112.25$ V

电路的平均功率 $P = UI = 105.51$ W 。

参考文献

[1] 李翰荪. 电路分析基础[M]. 3 版. 北京:高等教育出版社,1993.

[2] 郭少英. 电路基础[M]. 大连:大连理工大学出版社,2003.

[3] 石生. 电路基础分析[M]. 北京:高等教育出版社,2000.

[4] 许建平. 电路基础实验[M]. 北京:化学工业出版社,2005.

[5] 徐国华. 电路实验教程[M]. 北京:北京航空航天出版社,2005.

[6] 李培芳. 电路学习辅导与题解[M]. 北京:清华大学出版社,2005.

[7] 田淑华. 电路基础习题解答与实践指导[M]. 北京:机械工业出版社,2004.

[8] 程周. 电工基础实验[M]. 北京:高等教育出版社, 2001.

[9] 李树燕. 电路基础[M]. 2 版. 北京:高等教育出版社, 1994.